水利工程经济

主　编　王松林　潘志新
副主编　和　吉　尤相增　张海军
　　　　曹恒祥　宋　杰

黄河水利出版社
·郑州·

内 容 提 要

本书系统的介绍了水利工程经济的计算理论和计算分析方法，共分12章，主要内容包括绪论、现金流量与资金的时间价值、工程经济要素与估算方法、投资方案评价与选择、设备更新分析、风险与不确定性、价值工程、建设项目的资金筹措、建设项目财务评价、建设项目的国民经济评价、建设项目后评价、水利工程经济评价分析，本书的最后还附有《已成防洪工程经济效益分析计算与评价规范》(SL 206—98)等相关知识。通过学习，读者能够将所学的基本原理和基本分析方法运用于实际工作中。

本书可作为高等学校水利类专业本科教材，亦可作为水利部门的培训教材，供广大水利工作者参考使用。

图书在版编目(CIP)数据

水利工程经济/王松林，潘志新主编. —郑州：黄河水利出版社，2011.12 (2019.1 修订重印)
ISBN 978-7-5509-0176-6

Ⅰ.①水… Ⅱ.①王…②潘… Ⅲ.①水利工程-工程经济学 Ⅳ.①F407.937

中国版本图书馆 CIP 数据核字(2011)第265244号

出 版 社：黄河水利出版社
地址：河南省郑州市顺河路黄委会综合楼14层　　邮政编码：450003
发行单位：黄河水利出版社
发行部电话：0371-66026940、66020550、66028024、66022620(传真)
E-mail：hhslcbs@126.com
承印单位：河南承创印务有限公司
开本：787 mm×1 092 mm　1/16
印张：15.75
字数：364千字　　印数：1 001—2 000
版次：2011年12月第1版　　印次：2019年1月第2次印刷

定价：28.00元

前　言

水利工程建设在我国国民经济中占基础产业的重要地位。2010年12月，中共中央、国务院在《关于加快水利改革发展的决定》中指出“水是生命之源、生产之要、生态之基。兴水利、除水害，事关人类生存、经济发展、社会进步，历来是治国安邦的大事。促进经济长期平稳较快发展和社会和谐稳定，夺取全面建设小康社会新胜利，必须下决心加快水利发展，切实增强水利支撑保障能力，实现水资源可持续利用”。

水利工程经济作为一门水利工程技术与经济相结合的综合性交叉学科，是为了实现水利工程建设决策的科学化而产生的，是以水利工程为对象，利用经济学的理论与分析方法，基于对技术与经济的关系以及技术经济活动规律的认识，研究工程技术要素优化配置，通过效益的分析与计算，以期确定最佳工程技术方案的科学。

水利工程建设迫切需要既掌握工程技术又懂经济的复合型人才，水利工程技术学科的学生需熟悉经济方面的相关知识，才能适应我国社会主义经济建设的要求。水利工程经济作为水利类专业的课程，对完善工程建设与管理专业技术人才的知识结构具有十分重要的作用。

本书力图全面反映水利工程经济完整的理论方法体系、应用技术及本学科内容的最新进展。通过本书的学习，能够掌握工程经济分析的基本原理与方法，具备初步的建设工程方案分析与评价能力。

本书编写人员如下：华北水利水电学院王松林（第一、二章，第五章第一、三、四节）；小浪底水利水电工程有限公司潘志新（第三、八章）；华北水利水电学院和吉（第四章，第五章第二节，第六章第一、二节）；小浪底水利水电工程有限公司尤相增（第六章第三、四节，第七章第一节，第十二章）；小浪底水利水电工程有限公司张海军（第七章第三节，附录一、二）；小浪底水利水电工程有限公司曹恒祥（第七章第二节，第九章，第十一章第二、三节）；河南省水利勘测设计研究有限公司宋杰（第十章、第十一章第一节、附录三）。

本书在编写过程中，参考国内外专家学者关于工程经济学的相关著作和论述，并得到小浪底水利水电工程有限公司的大力支持，在此一并表示感谢。

本书几经修改，由于编写时间仓促，加之作者水平有限，书中错误和不妥之处在所难免，恳请读者批评指正。

编　者

2011年11月

目　录

第一章　绪　论

第一节　概　述

一、工程经济学的发展

工程经济学主要的应用领域是建筑业。近年来,建筑业在国民经济中的重要地位越发突显。2010 年,全社会固定资产投资 278 140 亿元,同比增长 23.8%,其中基础设施建设比例较大,建筑业作为国民经济的支柱产业,其作用日益突出。

基础设施建设领域的生产经营活动,需要用工程经济学来研究其经济问题和经济规律,寻求技术与经济的最佳结合,而投资决策和经济评价等将是重要的基础工作,则需要掌握工程经济学的理论知识、技术方法,有效地解决建设工程项目中的实际问题。

进入 19 世纪以来,随着科学技术的快速发展,在工程中可供选择的技术方案越来越多。如何以经济效益为标准把多个技术上可行的方案进行比较,做出评价,从中优选出最佳方案的问题,就愈加突出,愈加复杂。于是,产生了工程经济学这门科学。

工程经济学的鼻祖美国土木工程师亚瑟姆·惠灵顿(Arthar M. Wellington)在《铁路布局的经济理论》中指出,工程经济并不是建造艺术,而是一门少花钱多办事的艺术。这是最早的一本有关工程经济方面的著作。亚瑟姆·惠灵顿首次将资本化的成本分析的方法应用于铁路最佳长度及路线曲率的选择,从而开创了工程领域的经济评价工作。

20 世纪初,戈尔德曼(O. B. Goldman)教授在他的《财务工程学》中提出了用相对价值的复利模型来分析各个方案的比较值,他指出工程师的最基本责任是考虑成本,以获得财务利润的最大化。

1930 年,格兰特(E. L. Grant)教授在他的《工程经济学原理》中指出了古典工程经济的局限性,并以复利计算为基础,讨论了判别因子和短期投资评价的重要性,以及资本长期投资的一般比较。他的许多贡献获得了社会承认,被誉为"工程经济学之父"。

此后,工程经济学在美国得到了进一步的发展和完善,形成了相当完整的学术领域,同时,工程经济学在其他国家也得到了广泛的重视及应用,如苏联的部门经济分析,英国的业绩分析,日本的经济性工程学,我国的技术经济学等都属于工程经济学的范畴。

二、工程经济学的相关概念

(一)工程经济学

一般认为,工程经济学是以工程技术为主体,以技术经济系统为核心,来研究工程领域中经济问题和经济规律的科学。

(二)工程

工程是指人们应用科学的理论和技术的手段来完成较大而复杂的具体实践活动,工程的范围,包括土木工程、市政工程、水利工程等。

(三)技术

技术是人类在认识自然、改造自然和解决社会问题过程中积累起来的,并在实践中所运用的劳动手段与知识的总和。

(四)经济

经济一词具有多个层面的含义,一般有:

(1)生产关系,是指人类社会发展到一定阶段的经济制度,是生产、分配、交换和消费关系的总和,是上层建筑赖以存在的基础。

(2)国民经济的总称或国民经济的组成。

(3)社会生产和再生产的过程,即物质资料的生产、分配、交换、消费的现象和过程。

(4)资源的节约及有效使用。

工程经济学研究是指资源的节约及有效使用,以有限的投入获得最大的产出。

三、工程经济学的研究范围

工程经济学的研究范围非常广泛,涉及工程技术和经济领域的各个方面和层次,贯穿到工程建设的全过程。

(1)企业的发展战略、产品开发、组织创新、流程再造等。

(2)产品方案、合理规模、材料选样、能源选择、地址选择、技术选择、设备选择、协调匹配、资金筹措、环保措施等。

(3)工程项目前期工作中的工程经济问题:一是工程项目的可行件研究,具体表现为对效果的计算分析,评价投资效果的合理性;二是工程项目的技术经济论证,对项目的技术经济条件进行分析。

(4)工程项目实施阶段的工程经济问题主要有勘测、设计、采购、施工等环节。

(5)工程项目运行阶段的工程经济问题主要是为满足或改善卫生、安全、功能(保温、采光、通风等)、效果(室内装饰、环境美化)、维修等方面要求的工程经济问题。如工程项目的寿命周期成本分析。

四、工程经济学的研究对象

工程经济学的研究对象是工程项目。进一步讲,是工程技术的经济问题,也就是工程技术的经济效果。具体而言,研究对象包括工程实践的经济效果、技术与经济的辩证关系、技术创新对技术进步与经济增长的影响等几个方面。

五、工程经济学的研究内容

工程经济学的研究内容,主要包括工程经济要素,以及建设项目的资金、不确定性、可行性、评价等。具体内容如下。

(一)工程经济要素研究

工程经济要素研究主要是对工程项目的投资、成本、费用、折旧、收入、利润、税金等进行分析研究。

(二)建设项目资金研究

建设项目资金研究主要是对资金的时间价值、流动资金的筹措、固定资产的更新进行分析和研究,对投资方案进行评价和选择。

(三)建设项目不确定性分析研究

建设项目不确定性分析研究主要是应用盈亏分析、敏感性分析和概率分析等不确定分析法,以及风险分析法等,对建设项目进行分析,为决策提供依据。

(四)建设项目可行性研究

建设项目可行性研究是在市场调研的基础上,运用多种科学(包括技术科学、社会学、经济学等)手段,在建设项目投资前,进行技术的先进性、经济的合理性、财务的盈利性、投资的安全性、建设的可行性、项目的必要性,以及资源节约、环境友好等方面的分析研究,确保建设项目以最小的投入获取最佳的效果。

(五)建设项目评价

建设项目评价指采用价值工程技术,对工程建设项目进行功能分析与评价;运用工程经济学的基本原理、分析方法和一定的指标体系,对工程建设项目进行财务评价、国民经济评价以及项目后评价。

六、工程经济学的学科特点

(一)综合性

工程经济学是自然科学和社会科学之间的边缘学科,具有综合性的特点。其理论基础和研究方法综合了政治学、哲学、法学、社会学、文化学、管理学、经济学、会计学、数学和工程技术学等多种学科的基本理论和方法。它研究的问题往往是多目标、多因素的。因此,在分析和处理工程经济问题时,需要用多学科的知识进行分析与评价。

(二)系统性

任何一个工程项目都是由若干相互联系、相互影响的单元组成的整体,且都是在一定的客观环境中进行的,都要受到社会、政治和经济等客观条件和自然环境的限制。因此,必须将影响其效果的全部因素纳入到一个系统中进行综合考虑。而在分析其效果时,不仅要分析项目本身的直接效果,还要分析与其相关的间接效果;不仅要研究其给企业带来的经济效益,还要研究它所产生的国民经济效益和社会效益。

(三)预测性

工程经济学分析的重点着眼于未来,对将要实施的技术政策、技术措施、技术方案等,进行预先的分析评价和预测,使之更接近实际,从而避免盲目性。

(四)定量性

通过对工程项目各种技术方案进行客观、合理、完善的评价,用定量分析的结果为定性分析提供依据,不进行定量分析,就无法进行技术方案的经济性评价,经济效果也无法衡量,也无法进行方案的比较和选择。

(五)实用性

工程经济学研究的课题及分析的方案均来源于工程实际,并紧密结合生产技术和经济活动进行,其研究成果直接用于生产实践,并在其中加以验证。

第二节 我国水利工程概况

一、水利工程建设在我国国民经济中的地位及概况

(一)水利工程建设在我国国民经济中的地位

水利工程建设在我国国民经济中占基础产业的重要地位。2010 年 12 月,中共中央、国务院在《关于加快水利改革发展的决定》中指出:"水是生命之源、生产之要、生态之基。兴水利、除水害,事关人类生存、经济发展、社会进步,历来是治国安邦的大事。促进经济长期平稳较快发展和社会和谐稳定,夺取全面建设小康社会新胜利,必须下决心加快水利发展,切实增强水利支撑保障能力,实现水资源可持续利用。近年来我国频繁发生的严重水旱灾害,造成重大生命财产损失,暴露出农田水利等基础设施十分薄弱,必须大力加强水利建设。"

(二)水利工程建设主要成就

新中国成立 60 多年来,国家和地方财政投资数千亿元进行建设和管理、运行水利工程,使一大批防洪、发电、灌排、供水、节水、污水处理等工程在国民经济发展中发挥了重大作用。

(1)初步控制了普通的洪涝灾害,基本保障了工业生产的发展和城乡人民生命和财产的安全,目前我国江河防御洪水的能力明显增强。

(2)全国有效灌溉面积显著增加,灌区面积占全国耕地的一半以上,灌区的粮食产量约占全国粮食总产量的 2/3。

(3)积极开展了治涝、治碱工作,保证了农业增产、稳产。

(4)供水能力显著提高。

(5)水土保持工作取得了显著的成效。

(三)当前水利事业存在的主要问题

(1)防洪基础设施缺乏,江河防洪标准偏低,一些主要河流的防洪标准一般不足 10 年一遇。城市防洪标准普遍偏低,许多有防洪任务的县级城市还没有设防,已建水利工程配套程度差,年久失修,许多水库带病运行,防洪隐患很大。

(2)原有水利设施亟待巩固与改造。

我国 20 世纪 50 年代至 60 年代初修建了大量水利工程,迄今已运行了五六十年,土建工程已经老化,机电设备很多已超过了规定的使用年限,其中部分工程原来建设标准就比较低,施工质量欠佳,甚至尚有不少水库仍处于病险状态,成为一个区域的不安全因素。此外,排洪河道内的人为设障和水利设施的人为破坏也急需清理整顿。

(3)灌溉设施不足,不能满足农业增产需要。

近二十几年来,虽然仍在不断新增灌溉面积,但由于部分灌区老化失修,基本建设占

据耕地以及管理不善等,实际灌溉面积很难得到增长,不能满足农业发展的要求。

(4)部分城市和地区严重缺水。

据统计,我国水资源总量约为2.8万亿 m^3,人均水资源量只有约2 200 m^3,到2030年,我国人口将达到16亿人,人均水资源量将下降到约1 700 m^3。以人均占有量计,不到世界人均占有量的1/4,接近国际公认的警戒线,缺水已经成为制约我国经济和社会发展的重要因素。1999年以来,北方大部分地区持续干旱,全国有400多个城市缺水,主要缺水城市100多座,部分城市发生水荒,主要在京津唐地区、山西能源基地、辽河中下游地区、山东和雷州半岛等地,其中14个沿海开放城市均感缺水。

工程性缺水问题依然严重,据统计,全年因供水不足而影响的工业产值达2 000多亿元。20世纪90年代10年间我国灌区每年缺水300亿 m^3。此外,全国还有2 400万人饮水困难,有数亿人喝不到清洁的水,供水不足不但影响社会发展,而且对社会、环境的影响也很大。

(5)水能资源开发不足。

虽然我国可开发的水能资源占世界首位,但开发程度很低,且一般还有防洪、灌溉、供水、航运等综合利用效益。因此,今后电力工业建设仍应坚持"水、火并举,因地制宜,有水力资源的地方尽量多发展水电"的方针。

二、水利改革发展的指导思想、目标任务和基本原则

(一)指导思想

全面贯彻党的十七大和十七届三中、四中、五中全会精神,以邓小平理论和"三个代表"重要思想为指导,深入贯彻落实科学发展观,把水利作为国家基础设施建设的优先领域,把农田水利作为农村基础设施建设的重点任务,把严格水资源管理作为加快转变经济发展方式的战略举措,注重科学治水、依法治水,突出加强薄弱环节建设,大力发展民生水利,不断深化水利改革,加快建设节水型社会,促进水利可持续发展,努力走出一条中国特色水利现代化道路。

(二)目标任务

力争通过5年到10年的努力,从根本上扭转水利建设明显滞后的局面。到2020年,基本建成防洪抗旱减灾体系,重点城市和防洪保护区防洪能力明显提高,抗旱能力显著增强,"十二五"期间基本完成重点中小河流(包括大江大河支流、独流入海河流和内陆河流)重要河段治理、全面完成小型水库除险加固和山洪灾害易发区预警预报系统建设;基本建成水资源合理配置和高效利用体系,全国年用水总量力争控制在6 700亿 m^3 以内,城乡供水保证率显著提高,城乡居民饮水安全得到全面保障,万元国内生产总值和万元工业增加值用水量明显降低,农田灌溉水有效利用系数提高到0.55以上,"十二五"期间新增农田有效灌溉面积4 000万亩(1亩 = 1/15 hm^2);基本建成水资源保护和河湖健康保障体系,主要江河湖泊水功能区水质明显改善,城镇供水水源地水质全面达标,重点区域水土流失得到有效治理,地下水超采基本遏制;基本建成有利于水利科学发展的制度体系,最严格的水资源管理制度基本建立,水利投入稳定增长机制进一步完善,有利于水资源节约和合理配置的水价形成机制基本建立,水利工程良性运行机制基本形成。

（三）基本原则

一要坚持民生优先。着力解决群众最关心、最直接、最现实的水利问题，推动民生水利新发展。

二要坚持统筹兼顾。注重兴利除害结合、防灾减灾并重、治标治本兼顾，促进流域与区域、城市与农村、东中西部地区水利协调发展。

三要坚持人水和谐。顺应自然规律和社会发展规律，合理开发、优化配置、全面节约、有效保护水资源。

四要坚持政府主导。发挥公共财政对水利发展的保障作用，形成政府社会协同治水兴水合力。

五要坚持改革创新。加快水利重点领域和关键环节改革攻坚，破解制约水利发展的体制、机制障碍。

三、突出加强农田水利等薄弱环节建设

（一）大兴农田水利建设

到2020年，基本完成大型灌区、重点中型灌区续建配套和节水改造任务。结合全国新增千亿斤粮食生产能力规划实施，在水土资源条件具备的地区，新建一批灌区，增加农田有效灌溉面积。实施大中型灌溉排水泵站更新改造，加强重点涝区治理，完善灌排体系。

健全农田水利建设新机制，中央和省级财政要大幅增加专项补助资金，市、县两级政府也要切实增加农田水利建设投入，引导农民自愿投工投劳。

加快推进小型农田水利重点县建设，优先安排产粮大县，加强灌区末级渠系建设和田间工程配套，促进旱涝保收高标准农田建设。

因地制宜兴建中小型水利设施，支持山丘区小水窖、小水池、小塘坝、小泵站、小水渠等"五小水利"工程建设，重点向革命老区、民族地区、边疆地区、贫困地区倾斜。

大力发展节水灌溉，推广渠道防渗、管道输水、喷灌滴灌等技术，扩大节水、抗旱设备补贴范围。

积极发展旱作农业，采用地膜覆盖、深松深耕、保护性耕作等技术，稳步发展牧区水利，建设节水高效灌溉饲草料地。

（二）加快中小河流治理和小型水库除险加固

中小河流治理要优先安排洪涝灾害易发、保护区人口密集、保护对象重要的河流及河段，加固堤岸，清淤疏浚，使治理河段基本达到国家防洪标准。巩固大中型病险水库除险加固成果，加快小型病险水库除险加固步伐，尽快消除水库安全隐患，恢复防洪库容，增强水资源调控能力。推进大中型病险水库除险加固。山洪地质灾害防治要坚持工程措施和非工程措施相结合，抓紧完善专群结合的监测预警体系，加快实施防灾避让和重点治理。

（三）抓紧解决工程性缺水问题

加快推进西南等工程性缺水地区重点水源工程建设，坚持蓄、引、提与合理开采地下水相结合，以县域为单元，尽快建设一批中小型水库、引提水和连通工程，支持农民兴建小微型水利设施，显著提高雨洪资源利用和供水保障能力，基本解决缺水城镇、人口较集中

乡村的供水问题。

（四）提高防汛抗旱应急能力

尽快健全防汛抗旱统一指挥、分级负责、部门协作、反应迅速、协调有序、运转高效的应急管理机制。加强监测预警能力建设，加大投入，整合资源，提高雨情、汛情、旱情预报水平。建立专业化与社会化相结合的应急抢险救援队伍，着力推进县、乡两级防汛抗旱服务组织建设，健全应急抢险物资储备体系，完善应急预案。

建设一批规模合理、标准适度的抗旱应急水源工程，建立应对特大干旱和突发水安全事件的水源储备制度。

加强人工增雨（雪）作业示范区建设，科学开发利用空中云水资源。

（五）继续推进农村饮水安全建设

到2013年解决规划内农村饮水安全问题，“十二五”期间基本解决新增农村饮水不安全人口的饮水问题。积极推进集中供水工程建设，提高农村自来水普及率。有条件的地方延伸集中供水管网，发展城乡一体化供水。加强农村饮水安全工程运行管理，落实管护主体，加强水源保护和水质监测，确保工程长期发挥效益。

制定支持农村饮水安全工程建设的用地政策，确保土地供应，对建设、运行给予税收优惠，供水用电执行居民生活或农业排灌用电价格。

第三节　国内外水利经济发展概况

一、美国水利经济发展概况

1930年格兰特编著的《工程经济学原理》一书，首次系统地阐述了动态经济计算方法。

1936年国会通过的《防洪法案》，规定兴建的防洪工程与航道整治工程，其所得的效益应超过所花的费用。

1946年成立“联邦河流流域委员会效益费用分会”，制定了比较完善的水资源工程经济分析方法。

1950年该分会提出《河流流域工程经济分析方法的建议》，其中有净效益最大法、效益费用比法和可分费用—剩余效益分摊法等。

1962年参议院批准《水土资源规划的原则和评价标准》的文件，该文件规定水资源工程须用于促进国民经济的发展，保护国家的自然资源，提高全体人民的福利水平。

1969年颁布了《国家环境政策法》，要求在规划中重视环境保护问题。从此水资源工程评价除要考虑经济效益外，还要同时注意环境保护问题。

1973年水资源理事会提出《水土资源规划的原则和标准》，提出编制水土资源规划的目标，要考虑国家经济的发展和对环境的影响，要求建立一套系统分析的资料，为方案比较提供基础。

1978年修订上述《水土资源规划的原则和标准》时，提出今后除考虑工程本身的投资外，还要同时安排环境保护的投资；在进行经济分析时，要求按修订的准则计算工程费用和工程效益，保证最佳经济有效和对环境有益的工程获得优先施工。

1980 年水资源理事会制定《水资源工程评估程序》，提出除进行效益、费用分析外，还须同时研究地下水与地表水的水质、水量等问题，要充分考虑保护水资源，保护环境，注意生态平衡。

二、苏联水利经济发展概况

苏联水利工程全部由国家控制，实行计划经济，由国家机构制订计划并拨款兴建各项水利工程。虽然不像美国以市场经济为主，存在着激烈的竞争，但同样注意建设资金的经济效果，在各部门、各工程项目、各建设方案之间进行广泛的经济考核和经济比较。

20 世纪 20 年代初期，在编制俄罗斯电气化计划时，利用价值和实物指标对不同方案进行经济比较。

20 世纪 30 年代，有人认为经济效率系数就是"资金利润率"，属于资本主义经济的范畴，因而加以激烈反对，提出以劳动量作为价值的主要尺度。在编制计划和选择工程项目时，主要考虑的是满足国民经济的发展需要和节约总劳动消耗量，而不是所选方案的最大利润。也有人提出用各种指标体系（如劳动生产率、产品质量、资金占用量、成本等）进行综合经济分析。

20 世纪 40 年代，有人主张在方案比选时，应利用价值指标对经济效果进行分析，并提出社会主义生产价格 = 成本 + 投资 × 某一额定系数。当时也有人提出：要重视计划的作用，不能对价值作用估计过高。

20 世纪 50 年代初期，在工程方案比较中，已引进了抵偿年限法和年折算费用最小法。这一阶段建设资金由国家无偿拨付，不考虑利息、资金的时间价值，即方案比较采用所谓静态经济分析方法。

20 世纪 60 年代初期，国家计委、科委、科学院主席团批准并公布了《确定基本建设投资和新技术效果的标准计算方法》。规定了国民经济各部门的投资经济效果必须采用的基本原则和计算方法。在此基础上水利部门制定了投资经济效果计算规程，其中规定工程方案比较要以抵偿年限和年折算费用作为衡量工程取舍的标准，并规定水利工程的抵偿年限不得大于 10 年。

20 世纪 70 年代初期，颁布了《标准方法》（第 2 版），提出经济比较要考虑资金的时间因素，不同时期资金的换算系数（相当于年利率）为 0.08，同时规定水利工程的标准抵偿年限为 8 年，相应的标准投资效益系数为 0.12。

20 世纪 90 年代，学术界开始认识到，生产性投资与非生产性投资要当做一个整体进行研究，发展生产与改善人民生活条件具有同等重要的意义。

三、我国水利经济发展概况

我国水利建设历史悠久，早在 2 000 多年前已建成世界闻名的都江堰水利灌溉工程，当时已有粗略的水利经济估算，例如约需费用折合稻米若干石，能灌溉农田若干亩。

近代水利经济研究，始于冀朝鼎在 20 世纪 30 年代编著的《中国历史上的基本经济区与水利事业的发展》一书。

新中国成立前，我国大型水利工程的经济计算方法是学习欧美的效益费用比和净效益等考虑资金的时间价值的动态经济分析方法，例如扬子江三峡工程开发方案的初步研究。

新中国成立后，我国开始大规模兴修水利工程，当时水利工程的经济计算方法广泛采用苏联在20世纪50年代的不考虑资金、时间、价值的静态经济分析方法，例如抵偿年限法以及年折算费用最小法等。基本上把苏联的一套水利经济计算方法照搬过来，与我国水利建设的实际情况结合不够，但当时工程建设比较实事求是，国民经济各部门基本上是有计划按比例发展的，加上当时各种有利条件，水利建设成绩很大，工程经济效益是比较好的。

从20世纪50年代末期至1978年十一届三中全会召开前的20年间，我国水利经济工作主要受计划经济体制的制约，忽视必要的经济评价工作，以致有些工程投资大、工期长、效益小，甚至得不偿失。由于没有按照客观经济规律办事，我国水利建设事业遭受了许多不可弥补的损失，水利动能经济理论研究工作几乎全部陷于停顿状态。

十一届三中全会以后，由于实行对外开放政策，对内搞活经济，以计划经济为主、市场经济为辅，一再强调要千方百计地提高国民经济各部门的经济效益。

1982～1985年，有关部门先后制定了《电力工程经济分析暂行条例》、《水力发电工程经济评价暂行规定》、《小水电经济评价暂行条例》、《水利工程水费核订、计收和管理办法》及《水利经济计算规范（试行）》（SD 139—85）等，使水利水电工程在规划、设计、运行管理等各个环节中的经济评价工作，均有了明确的指导准则和比较具体的计算方法，为水利水电工程经济评价工作的开展及水利水电工程经济理论和实践的迅速发展，奠定了良好的基础。

1987年9月，由国家计划委员会组织编制、经审查批准后正式颁布了《建设项目经济评价方法与参数》（简称《方法与参数》），该书由“关于建设项目经济评价工作的暂行规定”、“建设项目经济评价方法”、“建设项目经济评价参数”和“中外合资经营项目经济评价方法”4个规定性文件以及13个应用案例组成。

《方法与参数》一书对经济评价工作的管理，以及经济评价的程序、方法、指标等都作了明确的规定和具体的说明，并第一次发布了各类经济评价参数。

1990年，为了确保各类项目评价标准的统一性和评价结论的可比性，根据国家的经济条件、资源供求状况、宏观经济调控等情况，及时进行了测算并调整建设项目有关的经济评价参数，例如，社会折现率由10%调整为12%。

1991年，电力工业部、水利部、水利水电规划设计总院颁发了《水电建设项目经济评价实施细则（试行）》（简称《细则》），该《细则》是根据《方法与参数》的规定，结合水电建设项目的具体情况而制定的实施细则。水利部农村水电司编写了《小水电建设项目经济评价指南》，本书是在水利部颁布的《小水电建设项目经济评价规程》的基础上，结合我国小水电建设政策性强、地方性强和群众性强的特点，比较详细地阐述了小水电经济评价的基本知识、基本原理、计算原则和计算方法等内容，同时收录和编写了若干个附录，其中有发供统一的电站、只发不供的电站、梯级水电站、改扩建电站和农村电气化规划等5个不同类型小电站的经济评价示例，以及一些主要参考数据等。

1992年10月,根据国家计划委员会于1987年9月颁发的《方法与参效》,结合水利工程特点,在水利电力部颁发试行的《水利经济计算规范》(SD 139—85)的基础上,进行修改后编辑了《水利建设项目经济评价规范 》(简称《规范》)。

无论是《细则》还是《规范》,都是通过对项目所需费用和所得效益的对比,评价建设项目的经济效果。对具有综合利用效益的水利水电建设项目,在进行国民经济评价和财务评价时,应包括国民经济评价、财务评价两部分内容,国民经济评价是从全社会的角度用影子价格分析计算所需投入的费用和可能获得的效益,来评价建设项目的经济合理性;财务评价是从水利水电建设项目本身出发,在现行财税制度和价格的条件下,分析计算项目的财务支出和可能获得的财务收益,评价建设项目的财务可行性。

近几年来,随着我国社会主义现代化建设的飞速发展和西部大开发战略的实施,国家对水利工程建设更加重视,不断加大水利工程建设项目的投资。在大搞水利基础设施建设和国家重点水利工程建设的同时,重视投资效果的分析研究。我国水利水电经济研究工作在吸收国外先进的经济理论、研究成果和实践经验的基础上,因地制宜地解决了我国水利建设中迫切需要解决的问题,同时从宏观上研究水利事业在国民经济中的地位及其作用,从微观上研究水利工程项目经济评价的理论和方法,逐步形成了具有中国特色的水利工程经济学科体系。

第四节　本课程的性质与主要内容

一、本课程的性质

水利工程经济是一门技术专业课。水利工程经济应用工程经济学中的基本原理和一般计算方法,具体解决水利水电建设工程中的有关经济问题和技术管理问题。

本课程是一门新设立的课程,将随着国民经济的发展和科学技术水平的提高而不断补充、修改和更新其内容。

水利工程经济又是一门对水利技术政策、技术措施或技术方案进行经济效果评价的专业课程。通过对经济效果的评价和论证,确定技术政策的方向,技术措施的优劣,工程方案经济上的合理性和财务上的可行性。因比,研究水利工程经济,不但具有理论上的指导作用,而且更为重要的是用理论解决水利工程中的实际经济问题。

水利工程经济主要研究在本专业领域内的经济效果理论,衡量经济效果的指标体系,以及评价经济效果的计算方法等,具体言之,水利工程经济问题就是在满足防洪、除涝、灌溉、供水或发电等要求的条件下,如何用最少的投入获得最大的产出。经济分析或经济评价的目的,就是设法寻找最优的经济效果,即如何用较少的资金,获得尽可能大的经济效益。水利工程方案的选择,除进行上述经济分析或经济评价外,尚须从政治、社会、技术、环境等多方面进行综合分析,全面评价,才能最终选出最佳方案。

为了满足一定的国民经济发展要求,一般可以采取不同的技术措施进行方案比较,经过技术经济论证,从中选择经济效果比较有利的方案。在项目建议书、可行性研究、初步设计、施工图设计以及电站建成后的运行管理阶段,均有大量的经济分析工作。所有从事规划、设计、施工和管理的工程技术人员都应研究这门课程，以便掌握有关工程经济的理论和计算方法。

二、本课程的主要内容

通过本课程的学习，要求掌握工程经济中的基本方法，掌握如何运用基本理论与基本方法解决工程中的具体问题，了解当前水利工程经济的发展方向、存在的问题及解决的途径，以下分述本课程的主要内容。

（一）水利建设项目的费用与效益

水利工程经济工作的主要任务是寻求水利建设项目的效益与费用之比达到最优。首先明确费用包括投资与年运行管理费用两大部分。效益主要包括防洪、治涝、灌溉、发电、城镇供水等，计算比较复杂，凡能定量的均需进行定量计算，不能定量的则进行定性分析。

（二）资金的时间价值及基本计算公式

这部分内容是本课程的基础。资金的时间价值是基本概念，基本计算公式属基本方法，两者应结合学习，才能建立资金的时间价值的新概念，掌握复利的计算方法。

（三）工程经济的分析方法

在进行宏观经济分析时，应采用能真实反映价值的影子价格，注意其与市场价格有所区别。工程经济评价的方法主要有效益费用比法、内部收益率法及净现值法等，当各评价内容一致时，分析所得的结果是相同的。

（四）综合利用水利建设项目的费用分摊

费用分摊包括固定资产投资分摊和年运行费分摊。首先划分出只为某个功能服务的专用工程，其费用应由该功能分摊；其他为各功能服务的公用工程，其费用在各功能之间进行分摊。分摊方法很多，应采用1～2种比较可行的方法进行分摊，然后对分摊结果进行合理性检查。

（五）水利建设项目的经济评价

经济评价包括国民经济评价与财务评价，应掌握二者的区别。当建设项目从全社会看国民经济评价是合理的时，从本企业或本部门看财务评价是可行的，在这两个条件下该项目才能成立。在经济评价中，应采用上述各种工程经济分析方法及有关参数，求出各经济评价指标，然后进行分析比较得出结论。

（六）方案的经济比较方法

水利工程在规划、设计、施工、运行等各个阶段，常常采用方案比较方法，再结合其他因素进行论证分析后，从中选出最优方案。

（七）防洪、治涝、灌溉、水力发电、城镇供水等工程的经济分析

这要求具体应用上述理论与计算方法，来解决工程的各项实际问题。

（八）水利工程供水的水价核定及改革

我国水资源短缺与用水浪费现象并存，主要是由于当前水价偏低。为了建立符合社会主义市场经济要求的水价形成机制和管理体制，现须逐步理顺水利工程和城市供水价格，这对促进全社会节约用水、实施可持续发展战略具有重要意义。

(九)水利建设项目的社会评价

水利建设项目除须进行经济评价外,尚须进行社会评价。本书将介绍建设项目社会评价的原则、特点、内容、指标体系以及评价的步骤与方法。

(十)水利建设项目的综合评价

水利建设项目除进行经济评价和社会评价外,还应考虑政治、资源、环境及风险等因素,运用系统工程的思想和方法,定性分析和定量分析相结合,综合对水利建设项目进行全面和客观的评价。

(十一)水利建设项目的后评价

项目前评价是指项目未建成前分析项目的技术可行性、财务可行性和经济合理性,为项目决策提供可靠依据。项目后评价则在项目建成并运用一段时间以后对项目进行回顾评价,分析项目的成败得失,总结项目的经验教训,提出进一步提高项目效益的意见和建议。

第五节 水利工程项目的建设程序及其内容

工程项目建设程序是指工程项目从策划、评估、决策、设计、施工到竣工验收、投入生产或交付使用的整个建设过程中,各项工作必须遵循的先后工作次序。工程项目建设程序是工程建设过程客观规律的反映,是建设工程项目科学决策和顺利进行的重要保证。

一、工程项目建设的特点

(一)建设地点的固定性

任何建设项目,在建成后位置是固定的,在什么地方建设,就在什么地方提供生产能力或使用效益。因此,对准备投资的项目,必须进行充分的可行性研究,认真进行勘察调查,搞清拟建地点的资源情况、工程地质和水文地质情况,以及一切有关的自然条件和社会条件,根据工业的合理布局和有关协作要求,慎重地选择建设地点。

(二)工程建设用途的特定性

一切投资项目,不论是生产性建设还是非生产性建设,也不论其规模大小,都是根据特定的用途进行的,每一项工程都是为发挥其特定的用途来设计的。因此,对某项拟建工程都要在事先有明确的概念,即产品或建设的规模多大,选用什么设备、生产流程或标准,建造什么样的建筑物和构筑物等,都要预先设计,才能进行施工和购置。

(三)工程项目建设程序的固定性

工程项目建设程序的建设过程,就是固定资产和生产能力或使用效益的形成过程,根据这一发展过程的客观规律,构成了建设工作程序的主要内容。

一般说来,工程项目要经过规划、可行性研究、勘察、设计、施工、验收等若干大的阶段,每个大的阶段又都包含着许多环节。

这些阶段和环节,各有其不同的工作内容,它们互相之间联系在一起,并有其客观的先后顺序。所谓按程序办事,不仅仅是遵照其先后顺序,更重要的是注意各阶段工作的内在联系,确定各阶段工作的深度、标准,以便为下一阶段工作的开展提供有利条件,才能使整个建设过程的周期有缩短的可能性。

工程项目建设程序是人们长期在工程项目建设实践中得出来的经验总结，不能任意颠倒，但可以合理交叉。

二、策划决策阶段

决策阶段，又称为建设前期工作阶段，主要包括编报项目建议书和可行性研究报告两项工作内容。

（一）项目建议书

对于政府投资的工程项目，编报项目建议书是项目建设最初阶段的工作。其主要作用是推荐建设项目，以便在一个确定的地区或部门内，以自然资源和市场预测为基础，选择建设项目。

项目建议书经批准后，可进行可行性研究工作，但并不表明项目非上马不可，项目建议书不是项目的最终决策。

（二）可行性研究

可行性研究是在项目建议书被批准后，对项目在技术上和经济上是否可行所进行的科学分析和论证。通常包括总论、市场预测、资源条件评价、建设规模与产品方案、场址选择、技术设备方案和工程方案、原材料燃料供应、总图运输与公用辅助工程、环境影响评价、劳动安全卫生与消防、组织机构与人力资源配置、项目实施进度、投资估算、融资方案、财务评价、国民经济评价、社会评价、风险分析等内容。

根据《国务院关于投资体制改革的决定》（国发[2004]20号），对于政府投资项目须审批项目建议书和可行性研究报告。

《国务院关于投资体制改革的决定》指出，对于企业不使用政府资金投资建设的项目，一律不再实行审批制，区别不同情况实行核准制和登记备案制。

对于《政府核准的投资项目目录》以外的企业投资项目，实行备案制。

三、勘察、设计阶段

（一）勘察过程

复杂工程分为初勘和详勘两个阶段，为设计提供实际依据。

（二）设计过程

设计过程一般划分为两个阶段，即初步设计阶段和施工图设计阶段。对于大型复杂项目，可根据不同行业的特点和需要，在初步设计阶段之后增加技术设计阶段。

初步设计是设计的第一步，如果初步设计提出的总概算超过可行性研究报告投资估算的10%以上或其他主要指标需要变动，要重新报批可行性研究报告。

初步设计经主管部门审批后，建设项目被列入国家固定资产投资计划，方可进行下一步的施工图设计。

施工图一经审查批准，不得擅自进行修改，必须重新报请原审批部门，由原审批部门委托审查机构审查后再批准实施。

四、建设准备阶段

建设准备阶段主要内容包括：组建项目法人、征地、拆迁、“三通一平”乃至“七通一平”；组织材料、设备订货；办理建设工程质量监督手续；委托工程监理；准备必要的施工图纸；组织施工招投标，择优选定施工单位；办理施工许可证等。按规定做好施工准备，具备开工条件后，建设单位申请开工，进入施工安装阶段。

五、施工阶段

建设工程具备了开工条件并取得施工许可证后方可开工。项目新开工时间，按设计文件中规定的任何一项永久性工程第一次正式破土开槽时间而定。不需开槽的以正式打桩作为开工时间。铁路、公路、水库等以开始进行土石方工程作为正式开工时间。

六、生产准备阶段

对于生产性建设项目，在竣工投产前，建设单位应适时地组织专门班子或机构，有计划地做好生产准备工作，包括招收、培训生产人员；组织有关人员参加设备安装、调试、工程验收；落实原材料供应；组建生产管理机构，健全生产规章制度等。生产准备是由建设阶段转入经营的一项重要工作。

七、竣工验收阶段

工程竣工验收是全面考核建设成果、检验设计和施工质量的重要步骤，也是建设项目转入生产和使用的标志。验收合格后，建设单位编制竣工决算，项目正式投入使用。

八、考核评价阶段

建设项目后评价是工程项目竣工投产、生产运营一段时间后，再对项目的立项决策、设计施工、竣工投产、生产运营等全过程进行系统评价的一种技术活动，是固定资产管理的一项重要内容，也是固定资产投资管理的最后一个环节。

第二章　现金流量与资金的时间价值

第一节　现金流量与资金的时间价值概念

一、现金流量

（一）现金流量的概念

在进行工程经济分析时，可把所考察的对象视为一个系统，这个系统可以是一个工程项目、一个企业，也可以是一个地区、一个国家，而投入的资金、花费的成本、获取的收益，均可看成是以资金形式体现的资金流出或流入。

这种在考察对象一定时期各时点上实际所发生的资金流入（*CI*）和资金流出（*CO*），称为项目的现金流量，同一时点上的资金流入与资金流出之差，称为净现金流量（*NCF*）。

在实际应用中，现金流量因工程经济分析的范围和经济评价方法的不同，分为财务现金流量和国民经济效益费用流量。前者用于财务评价，后者用于国民经济评价。

（二）现金流量图

进行工程经济分析时，经常需要借助现金流量图来分析现金流量的流向（支出或收入）、数额和发生时间。现金流量图是描述建设项目在整个计算期内各个时点上的现金流入和现金流出的图形。

现金流量图包括大小、流向、时点三大要素，其中大小表示资金数额，流向指项目资金的流入或流出，时点指现金流入或流出所发生的时间。

现金流量图的一般形式如图 2-1 所示。

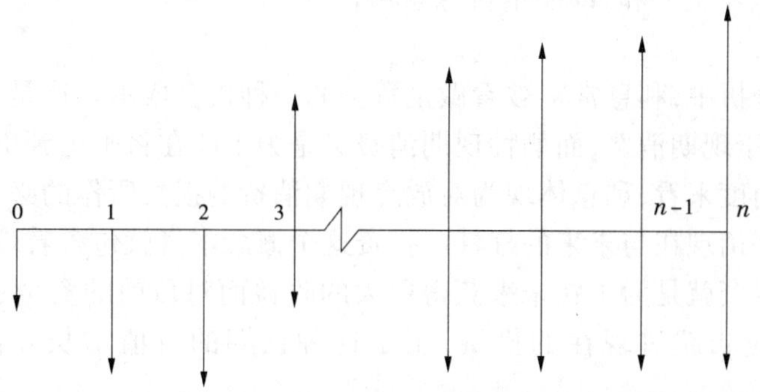

图 2-1　现金流量图

在图 2-1 中，横轴称为时间轴，表示一个从 0 到 n 的时间序列，每一刻度表示一个计息期，在时间轴上，0 代表时间序列的始点，n 代表时间序列的终点，$T(1,2,\cdots,n-1)$ 既代表第 t 计息期的终点，又代表第 $t+1$ 计息期的始点。

各个时点上垂直于横轴的有向竖线用来描述现金流量,箭头向上表示现金流入,第 t 年的现金流入记为 CI_t;箭头向下表示现金流出,第 t 年的现金流出记为 CO_t。

现金流量图的位置确定,一般有两种处理方法:一种是在工程经济分析中常用的,其规定是建设期的投资标在期初,生产期的流入和流出均标在期末;另一种是在项目财务评价中常用的,时点标注遵循期末习惯假设,无论现金的流入还是流出均标示在期末。

二、资金的时间价值

(一)资金的时间价值的概念

在工程经济分析中,无论是技术方案所获得的收益还是所消耗的人力、物力和自然资源,最后都是以价值形态(即资金的形式)表现出来的。

而资金是运动的价值,资金的价值是随时间变化而变化的,是时间的函数,随时间的推移而变动,其变动的这部分资金就是原有资金的时间价值。

任何技术方案的实施,都有一个时间上的延续过程,由于资金的时间价值的存在,不同时间点发生的现金流量无法直接加以比较。因此,要通过一系列的换算,在同一时间点进行对比,才能符合客观的实际情况。这种考虑了资金的时间价值的经济分析方法,使方案的评价和选择变得更加现实和可靠,也就构成了工程经济学要讨论的重要内容之一。

(二)衡量资金的时间价值的尺度

资金的时间价值是社会劳动创造能力的一种表现形式。衡量资金的时间价值的尺度有两种:一种为绝对尺度,即利息、盈利或收益;另一种为相对尺度,即利率、盈利率或收益率。

1. 利息

利息是货币资金借贷关系中借方支付给贷方的报酬。即

$$I = F - P \tag{2-1}$$

式中 I——利息;

F——利息、本金之和,即还本付息总额;

P——本金。

在工程经济分析中,利息常常被看做是资金的一种机会成本。这是因为,资金一旦用于投资,就不能用于现期消费,而牺牲现期消费又是为了能在将来得到更多的消费。

从投资者的角度来看,利息体现为对放弃现期消费的损失所作的必要补偿,所以利息就成了投资分析平衡现在与未来的杠杆。投资这个概念本身就包含着现在和未来两方面的含义,事实上,投资就是为了在未来获得更大的收益而对目前的资金进行的某种安排,显然未来的收益应当超过现在的投资,正是这种预期的价值增长才能刺激人们从事投资。

由此可见,在工程经济学中,利息是指放弃现期消费所得的补偿或是占用资金所付出的代价。

2. 利率

利息通常根据利率来计算。利率是指在一定时间所得利息额与投入资金的比例,也

称为使用资金报酬率。它反映了资金随时间变化的增值率，是衡量资金的时间价值的相对尺度，一般以百分数表示，若I表示一个计算周期的利息，P表示本金，则利率i的表达式为

$$i = \frac{I}{P} \times 100\% \tag{2-2}$$

【例2-1】 现借得一笔资金10 000元，一年后利息为800元，试求年利率。

解 年利率为

$$800/10\ 000 \times 100\% = 8\%$$

3. 利息和利率在工程经济活动中的作用

利息和利率作为一种经济杠杆，在经济生活中起着十分重要的作用，在市场经济条件下，利息和利率的作用表现在以下几个方面：

(1)利息和利率是以信用方式动员和筹集资金的动力，以信用方式筹集资金的一个重要特点是自愿性，而自愿性的动力在于利息和利率。

比如一个投资者，首先要考虑的是投资某一项目所得到的利息(或利润)是否比把这笔资金投入其他项目所得的利息(或利润)多。如果多，就可能投资这个项目，反之，就可能不投资这个项目。

(2)利息促进企业加强经济核算，节约使用资金。企业借款需付利息，增加支出负担，这就促使企业必须精打细算，把借入资金用到刀刃上，减少借入资金的占用以少付利息，同时可以使企业自觉压缩库存限额，减少多环节占压资金。

(3)利息和利率是国家管理经济的重要杠杆，国家在不同的时期制定不同的利率政策，对不同地区不同部门规定不同的利率标准，就会对整个国民经济产生影响。

如对于限制发展的部门和企业，利率规定得高一些，对于提倡发展的部门和企业，利率规定得低一些，从而引导部门和企业的生产经营服从国民经济发展的总方向。

同样，资金占用的时间短收取低息，资金占用的时间长收取高息。对产品适销对路、质量好、信誉高的企业，在资金供应上给予低息支持；反之，收取较高利息。

(4)利息与利率是金融企业经营发展的重要条件。金融机构作为企业，必须获取利润，由于金融机构的存、贷款利率不同，其差额成为金融机构的业务收入。此差额扣除业务费后就是金融机构的利润，金融市场机构获取利润才能刺激金融企业的经营发展。

4. 利息的计算

利息的计算方法有单利法和复利法两种。

1)单利法

单利法是只对本金计算利息，而每期的利息不计入下一计息期的本金，从而每期的利息是固定不变的。若利率为i，计息期数为n，则第n期期末的本利和F为

$$F = P(1 + in) \tag{2-3}$$

【例2-2】 有一笔50 000元的借款，借期3年，按每年8%的单利率计息，试求到期时应归还的本利和。

解 用单利法计算，其现金流量见图2-2。

根据式(2-3)有

$F = P(1 + in) = 50\ 000 \times (1 + 8\% \times 3)$

$= 62\ 000$(元)

即到期应归还的本利和为 62 000 元。

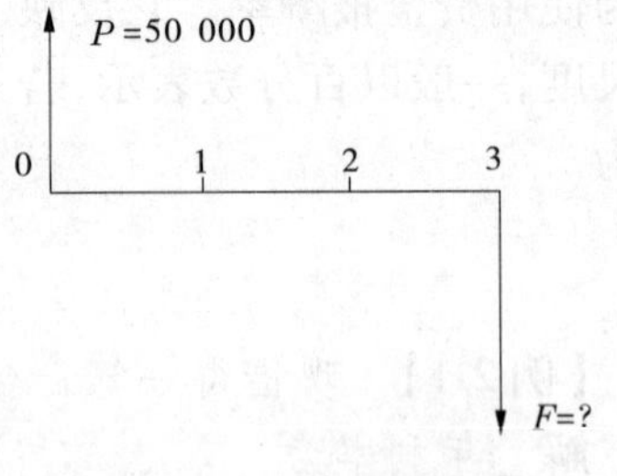

图 2-2　现金流量图

单利法虽然考虑了资金的时间价值,但仅是对本金而言的,没有考虑每期所得利息再进入社会再生产过程而实现增值的可能性,这不符合资金流动的客观情况。因此,单利法不能完全反映资金的时间价值。

2)复利法

复利法的基本思想是:将前一期的本金与利息之和(本利和)作为下一期的本金来计算下一期的利息,也就是利上加利的方法。若 F_{n-1} 表示第 $n-1$ 期期末的本利和,利息计算公式为

$$I_n = i \times F_{n-1} \tag{2-4}$$

本利和的计算公式为

$$F = P(1 + i)^n \tag{2-5}$$

【例 2-3】　在例 2-2 中,若年利率仍为 8%,但按复利计息,则到期应归还的本利和是多少?

解　用复利法计算,根据复利计算式(2-5)有

$$F = P(1 + i)^n = 50\ 000 \times (1 + 8\%)^3 = 62\ 985.60(\text{元})$$

复利法与单利法计算的结果相比增加了 985.60 元,差额所反映的就是利息的资金的时间价值。复利法的思想符合社会再生产过程中资金运动的规律,完全体现了资金的时间价值。在工程经济分析中,一般都采用复利法计算。

第二节　资金的时间价值的计算

一、有关资金的时间价值计算的几个概念

(1)现值(P):表示资金发生在某一特定时间序列始点上的价值。在工程经济分析中,它表示在现金流量图中 0 点的投资数额或投资项目的现金流量折算到 0 点时的价值。折现计算法是评价投资项目经济效果时经常采用的一种基本方法。将时点处资金的时值折算为现值的过程称为折现。

(2)终值(F):表示资金发生在某一特定时间序列终点上的价值。其含义是指期初投入或产出的资金转换为计算期末的期终值,即期末本利和的价值。

(3)年金(A):表示各年等额收入或支付的金额,即在某一特定时间序列期内,每隔相同时间收支的等额款项。

(4)折现率(i):在工程经济分析中,把未来的现金流量折算为现在的现金流量时所使用的利率称为折现率。

(5)计息次数(n):指投资项目从开始投入资金到项目的寿命周期终结为止的期限内,计算利息的次数,通常以"年"为单位。

二、资金的时间价值计算的基本公式

资金的时间价值计算的基本公式有如下几种形式。

（一）一次支付现金流量

一次支付是指现金流量的流入或流出均在一个时点上一次发生，其现金流量图如图 2-3 所示。

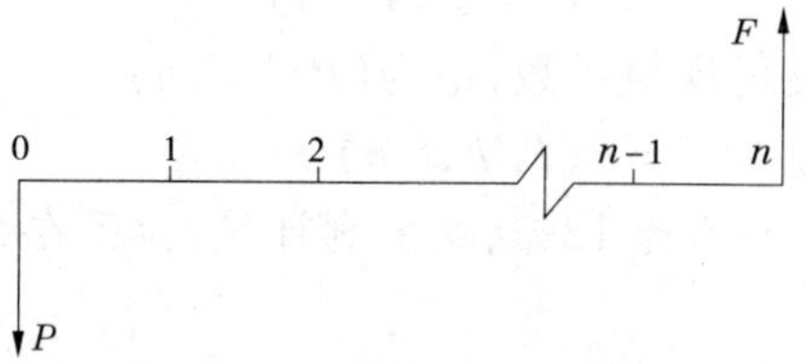

图 2-3　一次支付现金流量图

对于考虑的系统，在考虑资金的时间价值的条件下，现金流入恰恰能补偿现金流出。一次支付的资金的时间价值的计算公式有两个。

1. 一次支付终值公式（已知 P，求 F）

现有一笔资金 P，在年利率 i 的条件下，按复利计算，n 年以后的本利和 F 为多少？

根据复利的定义即可得到复本利和 F 的计算公式。其计算过程如表 2-1 所示。

表 2-1　复本利和 F 的计算过程

计息期	期初金额(1)	本期利息额(2)	期末复本利和 $F_n=(1)+(2)$
1	P	Pi	$F_1=P+Pi=P(1+i)$
2	$P(1+i)$	$P(1+i)i$	$F_2=P(1+i)+P(1+i)i=P(1+i)^2$
3	$P(1+i)^2$	$P(1+i)^2i$	$F_3=P(1+i)^2+P(1+i)^2i=P(1+i)^3$
⋮	⋮	⋮	⋮
n	$P(1+i)^{n-1}$	$P(1+i)^{n-1}i$	$F=F_n=P(1+i)^{n-1}+P(1+i)^{n-1}i=P(1+i)^n$

第 n 年年末的复本利和 F 与本金 P 的关系为

$$F=P(1+i)^n \tag{2-6}$$

式中　P——现值；

F——终值；

i——利率；

n——计息周期数。

式(2-6)表示在利率为 i、计息周期数为 n 的条件下，终值 F 和现值 P 之间的关系。$(1+i)^n$ 称为一次支付终值系数，记为 $(F/P,i,n)$，因此式(2-6)也可以表示为 $F=P(F/P,i,n)$。

【例 2-4】　某企业向银行借款 100 万元，年利率为 10%，借期 5 年，求 5 年后一次归还银行的本利和是多少？

解 由式(2-6)可得

$$F=P(1+i)^n=100\times(1+10\%)^5=161.05(\text{万元})$$

也可以查复利系数表进行计算。当折现率为10%,$n=5$时,$(F/P,i,n)=1.6105$,故

$$F=P(F/P,i,n)=100\times1.6105=161.05(\text{万元})$$

2. 一次支付现值公式(已知F,求P)

一次支付现值公式由式(2-6)可直接导出

$$P=F(1+i)^{-n} \tag{2-7}$$

式中 $(1+i)^{-n}$——一次支付现值系数,记为$(P/F,i,n)$。

因此,式(2-7)也可表示为$P=F(P/F,i,n)$。

【例2-5】 如果银行年利率为12%,按复利计算,为了在5年后获得10 000元,问现在应存入银行多少?

解 由式(2-7)可得

$$P=F(1+i)^{-n}=10\,000\times(1+12\%)^{-5}=5\,674(\text{元})$$

也可先查复利系数表求出一次支付现值系数,再计算如下

$$P=F(P/F,i,n)=10\,000\times0.5674=5\,674(\text{元})$$

(二)等额年金支付现金流量

在工程经济实践中,多次支付是最常见的支付形式,等额年金支付是其中的一种。多次支付是指现金流入和流出在多个时点上发生,而不是集中在某个时点上。当现金流序列是连续的,且数额相等时,则称为等额支付现金流量。

1. 等额支付年金终值公式(已知A,求F)

等额年金支付系列年金与终值关系见图2-4。

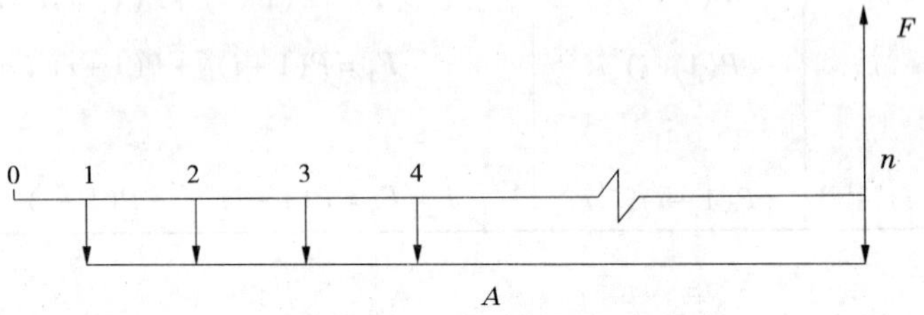

图2-4 等额年金支付系列年金与终值关系

如图2-4所示,从第1年年末至第n年年末有一等额的现金流序列,每年的金额A称为年金。在考虑资金的时间价值的条件下,$1\sim n$年内系统的总现金流出恰能补偿总现金流入,则第n年年末的现金流入F的计算公式如下

$$F=A\frac{(1+i)^n-1}{i} \tag{2-8}$$

式中 $\frac{(1+i)^n-1}{i}$——等额支付年金终值系数,记为$(F/A,i,n)$。

因此,式(2-8)可表示为$F=A(F/A,i,n)$。

【例2-6】 某公司每年年末存入银行2万元,若存款年利率为10%,按复利计息,则第5年年末基金总额为多少?

解　由式(2-8)可得出

$$F = A\frac{(1+i)^n - 1}{i} = 2 \times \frac{(1+10\%)^5 - 1}{10\%} = 2 \times 6.105\ 1 = 12.21(\text{万元})$$

2. 等额支付偿债基金公式(已知 F,求 A)

等额支付偿债基金公式是等额支付年金终值公式的逆运算,其计算公式为

$$A = F\frac{i}{(1+i)^n - 1} \tag{2-9}$$

式中　$\frac{i}{(1+i)^n - 1}$——等额支付偿债基金系数,记为$(A/F,i,n)$。

因此,式(2-9)也可表示为 $A = F(A/F,i,n)$ 。

【例 2-7】　某企业拟 3 年后建造游泳池,此项投资总额为 200 万元,银行年利率为 12%,问每年年末至少要存款多少万元?

解　由式(2-9)可得出

$$A = F\frac{i}{(1+i)^n - 1} = 200 \times \frac{12\%}{(1+12\%)^3 - 1} = 59.27(\text{万元})$$

【例 2-8】　某学生在大学四年学习期间,每年年初从银行借款 2 000 元用以支付学费,若按年利率 6% 计复利,第 4 年年末一次归还全部本息需要多少钱?

解　本题不能直接套用式(2-8),由于每年的借款发生在年初,需要先将其折算成年末的等价金额。

$$F = 2\ 000 \times (1+6\%) \times \frac{(1+6\%)^4 - 1}{6\%} = 2\ 000 \times 1.06 \times 4.375 = 9\ 275(\text{元})$$

3. 等额支付现值公式(已知 A,求 P)

等额支付现值公式也称年金现值公式。其含义是在研究周期内每年等额收支一笔资金 A,在折现率为 i 的情况下,求此等额年金收支的现值总额。其现金流量图如图 2-5 所示。

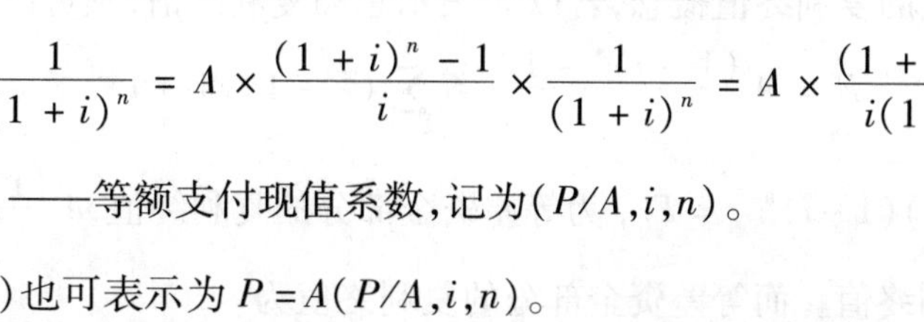

图 2-5　等额年金支付系列年金与现值关系

$$P = F\frac{1}{(1+i)^n} = A \times \frac{(1+i)^n - 1}{i} \times \frac{1}{(1+i)^n} = A \times \frac{(1+i)^n - 1}{i(1+i)^n} \tag{2-10}$$

式中　$\frac{(1+i)^n - 1}{i(1+i)^n}$——等额支付现值系数,记为$(P/A,i,n)$。

因此,式(2-10)也可表示为 $P = A(P/A,i,n)$。

【例 2-9】　某人为在未来 15 年中的每年年末回收资金 8 万元,在年利率 i 为 8% 的情况下,现需向银行存入多少钱?

解 已知 $A=8$ 万元，$n=15$，$i=8\%$，求 P。由年金现值公式(2-10)得

$$P=A(P/A,i,n)=8\times(P/A,8\%,15)=8\times 8.559\,8=68.48(\text{万元})$$

即现在应存入银行68.48万元的资金。

4. 等额资金回收公式(已知 P，求 A)

在期初一次投入资金数额为 P，欲在 n 年内全部收回，在折现率为 i 的情况下，求每年年末应等额回收的资金 A，其计算公式可由年金现值公式得出

$$A=P\frac{i(1+i)^n}{(1+i)^n-1} \tag{2-11}$$

式中 $\frac{i(1+i)^n}{(1+i)^n-1}$——资金回收系数，记为 $(A/P,i,n)$。

因此，式(2-11)也可表示为 $A=P(A/P,i,n)$。

【例2-10】 某工程项目初始投资1 000万元，预计年投资收益率 i 为15%，问每年年末至少要等额回收多少资金，才能在5年内将全部投资收回？

解 已知 $P=1\,000$ 万元，$i=15\%$，$n=5$，求 A。由式(2-11)可得

$$A=P(A/P,i,n)=1\,000\times(A/P,15\%,5)=298.3(\text{万元})$$

即每年至少应等额回收298.3万元，才能将全部投资收回。

(三)等差序列现金流量

在许多工程经济问题中，现金流量每年均有一定数量的增加或减少，如房屋随着其使用期的延伸，维修费将逐年有所增加。如果逐年的递增或递减是等额的，则称之为等差序列现金流量。其现金流量如图2-6所示。

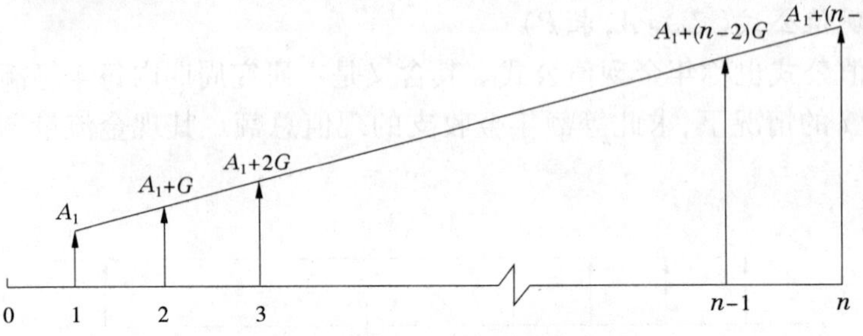

图2-6 等差序列递增现金流量图

每期期末现金支出分别为 $A_1,A_2,\cdots,A_n$，并且它们是一个等差序列，公差为 G，令 $A_1=A,A_2=A+G,A_3=A+2G,\cdots,A_{n-1}=A+(n-2)G,A_n=A+(n-1)G$。

根据收支总额的复利终值概念，若以 F 表示总额复利终值，则可以推算出

$$F=A\frac{(1+i)^n-1}{i}+G\sum_{k=1}^{n}(k-1)(1+i)^{n-k}$$

令 $G\sum_{k=1}^{n}(k-1)(1+i)^{n-k}=F_G$，为等差资金部分的复利终值，$A\frac{(1+i)^n-1}{i}=F_A$ 为等额年金部分的复利终值。而等差资金部分的复利终值为

$$F_G=\sum_{k=1}^{n}(k-1)(1+i)^{n-k}=\frac{G}{i}\frac{(1+i)^n-1}{i}-\frac{nG}{i} \tag{2-12}$$

由式(2-12)可得

$$A_G = G\left[\frac{1}{i} - \frac{n}{i}(A/F,i,n)\right] \tag{2-13}$$

式中　$\left[\frac{1}{i} - \frac{n}{i}(A/F,i,n)\right]$——梯度系数,通常用$(A/G,i,n)$表示。

所以,等差序列现金流量的年值、终值和现值分别为

$$A = A_1 + A_G \tag{2-14}$$

$$F = A\frac{(1+i)^n - 1}{i} \tag{2-15}$$

$$P = A\frac{(1+i)^n - 1}{i(1+i)^n} \tag{2-16}$$

【例2-11】　某公司现有一挖掘机,在使用期5年内,其维修费在第1,2,3,4,5年年末的金额分别为500元、600元、700元、800元和900元。若年利率以10%计,试计算费用的年值、终值、现值。

解　已知$A_1=500$元,$G=100$元,$n=5$,$i=10\%$,由式(2-13)和式(2-14)得

$$A_G = G(A/G,i,n) = 100 \times 1.8101 = 181.01(\text{元})$$

所以,费用的年值为

$$A = A_1 + A_G = 500 + 181.01 = 681.01(\text{元})$$

对应的现值为

$$P = A(P/A,i,n) = 681.01 \times (P/A,10\%,5) = 2\,581.57(\text{元})$$

对应的终值为

$$F = A(F/A,i,n) = 681.01 \times (F/A,10\%,5) = 4\,157.63(\text{元})$$

(四)等比序列现金流量

每期期末发生的现金流量序列是成等比变化的数列,现金流量如图2-7所示。等比序列现金流量的复利终值F可表示为

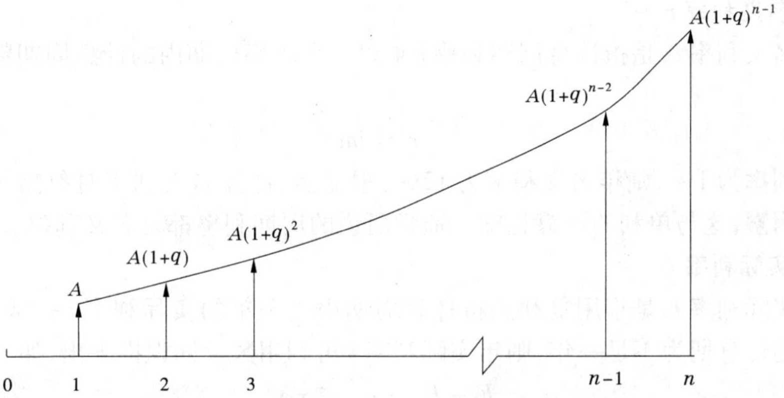

图2-7　等比序列现金流量图

$$F = \frac{A}{i-q}[(1+i)^n - (1+q)^n] \quad (i \neq q) \tag{2-17}$$

当 $i=q$ 时，$F=nA(1+i)^{n-1}$，式(2-17)即为成等比关系的现金流量序列复利终值公式，同理可以求得 P 和 A。

三、资金的时间价值计算应注意的问题

本节主要介绍了资金的时间价值计算的有关公式，在具体运用公式时应注意下列问题：

(1)项目的初始投资假定发生在项目的寿命期期初，即"零点"处；项目的经常性支出假定发生在计息期期末。

(2)P 是在当前计息开始发生(零时点)，F 是在当前(零时点)以后第 n 个计息周期期末发生，A 是在计息周期期间各周期期末发生。

(3)理清公式的来龙去脉，灵活运用。

复利计算公式以复利终值公式 $F=P(1+i)^n$ 作为最基本公式，根据相应的定义，并运用数学方法推导所得，各公式之间存在内在联系。

掌握各系数之间的关系，便于进行等值换算。但应注意，只有在 i、n 等参数条件相同的情况下，上述关系才成立。

(4)充分利用现金流量图。

现金流量图不仅可以清晰地反映出现金收支情况，而且有助于准确确定计息期数，使计算准确可靠。

四、名义利率与实际利率

通常讲到的计息周期一般都是以年为单位的，但在实际应用中，计息周期并不一定以一年为周期，可以是半年、季度、月。同样的年利率，由于计息期数的不同，本金所产生的利息也不同，因此就有了名义利率和实际利率的说法。

(一)名义利率 r

所谓名义利率 r，是指计息周期利率 i 乘以一个利率周期内的计息周期数 m 所得的利率，即

$$r = im \tag{2-18}$$

若月利率为1%，则年名义利率为12%，很显然，计算名义利率时忽略了前面各期利息再生的因素，这与单利的计算相同。通常所说的周期利率都是名义利率。

(二)实际利率 i

所谓实际利率 i，是指用复利法将计息周期小于一年的实际利率 i 折成年实际利率，实际利率的计息期为不足一年，则年实际利率 i 可利用数学知识推求出，如下

$$i = \frac{F-P}{P} = \left(1+\frac{r}{m}\right)^m - 1 \tag{2-19}$$

式中　i——年实际利率；

　　r——名义利率；

m——一年之中的计息周期数。

式(2-19)反映了复利条件下年实际利率和名义利率之间的关系。一般年实际利率不低于名义利率。现设年名义利率 $r=10\%$,则按年、半年、季、月、日计息的年实际利率见表 2-2。

表 2-2 年实际利率计算结果

年名义利率(r)	计息数	年计息次数(m)	计息期利率($i=\frac{r}{m}$)	年实际利率 i
10%	年	1	10%	10%
	半年	2	5%	10. 25%
	季	4	2. 5%	10. 38%
	月	12	0. 833%	10. 47%
	日	365	0. 027 4%	10. 52%

从表 2-2 可以看出,每年计息期数 m 越多,i 与 r 相差越大。所以,在工程经济分析中,如果各项目的计息期不同,就不能简单地使用名义利率来评价,而必须换算成实际利率进行评价,否则会得出不正确的结论。

(三)连续式计息期内的年实际利率

在一个企业或工程项目中,要是收入和支出几乎是在不间断流动着的话,我们可以把它看做连续的现金流。当涉及这个现金流的复利问题时,就要使用连续复利的概念,即在一年中按无限多次计息,此时可以认为 $m\to\infty$,求此时的年实际利率,即对公式(2-19)求 $m\to\infty$ 时的极限

$$i=\lim_{m\to\infty}\left(1+\frac{r}{m}\right)^m-1=e^r-1 \tag{2-20}$$

第三节 资金等值计算

一、等值的概念

如前所述,资金具有时间价值,即使金额相同,因其发生在不同时间,其价值就不同。反之,不同时点绝对值不等的资金在时间价值作用下却可能具有相等的价值。

这些不同时期、不同数额但其"价值等效"的资金称为等值。在工程经济分析中,等值是一个十分重要的概念,它为我们确定某一经济活动的有效性或者进行方案比较提供了可能。

资金等值计算公式和资金的时间价值计算公式的形式是相同的,第二节资金的时间价值计算公式是从资金平衡的角度得到的,如一次性支付复利终值公式中的 F 和 P 所含

价值的绝对值相同,但资金流向相反;资金等值计算公式中 F 和 P 所含价值的绝对值相同,方向也相同,如果两个现金流量等值,则对任何时刻的时值必然相等。

进行工程经济分析时,在考虑资金的时间价值的情况下,不同时间发生的现金流是不能直接相加减的,利用等值的概念,可以把不同时点发生的现金流折算到同一时点,然后进行比较,在工程经济分析中,方案比较都是采用等值的概念进行分析、评价和选定的。

二、资金等值的计算

资金的时间价值是工程经济分析的基本原理,资金等值计算是这个理论的具体运用。

前面介绍的复利计算公式,可以按一定的利率在不同时刻作等值变换,可以将一笔等值资金变换到任何时刻,也可以等值变换为任何一种支付形式。现金流量分析、折现是资金等值变换的一个常见形式。

实际进行资金等值计算时,有可能遇到以下不同情况,现分述如下。

(一)计息期短于1年

经过适当变换后,仍可利用前述公式进行计算。可分为以下两种情况。

(1)计息期与支付期相同。用名义利率求出计息期的实际利率,确定计算期内的支付次数,然后套用资金的时间价值的计算公式即可计算。

【例2-12】 年利率为12%,每半年计息1次,从现在起连续3年每半年等额年末存款为200元,问与其等值的第0年的现值是多少?

解 计息期为半年的实际利率为 $i=0.12/2=0.06$,计息期数为 $n=2\times3=6$(次),则

$$P=A(P/A,i,n)=200\times4.9173=983.46(\text{元})$$

(2)计息期短于支付期。有三种计算方法:

一是用名义利率求出计息期的实际利率,进而计算出每个支付期的实际利率,确定计算期内的计息次数,然后套用资金的时间价值的计算公式进行计算。

二是计算出每个计息期的实际利率,再把等额支付的每一个支付看做一次支付,利用一次支付现值公式计算,然后求和。

三是取一个循环周期,使这个周期的期末支付变成等值的计息期末的等额支付系列,使计息期和支付期完全相同,然后套用等额支付系列公式进行计算。

(二)计息期大于支付期

由于计息期大于支付期,计息期间的支付通常采用三种方法之一进行处理。

(1)不计息。在工程经济分析中,当计息期内收付不计息时,其支出计入期初,其收益计入期末。也就是说,通常规定存款必须存满一个计息周期时才计利息,即在计息周期间存入的资金在该期不计算利息时,要在下一期才计算利息。

(2)单利计息。在计息期内的支付均按单利计息。

(3)复利计息。计息期利率相当于实际利率,支付周期利率相当于计息期利率。支付周期利率的计算正好与已知名义利率求实际利率的过程相反。支付周期利率确定后,即可按资金的时间价值的计算公式进行计算。

习　题

2-1　什么是资金的时间价值？有何意义？

2-2　什么是现金流量及现金流量图？构成现金流量的基本经济要素有哪些？

2-3　何谓资金等值？常用资金等值换算公式有哪些？

2-4　如何理解资金的时间价值？

2-5　什么是利息、利率？单利分析与复利分析有何区别？

2-6　简述利率的确定与其在经济活动中的作用。

2-7　什么是名义利率和实际利率？二者有何关系？

2-8　向银行借款 1 000 元，借期 5 年，试分别用 8% 单利和 8% 复利计算借款的利息和本利和。

2-9　下列等额支付的年金终值和年金现值各为多少？

(1) 年利率为 6%，每年年末借款 500 元，连续借款 12 年；

(2) 年利率为 9%，每年年初借款 4 200 元，连续借款 43 年；

(3) 年利率为 8%，每季度计息 1 次，每季度末借款 1 400 元，连续借款 16 年；

(4) 年利率为 10%，每半年计息 1 次，每月月末借款 500 元，连续借款 2 年。

2-10　下列终值的等额支付为多少？

(1) 年利率为 12%，每年年末支付 1 次，连续支付 8 年，第 8 年年末积累金额 15 000 元；

(2) 年利率为 9%，每半年计息 1 次，每年年末支付 1 次，连续支付 11 年，第 11 年年末积累金额 4 000 元；

(3) 年利率为 12%，每季度计息 1 次，每季度末支付 1 次，连续支付 8 年，第 8 年年末积累金额 15 000 元；

(4) 年利率为 8%，每季度计息 1 次，每月月末支付 1 次，连续支付 15 年，第 15 年年末积累金额 17 000 元。

2-11　下列现值的等额支付为多少？

(1) 借款 5 000 元，得到借款后的第 1 年年末开始归还，连续 5 年，分 5 次还清，年利率按 4% 计息；

(2) 借款 37 000 元，得到借款后的第 1 个月月末开始归还，连续 5 年，分 60 次还清，年利率为 9%，每月计息 1 次。

2-12　下列现金流量序列的年末等额支付为多少？

(1) 第 1 年年末借款 1 000 元，以后 3 年每年年末递增借款 100 元，按年利率 5% 计息；

(2) 第 1 年年末借款 5 000 元，以后 9 年每年年末递减借款 200 元，按年利率 12% 计息；

(3) 第 1 年年末借款 2 000 元，以后 3 年每年年末递增 2%，按年利率 5% 计息；

(4) 第 1 年年末借款 3 000 元，以后 6 年每年年末借款是上一年的 1.1 倍，按年利率

5%计息。

2-13 某企业获得8万元贷款,偿还期4年,年利率为10%,试就以下4种还款方式,分别计算还款额、4年还款总额及还款额的现值:

(1)每年年末还2万元本金和所欠利息;

(2)每年年末只还所欠利息,本金在第4年年末一次还清;

(3)每年年末等额偿还本金和利息;

(4)第4年年末一次还清本金和利息。

2-14 某设备价格为55万元,合同签订时付了10万元,然后采用分期付款方式。第1年年末付款14万元,从第2年年初起每半年付款4万元。设年利率为12%,每半年复利一次。问多少年能付清设备价款?

2-15 某公司购买了一台机器,估计能使用20年,每4年要大修1次,每次大修费用假定为1 000元,现在应存入银行多少钱才足以支付20年寿命期间的大修费用? 按年利率12%计,每半年计息1次。

2-16 某公司购买了一台机器,原始成本为12 000元,估计能使用20年,20年末的残值为2 000元,运行费用为每年800元,此外,每5年大修1次,大修费用为每次2 800元,试求机器的年等值费用。按年利率12%计息。

第三章　工程经济要素与估算方法

第一节　工程经济要素的构成

一、工程经济要素的含义

工程经济学主要研究工程项目的经济效益，而工程项目的经济效益是工程项目投入与产出比较的结果。投入与产出是两个综合性的经济概念，其基本内容包括建设投资、流动资金投资以及生产运行过程中形成的收入、成本、费用和利润等。

为了便于掌握和运用，通常将工程项目建设和运行过程中所形成的投资、收入、成本、费用等，按其相似的特征科学地划分为投资、成本、费用、收入、税金、利润等基本经济因素。

这些根据投资、运行过程中各经济因素相似的特征科学归类所形成的影响工程项目经济效益情况的基本经济因素，即称为工程经济要素，也是进行工程经济分析最重要的基础数据。

二、工程经济要素的构成

（一）工程项目投资

1. 投资的概念

投资是指人们有目的的经济行为，即以一定的资源投入某项计划，以获得所期望的报酬的过程。投资是人们在社会经济活动中为实现某种预定的目标而预先垫付的资金。

本书以工程建设项目投资为对象介绍投资的构成。

2. 投资的分类

1）按建设性质分类

投资按工程项目的建设性质分为新建项目投资、改建项目投资、扩建项目投资。

2）按用途分类

投资按用途分为生产性投资和非生产性投资。生产性投资是指直接用于物质生产领域建设的投资（如工业企业），非生产性投资是指投入资金不是直接用于物质生产建设，而是用于满足人民物质文化生活的需要和为生产建设服务的投资（科学技术、文化教育、国防、城市基础设施建设等）。

3）按形成的资产分类

投资按形成的资产分为固定资产投资、流动资产投资、无形资产投产和其他资产投资。其中，其他资产投资是指除固定资产、流动资产、无形资产外的投资，包括其他长期资产（如特准储备物资）、长期待摊费用（开办费、租入固定资产改良支出、固定资产大修支出等)。

3. 工程项目投资构成

工程项目总投资是由建设投资、建设期利息和流动资金投资组成的,非生产性建设项目总投资不含流动资金。

建设项目总投资构成如图 3-1 所示。

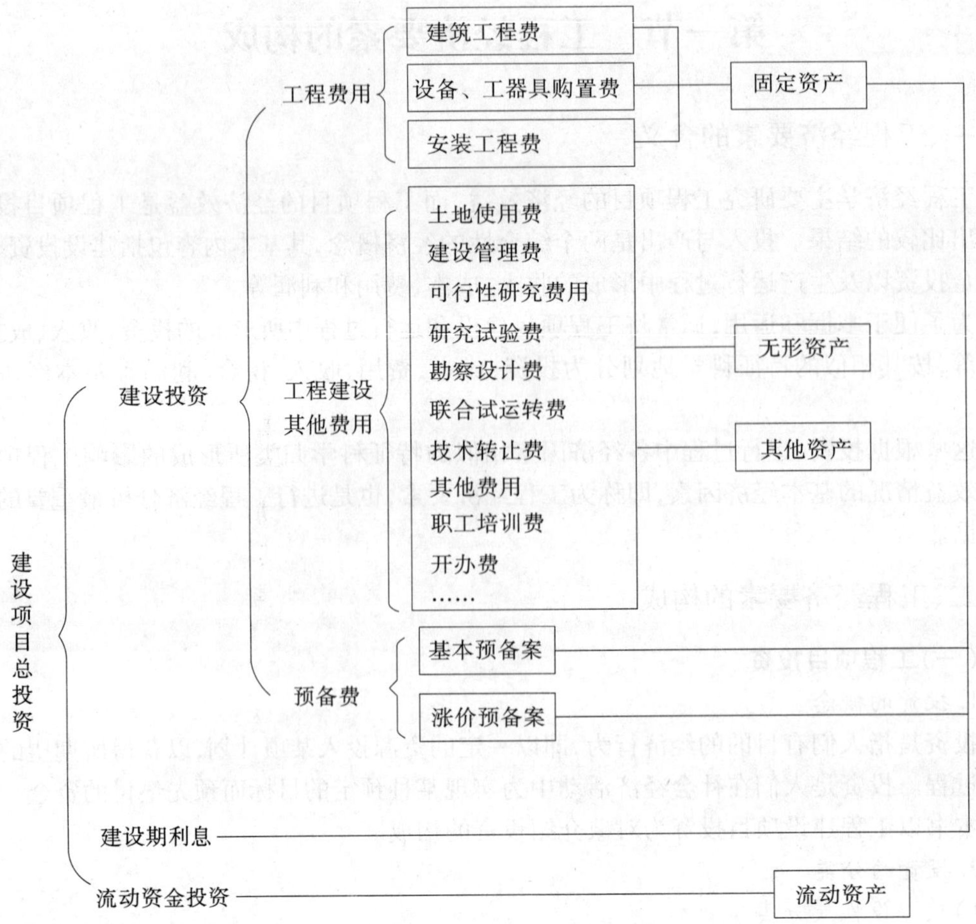

图 3-1　建设项目总投资构成

1)建设投资的构成

建设投资是指在项目筹建与建设期间所花费的全部建设费用,建设投资的构成与分类方法有着密切的关系,分类方法不同,构成也不同。

(1)建设投资的构成可按概算法分类或按形成资产法分类。

①按概算法分类。建设投资由工程费用、工程建设其他费用和预备费三部分构成。

其中工程费用又由建筑工程费、设备购置费(含工器具及生产家具购置费)和安装工程费构成。

预备费主要是投资过程中因不确定因素的出现而造成的投资额的变化,包括基本预备费和涨价预备费。基本预备费是指在投资估算时无法预见今后可能出现的自然灾害、设计变更、工程内容增加等情况而需要增加的投资额。涨价预备费是指项目在建设期内，由于物价上涨因素而需要增加的投资额。

②按形成资产法分类。建设投资由形成固定资产的费用、形成无形资产的费用、形成其他资产的费用和预备费四部分组成。

固定资产费用是指项目投产时将直接形成固定资产的建设投资，包括工程费用和工程建设其他费用中按规定将形成固定资产的费用。后者称为固定资产其他费用，主要包括建设单位管理费、可行性研究费、研究试验费、勘察设计费、环境影响评价费、场地准备及临时设施费、引进技术和引进设备其他费、工程保险费、联合试运转费、特殊设备安全监督检验费和市政公用设施建设及绿化费等。

无形资产费用是指将直接形成无形资产的建设投资，主要是专利权、非专利技术、商标权、土地使用权和商誉等。

其他资产费用是指建设投资中除形成固定资产和无形资产外的部分，如生产准备等。对于土地使用权的特殊处理，按照有关规定，在尚未开发或建造自用项目前，土地使用权作为无形资产核算，企业开发商品房时，将其账面价值转入开发成本，企业建造自用项目时将其账面价值转入在建工程成本。

因此，为了与以后的折旧和摊销计算相协调，在建设投资估算表中通常可将土地使用权直接列入固定资产其他费用中。

(2)建设投资根据随时间变化的关系又可分为静态投资和动态投资两部分。所谓静态投资，是指建筑安装工程费、设备和工器具购置费、工程建设其他费、基本预备费，它们不随时间的变化而变化。动态投资主要是指涨价预备费和建设期利息，这两项随时间的变化而变化。

2)建设期利息

建设期利息是指在项目筹建与建设期内发生并应计入固定资产原值的利息，包括借款(或债券)利息及手续费、承诺费、管理费等。

3)流动资金投资

流动资金投资是指工业项目投产前预先垫付的，用于在投产后购买原材料、燃料动力、支付工资、支付其他费用以及被在产品、产成品等占用，以保证生产和经营正常进行的投资。

流动资金通常以现金及各种存款、存货、应收及预付款项等流动资产的形态出现。流动资产是指可以在一年内或超过一年的一个营业周期内变现或耗用的资产。

流动资金投资是伴随着固定资产的投资而发生的永久性投资。在整个项目寿命期结束时，全部流动资金才能退出生产与流通，以货币资金的形式被回收，成为项目寿命期末的一项可回收的现金流。

(二)工程项目收入

收入是指企业在生产经营与非生产经营活动中能够导致企业净资产增加的所得，包括营业收入、投资收入和营业外收入。

企业会计准则中规定的收入，是指企业在日常活动中形成的、会导致所有者权益增加的、与所有者投入资本无关的经济利益的总流入，包括销售商品收入、提供劳务收入。

对于工程项目来讲,工程项目收入主要是指营业收入,是工程项目建成投产后销售产品或提供服务等取得的收入,这部分收入也称为主营业务收入。其中,产品销售收入是销售产成品、自制半成品等取得的收入;劳务收入是指安装费收入、运输收入、宣传媒介收费收入、为客户开发软件收入,以及艺术表演、招待宴会和其他特殊活动的收费等。

与主营业务收入相对应的是其他业务收入,指企业根据会计收入准则确认的除主营业务外的其他经营活动实现的收入,包括出租固定资产、出租无形资产、出租包装物和商品、销售材料等实现的收入。

除以上两项收入外,还有与正常经营活动无关的收入,主要包括非流动资产处置利得、非货币性资产交换利得、债务重组利得、政府补助、盘盈利得、捐赠利得等。一些工程项目需要政府的支持,会得到政府补贴的收入,也应作为项目的收入。

(三)成本和费用

1.总成本费用构成

总成本费用是指在运营期内为生产、销售产品或提供服务所发生的全部费用。成本和费用是两个不同的概念。成本是指企业在一定的时间内为生产销售一定的产品、提供一定的劳务而发生的各项费用支出的总和。费用是指企业为生产和销售商品、提供劳务等日常活动所发生的各种支出。

按照制造成本法,总成本费用包括制造成本和期间费用两部分,如图 3-2 所示。

- 总成本费用
  - 制造成本
    - 直接人工费用
    - 直接材料费用
    - 制造费用
    - 其他直接费用
  - 期间费用
    - 销售费用
    - 管理费用
    - 财务费用

图 3-2　总成本费用构成

1)制造成本

制造成本是指企业为生产经营商品和提供劳务等发生的各项直接支出,包括直接人工费用、直接材料费用、制造费用以及其他直接支出。

其中:直接人工费用是指在生产过程中直接从事产品生产、加工而发生的工人的工资性消耗,它包括直接从事产品生产人员的工资、补贴和奖金等。

直接材料费用是指在生产过程中直接为产品生产而消耗的各种物资,包括原材料、辅助材料、备品配件、外购半成品、燃料、动力、包装物等费用。

制造费用是发生在生产单位的间接费用,指生产部门为组织产品生产和管理生产而发生的各项费用,包括生产单位管理人员的工资、职工福利费以及生产单位房屋建筑物、机械设备的折旧费、修理维护费、机械物资消耗费用、低值易耗费、取暖费、水电费、办公费、差旅费、运输费、保险费、设计制图费、试验检验费、劳动保护费等。

2)期间费用

期间费用是指发生在生产期间,但又不计入成本的各种费用,包括销售费用、管理费用和财务费用。

(1)销售费用:是指企业在销售商品过程中发生的费用,包括企业销售商品过程中发生的运输费、装卸费、包装费、保险费、展览费和广告费,以及为销售本企业商品而专设的销售机构(含销售网点、售后服务网点等)的职工工资及福利费、类似工资性质的费用、业务费等经营费用。

(2)管理费用:是指企业为组织和管理企业生产经营所发生的管理费用,包括企业的董事会和行政管理部门在企业的经营管理中发生的,或者应当由企业统一负担的公司经费(包括行政管理部门职工工资、修理费、物料消耗、低值易耗品摊销、办公费和差旅费等)、工会经费、待业保险费、劳动保险费、董事会费、聘请中介机构费、咨询费(含顾问费)、诉讼费、业务招待费、房产税、车船使用税、土地使用税、印花税、技术转让费、矿产资源补偿费、无形资产摊销、职工教育经费、研究与开发费、排污费、存货盘亏或盘盈(不包括应计入营业外支出的存货损失)、计提的坏账准备和存货跌价准备等。

项目评价中不需要计算这么详细,但这些是估算的一个参考内容。

(3)财务费用:是指企业为筹集生产经营所需资金等而发生的费用,包括应当作为期间费用的利息支出(减利息收入)、汇兑损失(减汇兑收益)以及相关的手续费等。

目前,成本核算采用制造成本法,即将与生产密切相关的直接材料费用、直接人工费用和制造费用计入产品成本,而与生产没有直接关系的期间费用计入当期损益,从当期的收入中扣除。

因此,上面的直接人工费用和直接材料费用直接计入产品成本,制造费用不是为生产某件产品发生的费用,而是为生产整批产品而发生的费用,因此必须经过分摊才能计入产品成本中。销售费用、管理费用和财务费用不能计入产品成本,而应计入企业当期损益,从当期的收入中扣除。

生产要素分类法总成本费用的组成如图3-3所示。

- 总成本费用
  - 可变成本
    - 外购原材料
    - 外购燃料、动力
    - 工资及福利费
  - 固定成本
    - 修理费
    - 其他费用(含销售费用)
    - 折旧费
    - 摊销费
    - 利息支出

（外购原材料、外购燃料、动力、工资及福利费、修理费、其他费用(含销售费用)合计为：经营成本）

图3-3　生产要素分类法总成本费用的组成

这种方法是从估算各种生产要素的费用入手汇总得到项目总成本费用,而不管其具体应归集到哪个产品上。即将生产和销售过程中消耗的全部外购原材料、辅助材料、燃料、动力、人工工资福利以及各种外部提供的劳务或服务等费用要素加上当年应计提的折旧、摊销、财务费用和其他费用,构成项目的总成本费用。

采用这种估算方法,不必计算项目内部各生产环节成本结转,同时也较容易计算可变成本、固定成本和进项税额。投资分析中多采用生产要素估算法。

2. 经营成本

经营成本是工程经济分析中的特定概念，经营成本也称付现成本，是在一定期间内由于生产和销售产品及提供劳务而实际发生的现金支出。

经营成本属于工程项目的现金流出，数量上等于项目总成本费用扣除固定资产折旧费、无形资产摊销费及其他资产摊销费和利息支出等以后的差额。用公式表述如下。

经营成本 = 总成本费用 − 折旧费 − 摊销费 − 利息支出 (3-1)

或 经营成本 = 外购原材料费、燃料和动力费 + 工资及福利费 + 修理费 + 其他费用 (3-2)

经营成本不包括折旧费、摊销费和利息支出，原因是在工程经济分析中，它们不属于实际发生的现金流量，而是过去投资在项目使用期的分摊。

原先的投资已在其发生时作为一次性支出计入了现金流出，经营过程中的现金流量是反映项目在计算期内逐年实际发生的现金流入和流出，如果再将这些摊销费等计入现金流出，就造成了重复计算。

上面的利息支出是指建设期投资贷款或借款在生产期发生的利息，不是项目本身必须支付的费用。生产经营期间的利息可计入财务费用，项目融资前没有借贷资金，就不存在利息支出的问题。

(四) 税金

税金是指纳税人根据国家税法规定应该向国家缴纳的各种税款。税金是纳税人为国家提供资金积累的重要方式，也是国家对各项经济活动进行宏观调控的重要杠杆。

税收是国家凭借政治权力参与国民收入分配与再分配的一种方式，具有强制性、无偿性和固定性的特点。我国现行税收制度包含的税种有 24 种，按其性质和作用分为 7 大类。

(1) 流转税类。流转税是指以商品生产、商品流通和劳务服务的流转额为征收对象的各种税，包括增值税、营业税和消费税。

(2) 资源税类。资源税是指国家为了调节资源级差收入，对因开发和利用自然资源而征收的一种税。它体现了国家要求资源开发者对国有资源的有偿使用原则，资源税的纳税人是在中华人民共和国境内开采我国资源税暂行条例规定的矿产品或者生产盐的单位和个人。

资源税只对特定资源征税。应当征收资源税的有 7 类资源：原油、天然气、煤炭、其他非金属矿原矿、黑色矿原矿、有色金属矿原矿和盐。

资源税实行差别税率。资源税税率按质量或体积计算，如原油的税率为 8 ~ 30 元/t，天然气的税率为 2 ~ 15 元/m^3。无论是自用或捐赠的资源，还是用于销售的资源，只要开采就必须按规定纳税。

(3) 所得税类。所得税是指以单位或个人在一定时期内纯所得额为征收对象的一类税，主要是对生产经营者的利润和个人的纯收入发挥调节作用，包括企业所得税、外商投资企业和外国企业所得税、个人所得税。

2008 年 1 月 1 日起新所得税法规定所得税税率为 25%。

(4) 特定目的税类。特定目的税是指国家为了达到某种特定目的而对特定对象和特定行为征收的一类税,包括固定资产投资方向调节税、城市维护建设税、土地增值税。

其中,固定资产投资方向调节税已于 2000 年 1 月 1 日暂停征收。

(5)财产和行为税类。财产和行为税是指国家对财产使用及经营的单位和个人征收的一类税。主要目的是对某些财产和行为发挥调节作用。包括房产税、车船使用税、车辆使用牌照税、车辆购置税、印花税、契税、屠宰税等。

(6)关税。关税是指海关对进出境的货物或者物品征收的一种税。关税由海关统一征税,它既是国家调节进出口贸易和宏观经济的重要手段,也是中央财政收入的重要来源。关税分进口税和出口税两种。

进口税是关税中最主要的一种。

(7)税收附加类。税收附加类包括教育附加费和城市维护建设税。其中教育附加费是投资项目建设中必须缴纳的费用。教育附加费是以纳税人实际缴纳的增值税、消费税、营业税为计征依据而征收的一种专项附加费,征收的目的是多渠道筹集教育经费,改善中小学办学条件。教育附加费具有专款专用的性质。凡是缴纳增值税、消费税和营业税的单位和个人,除缴纳了农村教育事业附加费的单位外,都是缴纳教育附加费的纳税义务人。

与工程财务有关的税收主要是营业税、所得税、城市维护建设税、教育费附加、房产税、城镇土地使用税、土地增值税、契税等。

(五)利润

利润是企业在一定的期间生产经营活动中的最终成果,是收入与费用的差值。企业利润是企业扩大再生产的重要资金来源。

如果收入大于费用,企业的净利润为正,说明企业盈利;如果收入小于费用,企业的净利润为负,说明企业亏损。所以,利润指标能够综合反映出企业的管理水平和经营水平。

第二节　工程投资估算

一、工程投资估算及其特点

工程投资估算是指在项目投资决策过程中,依据现有的资料和特定的方法,对建设项目的投资数额进行的估计和测算。在对工程项目的建设规模、技术方案、设备方案、工程方案及项目实施进度等进行研究并基本确定的基础上,估算项目投入总资金并测算建设期内分年资金需要量。

投资估算可作为制订融资方案、进行经济评价以及编制初步概算的依据,是项目决策的重要依据之一,准确、全面地估算建设工程项目的投资额是项目可行性研究乃至整个工程项目投资决策阶段的重要任务。

投资估算是决策性质的文件,具有重要的作用:

(1)投资估算是投资决策的依据。

(2)投资估算是制订项目融资方案的依据。

(3)投资估算是进行项目经济评价的基础。

(4)投资估算是编制初步设计概算的依据,对初步设计起控制作用。

投资估算是初步设计前期各阶段工作中作为论证拟建项目在经济上是否可行的重要文件。但是,由于建设前期工作阶段的条件限制,未能预见因素较多,技术条件不具体等,则工程项目投资估算有以下特点:

(1)估算条件轮廓性大,假设因素多,技术条件内容粗浅。

(2)估算技术条件伸缩性大。估算难度大,反复次数多。

(3)估算数值误差大,准确度低。

(4)估算工作涉及面广,政策性强,对估算工作人员素质要求高。

二、工程投资估算阶段的划分与精度要求

按时间和估算精度划分,工程投资估算可以分为以下几个阶段:

第一,投资机会研究阶段的投资估算。此阶段估算工作比较粗略,投资额的估计一般是通过已建类似项目对比得来的,估算精度在±30%。其作用是作为领导部门审查投资机会、初步选择投资项目的主要依据之一,对初步可行性研究及投资估算起指导作用。

第二,初步可行性研究阶段的投资估算。此阶段是在研究投资机会结论的基础上,进一步弄清项目的投资规模、原材料来源、工艺技术、厂址、组织机构、建设进度等情况,进行经济效益评价,判断项目的可行性,做出初步投资评价,估算精度在±20%。

其作用是作为决定是否进行详细可行性研究的依据之一,同时也是确定哪些关键问题需要进行辅助性专题研究的依据之一。

第三,详细可行性研究阶段的投资估算。此阶段主要是进行全面、详细的技术经济分析论证,对拟建项目的投资方案进行比选,确定最佳投资方案,对项目的可行性做出结论。

该阶段内容翔实、资料全面,估算精度应在±10%。此阶段的估算是进行详尽经济评价的阶段,也是编制设计文件、控制初步设计及概算的主要依据。

三、工程项目建设投资估算的依据、要求与步骤

(一)工程项目建设投资估算的依据

投资估算应做到方法科学、依据充分,主要依据有:

(1)专门机构发布的建设工程造价费用构成、估算指标、计算方法以及其他有关计算工程造价的文件。

(2)专门机构发布的工程建设其他费用计算办法、费用标准以及政府部门发布的物价指数。

(3)部门或行业制订的投资估算办法和估算指标。

(4)拟建项目所需设备、材料的市场价格。

(5)拟建项目各单项工程的建设内容及工程量。

(二)工程项目建设投资估算精度要求

(1)工程内容和费用构成齐全,计算合理,不重复计算,不提高或者降低估算标准,不漏项,不少算。

(2)选用指标与具体工程之间存在标准或者条件差异时,应进行必要的推算或者调

整。

(3)投资估算精度应能满足控制初步设计概算的要求。

(三)工程项目建设投资估算的步骤

工程项目建设是由许多单项工程构成的,从投资的顺序上看,一般是从建筑工程开始,然后进行设备的购置、安装。因此,工程项目建设投资估算的步骤与此基本上是一致的,可以分为:

(1)分别估算各单项工程费用所需的建筑工程费、设备及工器具购置费、安装工程费。

(2)在汇总各单项工程费用的基础上,估算工程建设其他费用和基本预备费。

(3)估算涨价预备费和建设期利息。

(4)估算流动资金。

(5)计算建设投资总额。

四、工程项目建设投资估算的方法

(一)单位生产能力投资估算法

生产能力一般指项目建成投产以后以每年产量为标志的一种设计指标,设计生产能力越大,意味着项目的建设规模也越大,建设规模越大,所需的建设资金也越多。设计生产能力客观上与建设投资之间存在着一定的数量关系。

单位生产能力投资估算法就是根据生产能力与建设投资之间存在的数量关系,用类似已建项目单位生产能力投资指标,估算拟建项目建设投资的一种方法。

单位生产能力投资是指每单位设计生产能力所需要的建设投资。国家大量的工程项目建设,积累了相当丰富的同类型工程项目投资与单位生产能力之间的数量资料,该指标使同一类型不同建设项目的投资数额有了一个衡量和比较的标准。

单位生产能力投资估算法把项目的建设投资与生产能力的关系视为简单的线性关系,这样估算结果的精确度较低,使用时应考虑拟建项目生产能力、工艺条件以及其他条件的可比性,否则误差较大。

在实际估算工作中,由于难以找到完全类似的项目,通常是按项目的生产内容、工艺流程、设施装置,把项目进行分解,分别套用类似部门、设施和装置的单位生产能力投资指标计算,然后加总求得总的建设投资费用。

(二)生产能力指数法

生产能力指数法是指根据已建成的、类似的建设项目或生产装置的投资额和生产能力与拟建项目的生产能力估算拟建项目的投资额,也叫装置能力指数法。

运用生产能力指数法估算项目投资的重要条件,是要有合理的装置能力指数。采用生产能力指数法,计算简单,速度快;但要求类似工程的资料可靠,条件基本相同,否则误差就会增大。该方法多用于生产装置估算。

(三)系数估算法

(1)朗格系数法。该方法是以设备购置费为基础,乘以适当系数来推算项目的建设投资。该方法比较简单,没有考虑设备规格、材质的差异,所以估算的准确度不高。

(2)设备厂房系数法。建设投资中，工艺设备投资和厂房土建投资所占比例较大。在拟建项目工艺设备投资和厂房土建投资估算的基础上，其他专业工程，参照类似项目的统计资料，与设备关系较大的按设备投资系数计算，与厂房土建关系较大的则以厂房土建投资系数计算，两类投资加起来，再加上拟建项目的其他有关费用，即为拟建项目的建设投资。

(四)比例估算法

比例估算法又分设备系数估算法、主体专业系数估算法两种。

(1)设备系数估算法。即以拟建项目的设备购置费为基数进行估算。此种估算方法以拟建项目的设备购置费为基数，根据已建成的同类项目的建筑安装费和其他工程费用等占设备价值的百分比，求出相应的建筑安装费及其他工程费用等，再加上拟建项目的其他有关费用，总和即为项目或装置的投资。

(2)主体专业系数估算法。即以拟建项目的最主要工艺设备费为基数进行估算。此种方法根据同类型的已建项目的有关统计资料，计算出拟建项目的各专业工程(总图、土建、暖通、给水排水、管道、电气及电信、自控及其他工程费用等)占工艺设备投资(包括运杂费和安装费)的百分比，据以求出各专业工程的投资，然后把各部分投资(包括工艺设备费)相加求和，再加上工程其他有关费用，即为项目的总投资。

(五)建设投资分类估算法

建设投资分类估算法是对构成建设投资的六类投资，即建筑工程费、设备及工器具购置费、安装工程费、工程建设其他费用、基本预备费和涨价预备费，分类进行估算。

1. 建筑工程费估算

建筑工程费是指为建造永久性建筑物和构筑物所需要的费用。建筑工程费的估算方法有单位建筑工程投资估算法、单位实物工程量投资估算法和概算指标投资估算法。前两种方法比较简单，后一种方法要以较为详细的工程资料为基础，工作量较大。

(1)单位建筑工程投资估算法。单位建筑工程投资估算法，是以单位建筑工程量投资乘以建筑工程总量来估算建筑工程费的方法。一般，工业与民用建筑以单位建筑面积投资，水库以水坝单位长度投资，铁路路基以单位长度投资，乘以相应的建筑工程总量计算建筑工程费。

(2)单位实物工程量投资估算法。单位实物工程量投资估算法，是以单位实物工程量投资乘以实物工程量来估算建筑工程费的方法。土石方按每立方米投资，路面铺设工程按每平方米投资，乘以相应的实物工程总量计算建筑工程费。

(3)概算指标投资估算法。在估算建筑工程费时，对于没有上述估算指标，或者建筑工程费占建设投资比例较大的项目，可采用概算指标估算法。建筑工程概算指标通常是以整个建筑物为对象，以建筑面积、体积等为计量单位来确定劳动、材料和机械台班的消耗量标准和造价指标。

采用概算指标投资估算法，需要占有较为详细的工程资料、建筑材料价格和工程费用指标，工作量较大。具体方法参照专门机构发布的概算编制办法。

2. 设备及工器具购置费估算

设备及工器具购置费，包括设备的购置费用、现场制作非标准设备费、生产用家具购置费和相应的运杂费。

(1)设备购置费的构成及估算。设备购置费是指为建设项目购置或自制的达到固定资产标准的各种国产或进口设备购置费用。它由设备原价和设备运杂费构成(设备购置费 = 设备原价 + 设备运杂费)。

设备原价指国产设备或进口设备的原价。设备运杂费指关于设备采购、运输、途中包装及仓库保管等方面支出费用的总和。

(2)工器具及生产家具购置费。这是指新建单位为生产准备所购置的不够固定资产标准的设备、仪器、模具、生产家具和备品备件的费用。计算方法一般是按设备购置费的一定百分比计算,也有按生产工人人数计算的。

3. 安装工程费估算

安装工程一般包括:各种需要安装的机电设备、专用设备、仪器仪表等设备的安装费,各专业工程的管道、管线、电缆等材料费和安装费,以及设备和管道的保温、绝缘、防腐等的材料费和安装费。

投资估算中安装工程费通常是根据行业或专门机构发布的安装工程定额、取费标准进行估算的。

按照上述内容与方法分别在估算建筑工程费、设备购置费和安装工程费的基础上,汇总形成建设项目的工程费用(工程费用 = 建筑工程费 + 设备购置费 + 安装工程费)。

4. 工程建设其他费用构成与估算

工程建设其他费用是指建设项目投资除去工程费(建筑工程费、安装工程费、设备和工器具及生产家具购置费)外的,为保证工程建设顺利完成和交付使用后能够正常发挥效用而发生的各项费用。它是从建设项目或单项工程开始筹建、施工至移交生产过程中为施工和生产创造必要条件而发生的费用,是为整个建设工程服务的。按其内容可分为三类:第一类为建设用地费用;第二类是与项目建设有关的费用;第三类是与项目运营有关的费用。

1)建设用地费用

建设项目要取得其所需土地的使用权,必须支付土地征收及迁移补偿费或土地使用权出让(转让)金或租用土地使用权的费用。

(1)土地征收及迁移补偿费。土地征收及迁移补偿费,是指建设项目取得土地使用权,依照《中华人民共和国土地管理法》等规定所支付的费用。内容包括:

①土地补偿费。征收耕地的补偿标准为该耕地被征收前三年平均年产值的 6 ~ 10 倍;征收其他土地的补偿标准,按照省、自治区、直辖市规定的标准执行。

②安置补助费。征收耕地的安置补助费,按照需要安置的农业人口数计算,土地补偿费和安置补助费的总和不得超过土地被征收前三年平均年产值的 30 倍。

根据国务院 2004 年下发文件的有关规定,土地补偿费和安置补助费的总和达到法定上限尚不足以使被征地农民保持原有生活水平的,当地人民政府可以用国有土地有偿使用收入予以补贴。

③地上附着物和青苗补偿费。对被征收土地上的房屋、水井、树木等附着物和青苗进行补偿。

④征地动迁费。包括征收土地上房屋及附属构筑物和城市公共设施等拆除、迁建补偿费，搬迁运输费，企业单位因搬迁造成的减产、停产损失补贴费等。

⑤其他税费。包括征收耕地按规定一次性缴纳的耕地占用税，征收城市郊区菜地按规定应缴纳的新菜地开发建设基金，以及土地复耕费等。

(2)土地使用权出让(转让)金。土地使用权出让金，是指通过土地使用权出让方式，使建设项目取得有限期的土地使用权，依照《中华人民共和国城镇国有土地使用权出让和转让暂行条例》的规定，向政府支付的土地使用权出让金。

(3)租用建设项目土地使用权在建设期支付的租地费用。

2)与项目建设有关的费用

(1)建设管理费。指建设单位从项目筹建开始直至项目竣工验收合格或交付使用发生的项目建设管理费用。费用内容包括：

①建设单位管理费。指建设单位发生的管理性质的开支。

②工程建设监理费。指建设单位委托工程监理单位实施工程监理的费用。

③工程质量监督费。指工程质量监督检验部门检验工程质量收取的费用。

建设管理费以建设投资中的工程费用为基数乘以建设管理费费率计算。建设管理费费率按照建设项目的不同性质、不同规模确定。改、扩建项目的建设管理费费率应适当低于新建项目的费率。具体费率按照部门或行业的规定执行。

(2)可行性研究费。指在建设项目前期工作中，编制和评估项目建议书(或初步可行性研究报告)、可行性研究报告所需的费用。

可行性研究费参照《国家计委关于印发〈建设项目前期工作咨询收费暂行规定〉的通知)》(计价格[1999]1283 号)规定执行，或按委托咨询合同的咨询费数额估算。

(3)研究试验费。指为建设项目提供或验证设计数据、资料等进行必要的研究试验以及按照设计规定在建设过程中必须进行试验、验证所需的费用。研究试验费应按照研究试验内容和要求进行估算。

(4)勘察设计费。指委托勘察设计单位进行工程水文地质勘察、工程设计所发生的各项费用。包括工程勘察费、初步设计费(基础设计费)、施工图设计费(详细设计费)以及设计模型制作费。勘察设计费参照国家发展计划委员会、建设部《关于发布〈工程勘察设计收费管理规定〉的通知》(计价格[2002]10 号)规定计算。

(5)环境影响评价费。指为评价建设项目对环境可能产生的污染或造成的影响所需的费用，包括编制和评估环境影响报告书、环境影响报告表等所需的费用。环境影响评价费参照国家发展计划委员会、国家环境保护总局《关于规范环境影响咨询收费有关问题的通知》(计价格[2002]125 号)规定计算。

(6)劳动安全卫生评价费。指按照劳动部《建设项目(工程)劳动安全卫生预评价管理办法》的规定，为预测和分析建设项目存在的职业危险、危害因素的种类和危险危害程度，并提出先进、科学、合理可行的劳动安全卫生技术和管理对策所需的费用。劳动安全卫生评价费依照建设项目所在省、自治区、直辖市劳动行政部门规定的标准计算，或者按劳动安全卫生预评价委托合同所列数额估算。

(7)场地准备及临时设施费。指建设场地准备费和建设单位临时设施费。建设场地准备费是指建设项目为达到工程开工条件所发生的场地平整和对建设场地有碍施工建设的设施进行拆除清理的费用。

临时设施费是指为满足施工建设需要而供到场地界区的、未列入工程费用的临时水、电、气、道路、通信等费用和建设单位的临时建构筑物搭设、维修、拆除或者建设期间租赁费用，以及施工期间专用公路养护费、维修费。

(8)引进技术和设备其他费用。指引进技术和设备发生的未计入设备购置费的费用，内容包括引进设备材料国内检验费、引进项目图纸资料翻译复制费、备品备测绘费、出国人员费用、来华人员费用、银行担保及保函费等。

(9)工程保险费。指建设项目在建设期间根据需要对建筑工程、安装工程、机器设备和人身安全进行投保而发生的保险费。包括建筑安装工程一切险、引进设备财产保险和人身意外伤害险等。

(10)市政公用设施建设及绿化补偿费。指使用市政公用设施的建设项目，按照项目所在省、自治区、直辖市人民政府有关规定，建设或者缴纳市政公用设施建设配套费用以及绿化工程补偿费用。市政公用设施建设及绿化补偿费按项目所在地人民政府规定标准估算。

3)与项目运营有关的费用

(1)专利及专利技术使用费包括国外设计及技术资料费、引进有效专利与专有技术使用费和技术保密费、国内有效专利与专有技术使用费、商标使用费、特许经营权费等。

(2)联合试运转费。指新建项目或新增加生产能力的工程，在交付生产前按照批准的设计文件所规定的工程质量标准和技术要求，进行整个生产线或装置的负荷联合试运转或局部联动试车所发生的费用净支出(试运转支出大于收入的差额部分费用)。

(3)生产准备费。指建设项目为保证竣工交付使用、正常生产运营进行必要的生产准备所发生的费用。包括生产人员培训费、提前进厂参加施工、设备安装、调试以及熟悉工艺流程及设备性能等人员的工资、工资性补贴、职工福利费、差旅交通费、劳动保护费、学习资料费等。

(4)办公及生活家具购置费。指为保证新建、改建、扩建项目初期正常生产及使用所必须购置的办公、生活家具、用具的费用。

5. 预备费

建设投资估算中的预备费包括两部分内容，一是基本预备费，二是涨价预备费。

(1)基本预备费是指在项目实施中可能发生难以预料的支出，需要事先预留的费用，又称工程建设不可预见费。

(2)涨价预备费是对建设工期较长的项目，在建设期内可能发生材料、设备、人工等价格上涨引起投资增加需要事先预留的费用，亦称价格变动不可预见费。

6. 固定资产投资方向调节税

固定资产投资方向调节税(简称投资方向调节税)是根据国家产业政策和项目经济规模，对一切建设单位和个人用各种资金安排的基本建设投资、更新改造投资和其他固定资产投资征收的一种特定目的税。投资方向调节税2000年起暂时停收。

五、建设期借款利息的估算

建设期借款利息(简称建设期利息,又称本金化利息或资本化利息)是指企业在项目建设期间因无力偿还固定资产投资借款利息而增加的投资借款额。

建设期利息计算到按设计规定的全部工程完工移交生产为止。移交生产后至达到设计能力前的生产期收尾工程的投资借款利息,不作为建设期利息,而计入生产期的财务费。

建设期利息按复利计算。银行实行的是"随支随贷"原则,各年度借款并非在年初一次支出,而是在建设期内各年年内按月、按季均衡发生。所以,前期的借款本息按金额复利计息,当年的借款视为年中使用,按半年计息,其计算公式如下

$$建设期年借款利息额=(年初借款及利息累计+\frac{本年借款支用数}{2})\times年利率 \quad (3\text{-}3)$$

在具体进行项目经济评价时,应对贷款机构的贷款条件、发放时间、利息计算、费用情况(指承诺费、管理费等)了解清楚,再进行估算。

六、流动资金估算

建设项目流动资金是指生产经营性项目投产后,为进行正常生产运营,用于购买原材料、燃料、动力,支付职工工资,购买低值易耗品和其他费用等所需的周转资金,是企业在储备、生产和流通领域中所占用的周转资金。

流动资金估算的主要方法有扩大指标估算法和分项详细估算法。

(一)扩大指标估算法

扩大指标估算法,是按照同类企业流动资金占某种基数的比率来估算流动资金。一般常用的基数有销售收入、经营成本、总成本费用、固定资产投资等,所用的比率根据经验确定,或依行业与部门给定的参考值确定。

(二)分项详细估算法

分项详细估算法是国际上通行的流动资金估算方法。估算思路是,先按照方案各年生产运行的强度,估算出各大类流动资金的最低需要量,汇总以后减去该年估算出的正常情况下的流动负债(应付账款),就是该年所需的流动资金,再减去上年已注入的流动资金,就得到该年的流动资金的增加额。

当项目达到正常生产运行水平后,流动资金就可不再注入,它是对构成流动资金的各项流动资产和流动负债逐项并分年进行估算。

流动资金估算可按照下列公式分项详细估算,计算公式如下

$$流动资金=流动资产-流动负债 \quad (3\text{-}4)$$

$$流动资产=应收账款+预付账款+存货+现金 \quad (3\text{-}5)$$

$$流动负债=应付账款+预收账款 \quad (3\text{-}6)$$

$$流动资金本年增加额=本年流动资金-上年流动资金 \quad (3\text{-}7)$$

流动资产和流动负债各项估算具体的步骤为:首先计算各类流动资产和流动负债的年周转次数,然后再分项估算占用资金额。

周转次数等于360天除以最低周转天数。存货、现金、应收账款和应付账款的最低周转天数，可参照同类企业的平均周转天数并结合项目特点确定。

估算项目建设投资、建设期利息和流动资金，应根据项目计划进度的安排，编制分年投资计划表。

第三节　产品成本与费用的构成与估算

一、总成本费用

总成本费用是指在一定时期为生产和销售产品或提供服务而发生的全部费用。成本费用按计算范围可分为单位产品成本费用和总成本费用；按成本与产量的关系，可分为固定成本和可变成本；按财务评价的特定要求，可分为总成本费用和经营成本。

成本估算应与销售收入的计算口径对应一致，各项费用应划分清楚，防止重复计算或者低估费用支出。

（一）总成本费用的构成

按制造成本法计算时，总成本费用由生产成本和期间费用两部分组成。生产成本亦称制造成本，是指企业生产经营过程中实际消耗的直接材料、直接工资、其他直接支出和制造费用。

按生产要素分类法计算时，总成本费用是从估算各种生产要素的费用入手汇总得到项目总成本费用，即将生产和销售过程中消耗的全部外购原材料、燃料与动力、人工工资福利以及各种外部提供的劳务或服务等费用要素加上当年应计提的折旧、摊销、财务费用和其他费用，构成项目的总成本费用。

（二）总成本费用的估算方法

1. 以制造成本法估算项目总成本费用

以产品制造成本为基础进行估算，首先计算各产品的直接成本，包括直接材料费、直接燃料和动力费、直接工资和其他直接支出；其次计算间接成本，主要指制造费用；最后计算管理费用、销售费用和财务费用，其中折旧费和摊销费可以单独列项。

2. 按费用要素分类法估算项目总成本费用

1）外购原材料费估算

估算外购原材料费，需要先确定项目所需各种原材料的数量和单价。

2）外购燃料及动力费估算

外购燃料主要包括煤、柴油、燃料费、液化石油气、天然气等，外购动力主要包括电、水、压缩空气、蒸汽等。

3）工资及福利费估算

工资一般按照项目建成投产后各年所需的职工总数即劳动定员数和人均年工资水平测算，同时可以根据工资的历史数据并结合工资的现行增长趋势确定一个合理的年增长率，在各年的工资水平中反映出这种增长趋势。

职工福利费一般按照工资总额的14%提取。

4) 固定资产折旧费

所谓折旧，就是固定资产在使用过程中，通过逐渐损耗(包括有形损耗和无形损耗)而转移到产品成本中的那部分价值。

计提折旧，是企业回收其固定资产投资的一种手段。按照国家规定的折旧制度，企业把已发生的资本性支出转移到产品成本费用中去，然后通过产品的销售，逐步回收初始的投资费用。我国现行固定资产折旧方法，一般采用平均年限法、工作量法或加速折旧法。

(1) 平均年限法。平均年限法亦称直线法，即根据固定资产的原值、预计净残值率和折旧年限计算折旧。

$$\text{年折旧率} = \frac{1 - \text{预计净残值率}}{\text{折旧年限}} \times 100\% \tag{3-8}$$

$$\text{年折旧额} = \text{固定资产原值} \times \text{年折旧率} \tag{3-9}$$

①固定资产原值。指项目投产时按规定由投资形成固定资产的部分。主要由工程费用、待摊投资(工程建设其他费用中应计入固定资产原值的部分，即除按规定计入无形资产和其他资产外的工程建设其他费用)、预备费、投资方向调节税和建设期利息计算求得。

②预计净残值率。指预计的企业固定资产净残值与固定资产原值的比率，根据行业会计制度规定，企业净残值率按照固定资产原值的3% ~5%确定。

在可行性研究与项目评估中，由于折旧年限是根据项目的固定资产经济寿命期决定的，因此固定资产的残余价值较大，净残值率一般可选择10%。

③折旧年限。国家有关部门在考虑到现代生产技术发展快，世界各国实行加速折旧的情况下，为适应资产更新和资本回收的需要，对各类固定资产折旧的最短年限做出规定：房屋、建筑物为20年，火车、轮船、机器、机械和其他生产设备为10年，电子设备和火车、轮船以外的运输工具以及与生产、经营业务有关的器具、工具、家具等为5年。

若采用综合折旧，项目的生产期即为折旧年限。

(2) 工作量法。工作量法又分两种，一是按照行驶里程计算折旧，二是按照工作小时计算折旧。

(3) 加速折旧法。加速折旧法又称递减折旧费用法，指在固定资产使用前期提取折旧较多，在后期提得较少，使固定资产价值在使用年限内尽早得到补偿的折旧计算方法。它是一种鼓励投资的措施，国家先让利给企业，加速回收投资，增强还贷能力，促进技术进步。加速折旧的方法很多，有双倍余额递减法和年数总和法等。

①双倍余额递减法。是以平均年限法确定的折旧率的双倍乘以固定资产在每一会计期间的期初账面净值，从而确定当期应提折旧的方法。其计算公式为

$$\text{年折旧率}(d) = \frac{2}{\text{折旧年限}(N)} \times 100\% \tag{3-10}$$

$$\text{年折旧额}(D) = \text{固定资产净值} \times \text{年折旧率} \tag{3-11}$$

实行双倍余额递减法时，应在折旧年限到期前两年内，将固定资产净值扣除净残值后的净额平均摊销。

②年数总和法。是以固定资产原值扣除预计净残值后的余额作为计提折旧的基础，

按照逐年递减的折旧率计提折旧的一种方法。采用年数总和法的关键是每年都要确定一个不同的折旧率。

可见在上述几种折旧方法中,按平均年限法计算的各年折旧率和年折旧额都相同;而按双倍余额递减法计算的各年折旧率虽相同,但年折旧额因固定资产净值变小,故逐年变小;年数总和法,虽按固定资产原值进行计算,但因各年折旧率逐渐变小,故年折旧额也逐年变小。

但无论按哪种方法计算,只要折旧年限相同,所取净残值率也相同,在设定的折旧年限内,总折旧额是相同的。

5)修理费

修理费一般按固定资产原值或折旧额的一定百分比计提。确定修理费费率应考虑不同行业、不同设备对修理的需求。在运营期内各年的修理费费率可以采用相同数值,也可根据项目具体情况,运营期初取较低数值,之后取较高数值。

6)无形资产和其他资产摊销费估算

(1)按照有关规定。无形资产从开始使用之日起,在有效使用期限内平均摊入成本。无形资产的摊销一般采用年限平均法,不计残值。

财务分析中,可以将投资中的技术转让或技术使用费、商标权、商誉等费用计入无形资产原值。

(2)其他资产的摊销。《企业会计制度》所称的其他资产是指除固定资产、无形资产和流动资产外的其他资产,如长期待摊费用。项目评价中可将生产职工培训费、办公与生活家具购置费直接形成其他资产。

其他资产的摊销也采用年限平均法,不计残值,其摊销年限应注意符合税法的要求。

7)财务费用

财务费用是指企业为筹集所需资金等而发生的费用,包括利息支出(减利息收入)、汇兑损失(减汇兑收益)以及相关的手续费等。在项目财务评价中,一般只考虑利息支出。

利息支出的估算包括长期借款利息(即建设投资借款在投产后需支付的利息)、用于流动资金的借款利息和短期借款利息三部分。

8)其他费用估算

其他费用包括其他制造费用、其他管理费用和其他营业费用三项,必要时还包括技术转让费、研究与开发费、土地使用税。

财务分析中,产品出口项目按税法规定不得免征和抵扣的税额也可列入此项费用。

二、经营成本估算

在投资项目决策分析与评价中,将经营成本的概念应用于现金流量分析。经营成本是指总成本费用扣除固定资产折旧费、无形资产及其他资产摊销费和财务费用(一般仅指利息支出)后的成本费用。即

$$经营成本 = 总成本费用 - 折旧费 - 摊销费 - 利息支出 \tag{3-12}$$

或　经营成本 = 外购原材料费 + 外购燃料及动力费 + 工资及福利费 +

修理费 + 其他费用　(3-13)

经营成本涉及产品生产及销售、企业管理过程中的物料、人力和能源的投入费用,它反映企业的生产和管理水平,同类企业的经营成本具有可比性,在可行性研究与项目评估的经济评价中,它被应用于现金流量的分析中。

计算经营成本要从总成本费用中剔除折旧费、无形资产与其他资产的摊销费和利息支出,主要原因是投资已按其发生的时间作为一次性支出被计入现金流出,所以不能再以折旧的方式计为现金流出,否则会发生重复计算。因此,作为经常性支出的经营成本中不包括折旧费和摊销费。融资前(没有借款)则没有利息支出,所以不作为现金流出,融资后(有借款)利息因为单项列出,则经营成本中也不包括利息支出。

其他费用主要包括其他制造费用、其他管理费用和其他营业费用等。

三、固定成本和可变成本估算

财务评价进行盈亏平衡分析时,需要将总成本费用分解为固定成本和可变成本。固定成本是指不随产品产量及销售量的增减发生变化的各项成本费用,主要包括非生产人员工资、折旧费、无形资产及其他资产摊销费、修理费、办公费、管理费等。可变成本是指随产品产量及销售量增减而成正比例变化的各项费用,主要包括原材料、燃料、动力消耗、包装费和生产人员工资等。长期借款利息应视为固定成本,短期借款如果用于购置流动资产,可能部分与产品产量、销售量相关,其利息可视为半可变半固定成本。为简化计算,也可视为固定成本。

第四节　营业收入、营业税金及附加估算

一、营业(销售)收入估算

营业(销售)收入是指销售产品(提供劳务或服务)取得的收入,是项目现金流入的主要内容。收入预测的重点是要预测各年项目可能提供的销售量或服务量,同时,价格的选取也十分重要,要根据具体情况选用固定价格或变动价格进行分析。

财务评价所采用的价格是一种预测价格,应考虑价格变动的各种因素,即各种产品相对价格变动和价格总水平的变动。

在预测项目收入流量时,要注意生产负荷。在取值时应注意,生产负荷受市场竞争状况、营销手段、季节变动等多种因素的影响。即使是在正常生产年份,也不可能是每年或者每月、每天都满负荷运转。

(一)营业(销售)收入的估算公式

营业(销售)收入可采用式(3-14)进行估算

营业(销售)收入 = 产品年销售量 × 产品销售单价　(3-14)

如果是生产多种产品,则总销售收入可按式(3-15)计算

营业(销售)收入 = $\sum$(某种产品年销售量 × 该种产品销售价格)　(3-15)

估算销售收入的过程,要编制销售(营业)收入估算表,并包括销售税金与附加及增

值税的计算。产品销售单价一般采用出厂价格,也可根据需要采用送达用户的价格或离岸价格。

产品年销售量等于年产量,这样年销售收入等于年产值。如果项目的产品种类比较单一,用产品单价乘以产量即可得到每年的销售收入;如果项目的产品种类比较多,要根据销售收入和销售税金及附加估算表进行估算。

(二)销售价格的选择

在可行性研究和项目评估中,产品销售价格是一个很重要的因素,它对项目的经济效益变化一般是最敏感的,要审慎选择,一般有四个方面的选择。

(1)选择口岸价格。如果项目产品是出口产品,或替代进口产品,或间接出口产品,可以口岸价格为基础确定销售价格。

出口产品和间接出口产品可选择离岸价格,替代进口产品可选择到岸价格,或者直接以口岸价格定价,或者以口岸价格为基础,参考其他有关因素确定销售价格。

(2)选择计划价格。如果项目产品属于有关国计民生的产品或者其他国家控制的产品,可选择国家的计划价格。国家计划价格分指令性计划价格和指导性计划价格。

如果项目产品属于指令性计划控制,则选择指令性价格作为销售价格;若属于指导性计划控制的范畴,可根据市场供求情况,以标准价格为基础,上下浮动后作为销售价格。

(3)选择市场价格。如果同类产品或类似产品已在市场上销售,并且这种产品既与外贸无关,也不是计划控制的范围,可选择现行市场价格作为项目产品的销售价格,当然,也可以现行市场价格为基础,根据市场供求关系上下浮动作为项目产品的销售价格。

(4)根据预计成本、利润和税金确定价格。如果拟建项目的产品属于新产品,则可根据下列公式估算其出厂价格

$$\text{出厂价格} = \text{产品计划成本} + \text{产品计划利润} + \text{产品计划税金} \tag{3-16}$$

其中

$$\text{产品计划利润} = \text{产品计划成本} \times \text{产品成本利润率} \tag{3-17}$$

$$\text{产品计划税金} = \frac{\text{产品计划成本} + \text{产品计划利润}}{1 - \text{税率}} \times \text{税率} \tag{3-18}$$

式中,产品计划成本可根据预计的产品成本加以估算;产品成本利润率是根据项目所在行业的平均产品成本利润率加以确定的。

(三)收入的确定应注意的问题

(1)营业收入确定的基础数据,包括产品或服务的数量和价格,都是与市场预测密切相关的。在估算营业收入时应对市场预测的相关结果以及建设规模、产品或服务方案进行概括或确认,特别应对采用价格的合理性进行说明。

一般来讲,在进行财务评价时,通常应采用财务价格(出厂价格),即以现行市场价格体系为基础的预测价格。对于预测价格,要根据建设项目的实际情况,通过实事求是地分析、论证后加以确定;在进行项目的国民经济评价时,通常应采用影子价格,即依据一定原则确定的比财务价格更为合理的价格。

(2)工程项目评价中营业收入的确定基于一项重要假定,即当期的产出(扣除自用量后)当期全部销售,也就是当期商品产量等于当期销售量,没有产品积压,故可称其为产销量。主副产品(或不同等级产品)的销售收入应全部计入营业收入,其中某些行业的产

品成品率按行业习惯或规定;其他行业提供的不同类型服务收入也应同时计入营业收入。

(3)分年运营量可根据经验确定负荷率后计算或通过制订销售(运营)计划确定。

(4)补贴收入。某些项目还应按有关规定估算企业可能得到的补贴收入(仅包括与收益相关的政府补助,与资产相关的政府补助不在此处核算,与资产相关的政府补助是指企业取得的、用于购建或以其他方式形成长期资产的政府补助),包括先征后返的增值税、按销量或工作量等依据国家规定的补助定额计算并按期给予的定额补贴,以及属于财政扶持而给予的其他形式的补贴等。

补贴收入同营业收入一样,应列入利润与利润分配表、财务计划现金流量表和项目投资现金流量表与项目资本金现金流量表。

以上几类补贴收入,应根据财政、税务部门的规定,分别计入或不计入应税收入。

(5)回收固定资产余值和流动资金。

回收固定资产余值是指建设项目计算期末,对残余的固定资产进行处理所得的现金净收入。在资本金现金流量分析中,回收固定资产余值的数额应是建设项目形成的全部固定资产原值减去计算期内累计折旧额的余额。

回收流动资金是指建设项目计算期末可以收回的原先投入周转的运营资金。

二、税费估算

财务分析涉及的税费主要有进口关税、增值税、营业税、消费税、资源税、土地增值税、耕地占用税、城镇土地使用税、企业所得税、城市维护建设税、教育费附加等。不同项目涉及的税费种类和利率可能各不相同,应根据项目的具体情况、当时当地的税收政策,选用适宜的税种和税率。

进行财务分析时应说明税种、税基、税率等,如有减免税费优惠,应说明政策依据以及减免方式和减免金额。这些税费中计入总成本的有进口材料的关税、房产税、土地使用税、车船使用税和印花税等。

(一)营业税金及附加估算

营业税金主要是指营业税、消费税、土地增值税、资源税、城市维护建设税及教育费附加等。营业税金与附加从销售收入中扣除。

(1)营业税。是对在我国境内提供交通运输、建筑、金融保险、邮电通信、文化体育、娱乐、服务等劳务,以及转让无形资产或者销售不动产的单位和个人征收的一种税。

(2)消费税。是对在我国境内生产、委托加工和进口国家规定的应税消费品(共11类)的单位和个人征收的流转税。消费税采取从量定额和从价定率两种征收办法。

(3)资源税。是国家对在国内从事某些初级资源(如石油、天然气、煤炭、金属矿产品和其他非金属矿产品资源)开发的单位和个人征收的一种税,主要目的在于调节因资源条件差异而形成的级差收入。资源税的计税依据为销售量,包括销售、自用和捐赠的数量。其计算方法有从价定率和从量定额两种。

(4)土地增值税。课税对象为转让国有土地使用权、地上建筑物及其附着物并取得收入的单位和个人,房地产开发项目应按规定计算土地增值税。

土地增值税率为四级超额累进税率,第一级税率适用于增值额不超过扣除项目金额的50%部分,税率为30%;第二级税率适用于增值额超过扣除项目金额的50%部分,但未超过扣除项目金额的100%部分,税率为40%;第三级税率适用于增值额超过扣除项目金额的100%部分,但未超过扣除项目金额的200%部分,税率为50%;第四级税率适用于增值额超过扣除项目金额的200%部分,税率为50%;土地增值税采用扣除法和评估法计算增值额。

(5)城市维护建设税。是向缴纳增值税、消费税和营业税的单位和个人征收的一种税。其税款用于城市的公用事业和公共设施的维护建设。城市维护建设税征收范围和税率为:纳税人所在地在市区的,税率为7%;纳税人所在地在县城、乡镇的,税率为5%;纳税人所在地不在市区、县城或乡镇的,税率为1%;深圳特区适用税率统一为1%。

(6)教育费附加。凡缴纳增值税、消费税、营业税的单位和个人,都必须缴纳教育费附加。教育费附加以各个单位和个人实际缴纳的增值税、消费税、营业税的"三税"税额为计征依据,教育费附加费率为3%。

(二)增值税估算

增值税为价外税,纳税人缴税最终由消费者承担,与纳税人的经营成本和经营利润无关。

根据新税法规定,增值税应纳税额的计算分三种情况:

第一,对一般纳税人销售货物或者提供应税劳务,应纳税额为当期销项税额抵扣当期进项税额后的余额,基本税率为17%,有六类货物实行低税率13%,出口货物为零税率(国家有规定的除外)。低税率的六类货物为:人民生活必需品,为支持宣传、文化教育事业的出版物,农业生产用品,矿产品,初级农产品,国务院规定的其他货物。

第二,小规模纳税人销售货物或者提供应税劳务,按照销售额和规定的征收率(6%)计算应纳税额,不得抵扣进项税额。

第三,纳税人进口货物,按照组成计税价格和规定的税率计算应纳税额,不得抵扣任何税额。

(三)企业所得税估算

在工程经济分析中,企业所得税是指对中华人民共和国境内的一切企业(不包括外商投资企业和外国企业),就其来源于中国境内外的生产经营所得和其他所得而征收的一种税。

企业所得税的税率有法定税率和优惠税率两种,法定税率为33%,优惠税率是指对应纳税所得额在一定额度之下的企业给予低税率的照顾。

2008年1月1日起实行的新所得税法规定,企业所得税的税率为25%。非居民企业符合所得税法规定的所得,适用税率为20%。

(四)关税估算

关税的计算基础是进出口货物的完税价格,一般贸易中的进口货物是以海关审定的成交价格为基础的到岸价格作为完税价格,出口货物是以海关审定的货物售予境外的离岸价格扣除关税后作为完税价格。

不同的进出口货物的税率不同。

(五)城镇土地使用税估算

城镇土地使用税是以城镇土地为征税对象,对拥有土地使用权的单位和个人征税的税种。

(六)契税估算

进行房地产开发的承受不动产权属时要计算契税。依不动产的转移方式、定价方法不同,契税计税依据有以下几种情况:①国有土地使用权出让、土地使用权出售、房屋买卖,以成交价格为计税依据;②土地使用权赠与、房屋赠与,由征收机关参照土地使用权出售、房屋买卖的市场价格核定;③土地使用权交换、房屋交换,以所交换的土地使用权、房屋的价格差额为计税依据;④以划拨方式取得土地使用权,经批准转让房地产时,由房地产转让者补交契税,计税依据为补交的土地使用权出让费用或者土地收益;⑤房屋附属设施征收契税的依据,采取分期付款方式购买房屋附属设施土地使用权、房屋所有权的,应按合同规定的总价款计征契税,承受的房屋附属设施权属如为单独计价的,按照当地确定的适用税率征收契税,如与房屋统一计价的,适用与房屋相同的契税税率。

第五节　利润估算

一、利润与利润分配

利润是表明项目经济效益高低最直接、最重要的一项指标,在项目方案评价中经常以利润指标,即以纯收益的多少考核项目的盈利能力和清偿能力,并进而以此对方案做出决策选择。

企业利润有利润总额和净利润两种。利润总额又称所得税前利润(税前利润)。

$$利润总额 = 营业收入 - 总成本 - 营业税金及附加 \tag{3-19}$$

净利润(税后利润)是利润总额扣除所得税后的余额。

$$税后利润 = 利润总额 - 所得税 \tag{3-20}$$

按现行规定,企业要从实现的利润中缴纳所得税,而其余部分则留给企业按下列顺序使用和分配:

(1)弥补以前年度的亏损。

(2)提取法定盈余公积金,即按税后利润扣除弥补亏损后的10%提取,当法定盈余公积金已达到注册资本50%时可不再提取,一般要求法定盈余公积金不低于注册资金的25%。

(3)提取公益金,主要用于企业职工集体福利设施支出,可根据项目具体情况,按税后利润的一定比例计提。

(4)向投资者分配利润,如果以前年度有未分配利润,可并入本年度向投资者分配。

(5)未分配利润,即未作分配的净利润,是可供分配利润减去应付利润后的余额。

二、利润的估算方法

利润的估算主要是利润总额及其构成项目的确定,利润总额是企业在一定时期内实现的盈亏总额，它集中反映了企业生产经营活动各方面的效益，是企业最终的财务成果，也是考核企业生产经营活动的重要综合指标。

$$利润总额 = 销售利润 + 投资净收益 + 营业外收入 - 营业外支出 \quad (3\text{-}21)$$

式(3-21)中各细目的具体计算如下：

(1)销售利润的计算。

$$销售利润 = 产品销售利润 + 其他销售利润 - 管理费用 - 财务费用 \quad (3\text{-}22)$$

(2)产品销售利润的计算。

$$产品销售利润 = 产品销售净收入 - 产品销售成本 - 产品销售费用 - 产品销售税金及附加 \quad (3\text{-}23)$$

$$产品销售净收入 = 产品销售收入 - 销售退回 - 销售折让 - 销售折扣 \quad (3\text{-}24)$$

(3)其他销售利润的计算。

$$其他销售利润 = 其他销售收入 - 其他销售成本 - 其他销售税金及附加 \quad (3\text{-}25)$$

式中：其他销售税金及附加是指其他销售业务所缴纳的增值税、营业税、城市维护建设税及教育费附加。

(4)投资净收益的计算。

投资净收益是指企业对外投资收益与对外投资损失的净值，投资收益包括对外投资分得的利润、股利和债券利息，投资到期收回或者中途转让取得款项高于账面价值的差额，以及按权益法核算的股权投资在被投资单位增加的净资产中所拥有的资产额等。

投资损失包括：对外投资到期收回或中途转让取得款项低于账面价值的差额，以及按权益法核算的股权投资在被投资单位减少的净资产所分担的资产数额等。

(5)营业外收入与营业外支出的计算。

①营业外收入：指与企业的生产经营活动没有直接因果关系，但与企业确有一定联系的各项收入。主要包括固定资产的盘盈和出售净收益、罚款收入、因债权人原因无法支付的各项应付款及教育费附加退还款等。

②营业外支出：指与企业的生产经营活动没有直接因果关系，但与企业的生产有一定联系的各项支出。主要包括固定资产盘亏、报废、毁损和出售净损失、非季节性和非大修理期间的停工损失、职工子弟学校和职工技校经费、非常损失（自然灾害损失）、公益救济性捐赠、赔偿金、违约金（未履行合同、协议等罚款性支出）等。

由于建设项目财务评价，主要是预测项目投资本身的经济效益，对其他的收支收益情况不必考虑或不可能预测，如营业利润中的投资净收益不属于项目投资的效益，不必考虑；其他业务利润也无法预测；营业外收支一般数额较小，且不便估算，故财务评价中一般也不作考虑。

习　题

3-1　工程经济要素包括什么内容？

3-2　工程项目投资的构成是什么？

3-3　建设投资按概算法和形成资产法分类，其构成内容是什么？

3-4 形成固定资产的投资主要包括哪些内容？

3-5 什么是工程项目投资估算？估算的依据是什么？

3-6 如何进行建设投资估算？

3-7 如何进行流动资金的估算？

3-8 总成本费用的内容包括哪些项目？

3-9 固定资产折旧如何计算？

3-10 经营成本的含义是什么？与总成本费用有何区别？

3-11 如何估算企业的销售收入？

3-12 销售税金及附加包含的内容是什么？

3-13 增值税、营业税、消费税、所得税的含义及估算方法是什么？

3-14 何谓基本预备费、涨价预备费？如何估算？

第四章　投资方案评价与选择

第一节　投资方案评价概述

一、投资方案评价的作用

在工程经济研究中，投资方案评价是在拟定的工程项目方案、投资估算和融资方案的基础上，对工程项目方案计算期内各种有关技术经济因素和方案投入与产出的有关财务及经济资料数据进行调查、分析、预测，对工程项目方案的经济效果进行计算、评价，以便为投资决策提供可靠的选择依据。

很多重大工程决策的失误不是科学技术上的原因，而是经济分析上的失误。工程经济分析的作用主要体现在以下几方面：

(1)工程项目的方案比较。例如，某地区工农业生产迅速发展，人民生活水平不断提高，电力供应不足问题日趋严重，经考察该地区有条件兴建火电厂和水电厂。究竟采用哪一种方案，除进行社会、环境等因素分析外，主要通过工程经济分析。首先将所有可能量化的指标量化，再选定统一的评价准则和分析方法，建立相应的数学模型，最终通过分析与评价，提供选择方案。

(2)具体方案的地址、参数选择。仍以上述方案为例，如果经初步比较选择了水电厂方案，又可能存在着地址选择问题，最终又要通过经济分析与评价的方法才能最后确定哪一个方案。

(3)当工程项目主体方案确定后，其主要设施和设备的参数选择、施工方法也要进行方案比较，要通过经济比较才能选出最优的形式和参数。

综上所述，建设项目前期研究是在建设项目投资决策前，对项目建设的必要性和项目备选方案的工艺技术、运行条件、环境与社会等方面进行全面的分析论证和评价工作。

经济评价是项目前期研究诸多内容中的重要内容和有机组成部分。

项目活动是整个社会经济活动的一个组成部分，而且要与整个社会的经济活动相融，符合行业和地区发展规划要求。因此，经济评价一般都要对项目与行业发展规划进行阐述。国务院投资体制改革决定明确规定，对属于核准制和备案制的企业投资项目，都要求在行业规划的范围内进行评审，这是国家宏观调控的重要措施之一。

在完成项目方案的基础上，采用科学的分析方法，对拟建项目经济合理性进行科学的分析论证，做出全面、正确的经济评价结论，为投资者提供科学的决策依据。项目前期研究阶段要做技术的、经济的、环境的、社会的、生态影响的分析论证，每一类分析都可能影响投资决策。

经济评价只是项目评价的一项重要内容，并不能解决所有问题。同理，对于经济评价,决策者也不能只通过一种指标就能判断项目在财务上或经济上是否可行,而应同时考虑多种影响因素和多个目标的选择,并把这些影响和目标相互协调起来,才能实现项目系统优化,进行最终决策。

二、投资方案评价的基本原则

投资方案的经济分析与评价是针对不同方案进行的,任何一个决策者,对待所研究的问题均要列出若干个可能的方案进行分析、比较,选用其中的“最佳方案”。

在方案决策时,一般会有几个方案,有时可达数十个甚至更多可能的不同方案,所有这些方案必须具有可比的同一基础,即这些方案必须:

(1)都能符合国民经济在同一时期和同一地区的发展计划,即可以“互相代替”。

(2)技术上都是现实的、合理的。

(3)在自然资源利用、环境保护和生态平衡等方面都能符合国家的有关规定。

(4)采用的原始资料和计算方法基本上具有一致的精度。

(5)对各项共同的参数、计算期、时段、物价等原始数据应采用同一数值。

对于工程投资建设来说,投入即是工程费用,而产出即是工程效益,对于各种不同的投资决策来说,可以归纳成三种情况:

(1)投入相同,产出各不相同,即各个可能的方案都有相同的生产成本或工程费用,但产值或工程效益不同。

(2)产出相同,投入各不相同,即各个可能的技术方案都有相同的产值或工程效益,但生产成本或工程费用不同。

(3)投入和产出均不相同,即各个可能的技术方案既有不同的生产成本或工程费用,又有不同的产值或工程效益。

评价经济效果的目的,在于进一步提高经济效果,而提高经济效果的目的,又是增加更多的社会财富。从这一点出发,经济效果最佳的方案,就应该是能够为国民经济创造最多净产值或净效益的方案。对照上述三种情况,评价方案经济效果的准则应是:

(1)当投入相同产出不相同时,产出最大的方案最好。

(2)当产出相同而投入不相同时,投入最小的方案最好。

(3)当产出与投入均各不相同时,净产出为最大的方案最好。

三、投资方案的经济分析与会计分析的差异

投资经济分析人员和会计人员的职业目的和方法之间存在着重要的差别,这不仅反映分析中分配在某一项的货币金额上,而且甚至包括在整个项目上。在它们的分析处理中,两者可能都正确,差别的产生是由于目标的不同。

技术经济分析与财务计算的区别主要有以下三方面:

第一,企业进行财务计算时必须严格按照各种财务规定,从头到尾把每一年的费用都进行详尽的计算。而工程经济分析则不同,它只需要计算和比较在项目评价内容相关的范围内,各项目之间费用的差异。在项目相关范围之外发生的费用或在项目相关范围之内而各项目间发生的共同性费用均不需计算。

这样便于把投资分析人员的主要精力引导到去思考、设想及设计更好的方案，并分析其主要差别以便于选择。

第二，财务会计计算的任务主要是总结过去，进行事后算账。而工程经济分析与评价的任务是要预测项目未来的效果。例如新建一个工厂，需要预测产品的销售量、燃料费用的升降、产品寿命的长短等，因为存在许多不确定的因素，这就需要采用工程经济学的各种方法来解决上述问题。

第三，财务会计的任务是对已经发生的费用或已经取得的效益进行分摊或分配。例如，设备折旧费的分摊，税金和利润的分配。而工程经济分析与评价的任务是研究如何扩大经济效益的问题。

四、投资选择的系统思想

（一）决策准则

在备选方案间的决策必须对最佳状态进行描述，只有当一个方案比其他方案能更好地达到某个目标时，这个方案才能是最好的。因此，仅当与某个目标相联系的时候，最佳才能被表达。例如，如果目标是利润，那么最佳的方案是那个将产出最大利润的方案。如果一个地区的目标是提高该地区的教育水平，那么在诸如更多的学校，更好的老师和广播电视课程等备选方案中，最优方案将是提高教育水平程度最大的那个方案。

选择的原则应该是：两方案按目标条件测算的收益和成本之间的差额最大的那个是最优方案。

（二）决策程序

很显然，要做一个决策，决策程序是必要的。

第一步是建立通过投资达到希望的目标。用最简单的例子来说，一位企业投资者，他的目标可能仅是年利润最大化。而对于另一家公司来说，既有年利润又有市场扩展，两者隐含着未来的利润，可以成为联合的目标。一项基础设施投资，如港口的建设则要符合提高国内产品出口的全国目标，可能会以提高港口系统的容量为目标。

第二步是审察达到已确立目标可采用的方法。例如，为了实现企业投资者确立的年利润最大的目标，可通过投资于股票、债券，或两者的某种组合来实现。对于以利润和扩张为目标的公司来说，互斥方案可能是一个扩大销售的大型计划，或者是一条新的生产线。这两个互斥方案每一个都将完成任务。港口投资者可能会选择新的码头设备来实现其目标，然后它将面临建立几个新泊位的问题：7 个、8 个还是 9 个——它们都是互斥方案。

第三步是预测每种方案实现目标的效果。例如，如果企业投资者购买债券，他能够预计每年会从 10 万元中获得多少钱；他能够预计投资于普通股的收益，但不如债券准确。这些就是实现他简单利润目标的一种备选方法的效果。

第四步是评价。一旦预测了每种方案的成本与收益，下一项工作就是应用评价的方法决定应选择哪一个方案。例如，企业投资对利润感兴趣仅仅可以评价它的每个方案：股票、债券或两者某种结合的现金流量，或是净现值法。

第五步也是最后一步即决策本身。在该过程之前所做的一切都是为了这一步。尽管方案评价已经显示出最好的一个，但前面所进行的一切并没有自动做出决策。现在必须对程序中要素的完整性和准确性提出所有的疑问:股票股利的预测有多精确？港口处理的产品的实际需要量会像期望的那样增长吗？换句话说,那些形成决策的判断必须纳入过程以便确实做出决策。在这最后一步,必须对至关重要的问题进行提问和回答,并作出决策。

(三)备选方案的识别

在刚才描述的过程中,重要的一步就是备选方案的审查。但是,不像其他步骤,这一步在方案的认可上要特别注意。如果从未意识到一个方案的存在,那么肯定不可能选择该方案。

减少忽视一个最佳方案的方法是集思广益法,这种方法集中了所有可能对问题提出解决方案的人,所提出的各种方案(甚至是最难以达到的方案)。这些解决方案用特殊的见解展示出开放的思想,然后选出那些看来有研究价值的方案。在这以后,实施程序的剩余部分。虽然所有备选方案已被审查,并通过集思广益法获得了进一步的保证,但是绝对避免陷阱出现的方法是不存在的。

例如:某建筑公司的设计和建筑工程师们计划在一条河上建一条公路和一条铁路,其中一部分路线中分别向分包商招标,一段很长的路线中的土质中含有许多断裂部分和填充物,经过工程师评估要花费 75 万元,这一数据是根据采用拖拉机和推土机这类工具的建筑施工中的常用做法来计算出的,中标者的报价为 60 万元,大大低于该建筑公司自己估计的那段工程应该的花费。在工作开始后,分包合同的中标者根本没有用该建筑公司工程师们所想的常规方法,而是采用截然不同的方法:水力挖掘。这种方法中,土被水流移走。分包商所采用的方法比原来更常见的拖拉机、推土机的方法在费用上大大降低了。

该建筑公司的工程师们不得不承认他们没有构想出正确的施工方法所带来的损失,公司不得不给仅花了 30 万元的工程 60 万元的报酬。如果工程师们认识到水力挖掘的方法是一种备选方案,他们会研究这种方法,并把它推荐给分包合同的投标者,这样接到的投标就会接近真实的成本 30 万元,那样会给公司节省一大笔钱,这是一个没有考虑到却被证明是正确的解决方案的例子。

(四)方案在时间上的效果

在讨论决策的过程中,备选方案的效果扮演着至关重要的角色,效果意味着时间。如果我们决定实施一个方案,那么到这个方案的效果显示出来必然要经过一段时间,因此效果是与其出现所花费的时间相结合的。

例如,如果我们确定公路定线 A 要比公路定线 B 或 C 都好,那么我们是根据公路寿命期内从最初研究的成本到 20 年后因重新定线而废弃将发生的成本或收益是多少来决定的,这些被给定后,就应该考虑,是否应该对给定的效果根据其离未来将出现问题的时间有多远来做些权衡。

因此,无论效果是好还是坏,我们总是倾向认为远期效果要比近期效果的影响轻,总是根据其距现在时间的远近,或多或少地给它们打些折扣。在经济分析的学习中,这种通过折现对在一段时间上的效果进行处理的方法是非常重要的。

(五)着眼点

着眼点是指一位分析者在项目研究中的组织立场。这里的“组织”,是指分析者所在的社会实体。若是在政府机构进行政府投资项目分析，则分析者着眼点在于社会；若是受雇于某一企业进行企业项目投资，则分析者着眼点在于企业。同样的工作从不同组织的立足点来看有着数量非常不同的收益和成本，他们所考虑的具体内容是有所不同的。

（六）系统分析

系统分析是指必须把内部相关的实体作为一个整体来调查研究，这个实体的各部分相互依存、相互影响。系统分析以一种特殊的方式与着眼点相联系，所有与分析者着眼点有关的影响因素都应给予考虑，这对于所进行的研究是十分重要的。

比如，企业投资者想建一个新的水泥厂。他将研究分为两个部分，即成本和收入。在成本部分将进一步分为建设成本及操作和维护成本，企业投资者调查了所有与两种成本相关的方面，即劳动力、原材料、机器、服务费等。因为他的着眼点是企业，因此不必考虑劳动力的社会成本，只需要考虑他要支付的工资。从收入方面看，他不得不决策其新厂所生产的水泥是否有一个重要的潜在市场，或者是否其主要市场仅存在于他自己的地区。他必须设想在其必须选定的时间段内市场的需求量。如果他认为出口销售是重要的，那么在所能考虑的范围内，他必须确定什么是影响实际需求的因素。

他研究的需求、工厂规模、机器修理、成本、收入等每一个因素，都与其他因素相关。因此，他必须把它当做系统来研究，而不能掉入仅就问题本身部分或者将其分成以组为单位的子系统进行分析的陷阱。

（七）计算期和服务寿命

在前文提到的水泥厂的企业投资者选择了一个时间段来预测其投资的产出，那段时间具有基础性的重要作用，分析人员必须尽力预测到它们，而这个时间段未必是所考虑的每一项投资的技术寿命。当分析揭示出进行的投资存在着最佳时间时，一种准备 3 年后卖掉的石油债券在油价预计会下跌的时候，将是一项糟糕的投资；当研究区间扩展到 5 年的时候，那时油价估计会很高，这笔投资就变为一项很好的投资。项目中的一条重要原则就是相等的服务寿命。这一原则可表述为从一组备选方案中选出的任一方案必须在选定的整个时间内提供服务。选定 10 年作为时间边界，在这个范围里比较备选方案，却包括一组仅能提供 5 年服务的备选方案，是不合逻辑的。

简言之，所有备选方案必须有着相等的使用年限。

在以后的讲述中，我们将明确对于寿命期限不同的互斥方案要遵守相同服务寿命的规则必须作出一些假设。例如，假设在同等条件下，5 年寿命的方案在与其第一次循环相同的状况下重复实施一次，那样就遵守了相等的服务寿命的合理原则。

（八）有/无准则

有/无准则可表述为，在特定的时间内，分析人员将“有”这项新投资所发生的一切与“无”投资所发生的一切进行对比。

五、投资方案的经济评价指标

（一）设定原则和基本假定条件

不同的工程项目及投资方案，可从不同的角度评价，评价的结果是多样的，如何将这些评价结果作为项目选择和方案选择的依据，首先要确定评价指标，然后将这些指标综合成可比的一个指标作为选择项目或方案的依据。

1. 工程项目经济评价指标设定的原则

(1)经济效益原则。即所设指标应该符合项目工程的经济效益。

(2)可比性原则。即所设指标必须满足排他型项目或方案共同的比较基础与前提。

(3)区别性原则。即坚持项目或方案的可鉴别性原则,所设指标能够检验和区别各项目的经济效益与费用的差异。

(4)评价指标的可操作性。即所设指标要简便易行且确有实效。

2. 基本假定条件

(1)存在一个理想的资金市场,资金来源是不受限制的。

(2)投资后果是完全确定性的,也即投资主体掌握了全部有关当前和未来的情报信息,这些信息是正确的,不存在风险问题和不确定的变动。

(3)投资项目是不可分割的,也即在项目评价中,每个项目被视为一个功能实体,其财务含义是投资主体必须逐项地调拨资金,每一笔资金表示并且只能表示某一特定投资项目(或项目组合)。

(二)指标分类

项目经济评价指标可以从不同角度进行分类,一般有五种分类方法。

1. 按评价指标是否考虑资金的时间价值来划分

按是否考虑资金的时间价值,经济评价指标可以划分为静态评价指标和动态评价指标两大类。

1)静态评价指标

静态评价指标是指不考虑资金的时间价值的评价指标,如静态投资回收期、简单投资收益率、投资利润率等。

静态评价指标的优点是计算简便、直观、易于掌握,因此传统的经济评价多采用静态评价指标;静态评价指标的缺点是由于忽略了资金的时间价值,因而反映项目投资经济效益并不准确,以此作为投资决策的依据,通常容易导致资金的积压和浪费。

2)动态评价指标

动态评价指标是指考虑资金的时间价值的指标,如动态投资回收期、净现值、内部收益率等。

动态评价指标克服了静态评价指标的缺点,但它需要较多的数据和资料,计算各种指标往往比较复杂,工作量比较大,通常要借助计算机等辅助工具。

动态评价指标和静态评价指标二者各有所长,在实际评价过程中,两种评价指标通常配合使用,相互补充。

2. 按考察的投资范畴划分

经济评价的主要目的在于分析投资项目经济效益的好坏。由于项目的经济效益与其投资有着密切的关系,因此可以根据所考察投资范畴不同,将经济评价指标分为考察全部投资经济效益的评价指标、考察总投资经济效益的评价指标和考察自有资金投资经济效益的评价指标三种。

1)全部投资

全部投资是指项目实施时固定资产投资(包含一些不可预见费用等方面的支出,相当于原来的基建投资)与流动资产投资之和。在全部投资经济评价中,不区别资金来源的不同,假设全部资金均为自有资金,并且以项目本身作为系统进行评价。考察其全部投资的经济性,如投资的盈利能力、回收能力和抗风险能力等。

就项目本身而言,其经济效益只与项目的建设与投产速度、收益与费用等因素有关,而与资金来自何方、如何偿还并无关系。所以,全部投资经济评价是在投入资金均为自有资金的假设条件下,对项目经济效益的度量,反映的是项目全部投资可能带来的经济效益,它恰好符合投资前期研究的目标和投资决策的需要。例如,投资回收期、净现值、内部收益率等。

2)总投资

总投资指项目实施时固定资产投资、流动资产投资和基建贷款利息三者之和,总投资经济评价是在全部投资经济评价的基础上,考虑资金的来源、资金成本、贷款偿还和分配等因素所作的经济评价。

目前,常用的总投资经济评价指标有投资利润率、投资利税率等。

3)项目投资

项目投资均为自有资金,只是一种假设,是为便于全部投资经济评价指标的计算。对于多数项目投资而言,银行贷款是必不可少的。因此,企业(或投资者)更关心自有资金从项目实施中所得到的可能利益,即自有资金的投资效益,这就是自有资金投资经济评价的任务。

自有资金投资经济评价结果之所以与全部投资经济评价结果存在差异,原因是投资利润率一般不等于银行贷款的利息率。对于借贷资金,企业付出的是利息而不是利润。当项目全部投资利润率大于银行利息率时,企业可以得到借贷资金带来的利润与实际支付的利息之间的差额好处。也就是说,这时贷款可以提高自有资金的利润率;反之,如果项目全部投资利润率低于贷款利息率,贷款将会降低自有资金的利润率,这时企业(或投资者)便需要考虑新的投资方案。

随着社会主义市场经济体制的建立和发展,银行的商业化、企业的股份制化和实行新的财会制度等,必将推动项目自有资金投资的经济评价。

3.按评价指标所反映的经济性质划分

项目的经济性一般表现在项目投资的回收速度、投资的盈利能力和资金的使用效率三个方面。与此相对应,可将评价指标划分为时间性评价指标、价值性评价指标和比率性评价指标。

1)时间性评价指标

时间性评价指标是指利用时间的长短来衡量项目对其投资回收或清偿能力的指标。常用的时间性评价指标有静态投资回收期、动态投资回收期、静态差额投资回收期、动态差额投资回收期等。

2)价值性评价指标

价值性评价指标是指反映项目投资的净收益绝对值大小的指标。常用的价值性评价指标有净现值、净年值、净终值、费用现值、费用年值等。

3）比率性评价指标

比率性评价指标是指反映项目单位投资获利能力或项目对贷款利率的最大承受能力的指标。常用的比率性评价指标有投资利润率、投资利税率、内部收益率、外部收益率、净现值率、费用效益比率等。

4. 按计算方法划分

根据不同的计算方法，经济评价指标可分为年值法指标、现值法指标、收益率法指标。

1）年值法指标

年值法指标主要是指以年度为单位来计算项目的各项经济效益指标，常用的年值法指标有净年值、费用年值等。

2）现值法指标

现值法指标主要是指考虑资金的时间价值，按照项目所在行业的基准投资收益率或设定的折现率（如银行利率），将项目各年的净现金流量或者总费用等折现到建设初期的一种方法。常用的现值法指标主要有净现值、净现值指数、费用现值等。

3）收益率法指标

收益率法指标主要是指对各种收益率与行业基准投资收益率进行比较，进而考察项目的盈利能力。常用的收益率指标主要有内部收益率、外部收益率、永久收益率等。

5. 按各种经济因素划分

根据企业（或投资者）所考虑的各种不同的经济因素来进行投资项目的经济评价，可将经济评价指标划分为盈利性指标、投资能力指标、费用性指标、公共福利性指标等。

1）盈利性指标

盈利性指标主要有净现值、净现值指数、平均年盈利、平均年盈利指数、净未来值等。

2）投资能力指标

投资能力指标主要有内部收益率、投资偿还期、外部收益率、永久收益率等。

3）费用性指标

费用性指标主要有平均年费用、资本化成本、寿命周期成本、总现值、运输经济成本等。

4）公共福利性指标

公共福利性指标主要有扩大就业率、提高工业化水平等。

第二节　经济评价指标

同一工程项目，存在多个方案，要通过选择才能确定最终方案。这些评价，可从经济、社会和生态等不同的角度进行。对于微观投资者而言，最关心的是经济评价，因此工程项目的经济评价备受微观投资主体的重视。不同的工程项目及投资方案，可从不同的角度评价，评价的结果是多样的。如何将这些评价结果作为项目及方案选择的依据，首先要确定评价指标，然后将这些指标综合成可比的一个指标，作为选择项目或方案的依据。

本章主要研究工程项目经济评价的常用指标，这些经济指标是进行经济评价的依据，被称为经济评价指标。它们分别反映项目经济效益的某一方面。

一、基准投资收益率

(一)基准投资收益率的含义

在工程经济学中,利率更广泛的含义是指投资收益率。通常,在选择投资机会或决定工程方案取舍之前,投资者首先要确定一个最低盈利目标,即选择特定的投资机会或投资方案必须达到的预期收益率,称为基准投资收益率。

在国外一些文献中,基准收益率被称为"最小诱人投资收益率",这一名称更明了地表达了基准收益率的概念,即对投资者而言,能够吸引他特定投资机会或方案的可接受的最小投资收益率。由于基准收益率是计算净现值等经济评价指标的重要参数,因此又常被称为基准折现率或基准贴现率。

基准收益率是投资方案和工程方案的经济评价和比较的前提条件,是计算经济评价指标和评价方案优劣的基础,它的高低会直接影响经济评价的结果,改变方案比较的优劣顺序。如果它定得太高,可能会使许多经济效益好的方案不被采纳,如果它定得太低,则可能接受一些经济效益并不好的方案。

因此,基准收益率在工程经济分析评价中有着极其重要的作用,正确地确定基准收益率是十分重要的。

(二)基准收益率的确定要考虑的因素

通常,在确定基准收益率时可考虑以下一些因素。

1. 资金成本与资金结构

1)资金成本

为取得资金的使用权而向资金提供者所支付的费用称为资金成本。债务资金的资金成本,包括支付给债权人的利息、金融机构的手续费等。股东权益投资的资金成本包括向股东支付的股息和金融机构的代理费等,股东直接投资的资本金的资金成本可根据资本金所有者对权益资金收益的要求确定。

投资所获盈利必须能够补偿资金成本,然后才会有利可图,因此投资盈利率最低限度不应小于资金成本率,即资金成本是确定基准收益率的基本因素。

投资方案资金来源有多种,则资金成本也与资金结构有关。

2)资金结构

资金结构是指投资方案总资金中各类来源资金所占的比例。

2. 风险报酬

投资风险是指实际收益对投资者预期收益的背离(投资收益的不确定性),风险可能给投资者带来超出预期的收益,也可能给投资者带来超出预期的损失。

在一个完备的市场中,收益与风险成正比,要获得高的投资收益就意味着要承担大的风险。从投资者角度来看,投资者承担风险,就要获得相应的补偿,这就是风险报酬。

通常把政府的债券投资看做无风险投资,此外,不论何种投资,认为都是存在风险的。对于存在风险的投资方案,投资者自然要求获得高于一般利润率的报酬,所以通常要确定更高的基准投资收益率。

3. 资金机会成本

资金机会成本指投资者将有限的资金用于该方案而失去的其他投资机会所能获得的最好的收益。

4. 通货膨胀

通货膨胀使货币贬值,投资者的实际报酬下降。因此,投资者在通货膨胀的情况下,必然要求提高收益率水平,以补偿通货膨胀造成的购买力的损失。基准收益率中如要考虑通货膨胀的因素与采用的价格体系考虑了通货膨胀因素,则基准收益率中应计入通货膨胀率,否则不考虑通货膨胀因素。在实际工作中,通常采用后一种做法。

(三)基准收益率的确定

基准收益率是极其重要的一个评价参数,但其确定是比较困难的。不同的行业有不同的基准收益率,同一行业内的不同企业的收益率也有很大差别,甚至在一个企业内部不同的部门和不同的经营活动所确定的收益率也不相同,也许正是其重要性,人们在确定基准收益率时比较慎重且显得困难。

由国家发展和改革委员会与建设部发布的《建设项目经济评价方法与参数》提出财务基准收益率的测定可采用资本资产定价模型法、加权平均资金成本法、典型项目模拟法、德尔菲(Delphi)专家调查法等,也可用多种方法进行测算,将不同方法测算的结果互相验证,经协调后确定。

(四)基准收益率选用的原则

(1)政府投资项目的评价必须采用国家行政主管部门发布的行业基准收益率。

一般情况下,项目产出物或服务属于非市场定价的项目,其基准收益率的确定与项目产出物或服务的定价密切相关,是政府投资所要求的收益水平上限,但不是对参与非市场定价项目的其他投资者的收益率要求。

参与非市场定价项目的其他投资者的财务收益率,通过参加政府招标或与政府部门协商确定。

(2)企业投资者等其他各类建设项目的评价中所采用的行业基准收益率,既可使用由投资者自行测定的项目最低可接受收益率,也可选用国家或行业主管部门发布的行业基准收益率。

根据投资人意图和项目的具体情况,项目最低可接受收益率的取值可高于、等于或低于行业基准收益率。

二、净现值

(一)净现值指标及其评价准则

净现值(NPV)是将项目整个计算期内各年的净现金流量,按某个给定的折现率,折算到计算期期初的现值代数和,是反映投资方案在计算期内的获利能力的动态价值指标。净现值的计算公式为

$$NPV = \sum_{t=0}^{n} (CI - CO)_t (1 + i)^{-t} \tag{4-1}$$

式中　CI——现金流入;

CO——现金流出；

$(CI-CO)_t$——第 t 年的净现金流量；

i——给定的折现率，通常选取行业基准收益率 i_c；

n——方案的计算期，等于方案的建设期、投产期与正常生产年数之和，一般为技术方案的寿命周期。

当给定的折现率 $i=i_c$ 时，如果 $NPV(i_c)=0$，表明项目达到了行业基准收益率标准，而不是表示该项目投资盈亏平衡。当 $NPV(i_c)>0$ 时，表明项目的投资方案除实现预定的行业收益率，还有超额的收益。当 $NPV(i_c)<0$ 时，表明项目不能达到行业基准收益率水平，但不能确定项目是否亏损。

因此，净现值法的评判准则是：

(1) $NPV>0$，该方案在经济上可行，即项目的盈利能力超过投资收益期望水平，因此可以考虑接受该方案。

(2) $NPV=0$，说明该项目的盈利能力达到了所期望的最低财务盈利水平，可以考虑接受该项目。

(3) $NPV<0$，该方案在经济上不可行，可以考虑不接受该方案。

多方案选时，如果不考虑投资额限制，净现值越大的方案越优。

（二）在净现值指标中要注意的问题

(1)净现值函数以及 NPV 对 i 的敏感性问题。

所谓净现值函数，就是 NPV 与折现率 i 之间的函数关系。假如某项目寿命期为 14 年，其初始投资为 2 400 万元，其后每年的净现金流量为 400 万元，表 4-1 列出了该项目的净现值与折现率的对应关系。

表 4-1　某项目的净现值与折现率的对应关系　　（单位：万元）

i(%)	NPV	i(%)	NPV
0	3 200	25	-870.4
5	1 559.6	30	-1 100.4
10	546.8	35	-1 274.4
14	0.8	40	-1 408.8
15	-110.4	∞	-2 400
20	-55.6		

从表 4-1 中可以发现，同一净现金流量的净现值随折现率 i 的增大而减小，故基准折现率定得越高，能被接受的方案越少。

(2)折现率的选择。

计算净现值时，折现率 i 的选取对于净现值的影响是比较明显的。对于某一特定的技术方案而言，当净现金流量和 n 确定时，此时净现值仅是折现率 i 的函数，称为净现值函数。

当折现率 $i=0$ 时（即不考虑资金的时间价值），净现值等于该方案计算期内各年净现金流量的累计值。净现值等于 0,此时的折现率 i 称为内部收益率。计算方案的净现值,选取合适的折现率是至关重要的。

净现值是反映技术方案投资盈利能力的一个重要动态评价指标,被广泛用于技术方案的经济评价中。采用净现值的优点是:①计算简便;②计算结果稳定,不会因为计算方法的不同而带来任何差异;③考虑了资金的时间价值和方案在整个寿命期内的费用及收益情况,对项目进行动态评价,考察了项目在整个寿命期内的经济状况;④直接以货币金额表示方案投资的收益性大小,比较直观。

净现值的缺点是无法评定已经利用净现值法选定可以接受的各方案间优劣的比较,主要是并不能简单地选择净现值最大的即为最优方案,因为初始投资额也是至关重要的考虑因素,所以需要结合净现值率一起来对方案进行择优。

三、净终值

净终值(NFV)是指技术方案计算期内各年净现金流量以给定的基准折现率折算到计算期期末(即第 n 年年末)的金额代数和。计算公式如下

$$NFV = NPV(F/P,i,n) \tag{4-2}$$

四、净年值

净年值(NAV)也常称净年金,是指按给定的基准折现率,通过等值换算将方案计算期内各个不同时点的净现金流量分摊到计算期内各年的等额年值,计算公式为

$$NAV = \left[\sum_{i=0}^{n}(CI - CO)_i(1 + i)^{-t}\right](A/P,i,n) \tag{4-3}$$

求一个项目的净年值,可以先求该项目的净现值(NPV)或净终值(NFV),然后乘以资金回收系数进行等值变换求解,即依资金的等值计算公式有

$$NAV = NPV(A/P,i,n) \tag{4-4}$$

或

$$NAV = NFV(A/F,i,n) \tag{4-5}$$

用净现值(NPV)和净年值(NAV)对一个项目进行评价,结论是一致的。

因为当 $NPV>0$ 时,$NAV>0$,当 $NPV<0$ 时,$NAV<0$,故净年值与净现值在项目评价的结论上总是一致的。因此,就项目的评价结论而言,净年值与净现值是等效评价指标。净现值给出的信息是项目在整个寿命期内获取的超出最低期望盈利的超额收益的现值,净年值给出的信息是项目在整个寿命期内每年的等额超额收益。由于信息的含义不同,而且由于在某些决策结构形式下,采用净年值比采用净现值更为简便和易于计算,故净年值指标在经济效果评价指标体系中占有相当重要的地位。

五、费用现值(PC)和费用年值(AC)

在对多个方案比较选优时,如果诸方案产出价值相同,或者诸方案能够满足同样需要,但其产出效益难以用价值形态(货币)计量(如环保、教育、保健、国防),可以通过对各方案费用(为实现项目预定目标所付出的财务代价或经济代价)现值或费用年值的比较

进行选择。

费用现值(PC)是指按基准折现率,将方案计算期内各个不同时点的现金流出折算到计算期期初的累计值。

费用年值(AC)是指按基准折现率,通过等值换算,将方案计算期内各个不同时点的现金流出分摊到计算期内各年的等额年值。

费用现值的计算公式为

$$PC = \sum_{t=0}^{n} (CO)_t (P/F,i,t) \tag{4-6}$$

式中　$(CO)_t$——第 t 年的现金流出量;

n——计算期;

i——折现率。

费用年值的计算公式为

$$AC = \left[\sum_{t=0}^{n} (CO)_t (P/F,i,t) \right] (A/P,i,n) \tag{4-7}$$

费用现值和费用年值指标只能用于多个方案的比选。其判断准则是:费用现值或费用年值最小的方案为优。

【例 4-1】　某项目有两个方案 A、B,均能满足同样的需要。方案 A、B 寿命期为 10 年,A 方案投资为 200 万元,年运营费用为 60 万元。B 方案投资为 300 万元,年运营费用为 35 万元。在基准折现率 $i_c = 10\%$ 的情况下,试用费用现值和费用年值确定最优方案。

解　两方案的费用现值计算如下

$$PC_A = 200 + 60 \times (P/A,10\%,10) = 568.68(\text{万元})$$

$$PC_B = 300 + 35 \times (P/A,10\%,10) = 515.06(\text{万元})$$

两方案的费用年值计算如下

$$AC_A = 60 + 200 \times (A/P,10\%,10) = 92.54(\text{万元})$$

$$AC_B = 35 + 300 \times (A/P,10\%,10) = 83.81(\text{万元})$$

根据费用最小的选优准则,费用现值和费用年值的计算结果都表明,方案 B 优于方案 A。

费用现值与费用年值的关系,恰如前述净现值和净年值的关系一样,所以就评价结论而言,二者是等效评价指标。二者除在指标含义上有所不同外,就计算的方便简易而言,在不同的决策结构下,二者各有所长。

应用费用现值和费用年值的指标要注意如下问题:

(1)备选方案不少于两个,且为互斥方案或可转化为互斥方案。

(2)备选方案应具有共同的目标,目标不同的方案、不满足最低效果要求的方案不可进行比较。

(3)备选方案的费用应能货币化,且资金用量不应突破资金限制。

(4)效果应采用同一非货币计量单位衡量,如果有多个效果,其指标加权处理形成单一综合指标。

(5)备选方案应具有可比的寿命周期。

六、投资回收期

投资回收期又称返本期，也称投资返本年限，是反映项目或方案投资回收速度的重要指标。它是指通过项目的净收益来回收总投资所需的时间，通常以“年”表示。投资回收期是反映技术方案投资回收速度的重要指标，投资回收期一般从投资开始年算起，当从投产年算起时，应予说明。

投资回收期的基本原理是：如果一个工程项目的投资回收期不大于期望的投资回收期，可以考虑接受这个项目；否则，可以考虑不接受这个项目。假定一个投资项目的 A 方案的投资回收期为 6 年，而类似项目和方案的投资回收期为 7 年，那么，该项目的这个方案就可行；若这个投资项目的 A 方案的投资回收期为 8 年，那么，该项目的这个方案就不可行。

根据是否考虑资金的时间价值，投资回收期分为静态投资回收期和动态投资回收期。

（一）静态投资回收期

1. 静态投资回收期的计算

静态投资回收期（P_t）是指不考虑资金的时间价值，以项目净收益来回收项目全部投资所需要的时间。

根据定义可以得知，静态投资回收期 P_t 的计算公式如下

$$K = \sum_{t=0}^{P_t} NB_t \tag{4-8}$$

式中　K——投资总额；

NB_t——第 t 年的净收益；

P_t——静态投资回收期。

或

$$\sum_{t=0}^{P_t} (CI - CO)_t = 0 \tag{4-9}$$

式中　CI——现金流入；

CO——现金流出；

$(CI - CO)_t$——第 t 年的净现金流量。

在实际工作中，累计净现金流量等于 0 的时点往往不是某一自然年份，这时，可以用财务现金流量表累计净现金流量来求 P_t，计算公式如下

$$P_t = [\text{累计净现金流量开始出现正值的年份}] - 1 + \frac{\text{上年累计净现金流量的绝对值}}{\text{当年净现金流量}} \tag{4-10}$$

2. 判定准则

采用静态投资回收期指标对单方案进行经济评价时，应将计算出的静态投资回收期与根据同类项目的历史数据和投资者意愿确定的基准投资回收期作比较，只有当静态投资回收期小于基准投资回收期时，该技术方案方可被接受。对多方案进行比较时，应以投资回收期最短的方案为优。

(二)动态投资回收期

1. 动态投资回收期的计算

动态投资回收期是指考虑资金的时间价值,在给定的基准收益率下,用项目各年净收益的现值来回收全部投资的现值所需要的时间。动态投资回收期一般从投资开始年算起,若从项目投产开始年计算,应予以特别注明。

根据定义,可以得知动态投资回收期的计算公式如下

$$\sum_{t=0}^{P_t'} (CI - CO)_t (1 + i_c)^{-t} = 0 \tag{4-11}$$

在实际计算中,由于各年净现金流量常常不是等额的,因此采用的计算方法仍然是与求静态投资回收期相似的通过现金流量表求解。其计算公式为

$$P_t' = [\text{累计净现金流量现值开始出现正值的年份}] - 1 + \frac{\text{上年累计净现金流量现值的绝对值}}{\text{当年净现金流量现值}} \tag{4-12}$$

2. 判定准则

采用动态投资回收期法计算出来的动态投资回收期仍需要和基准投资回收期进行比较,其评判标准和静态投资回收期基本相同。

(三)差额投资回收期

差额投资回收期(ΔT),又称增量投资回收期,是用增量分析法进行技术方案经济评价的时间性评价指标之一,适用于两个技术方案的经济比较与选择。

增量分析是指在相互竞争的互斥方案中通过比较一个方案相对于另一个方案的差额成本与得到的差额收益进行投资决策。

(1)静态差额投资回收期。是指不考虑资金的时间价值的增量投资回收期。

(2)动态差额投资回收期。是指在考虑资金的时间价值的条件下,用年经营成本节约额或年净收益增加额来补偿增量投资所需要的时间。

(四)几种投资回收期法的使用说明

1. 静态投资回收期的优点和缺点

1)静态投资回收期指标的优点

(1)经济意义明确、直观,计算简便,便于投资者衡量项目承担风险的能力。

(2)该指标在一定程度上反映项目的经济性,同时也反映了项目风险的大小。项目决策者面临着未来不确定性因素,这种不确定性往往带来较多的风险。为了减少这种风险,就必然希望投资回收期越短越好。

2)静态回收期指标的缺点

(1)它没有考虑资金的时间价值。

(2)它仅以投资的回收快慢作为决策的依据,没有考虑回收期以后的情况,也没有考虑方案在整个计算期内的总收益和获利能力,因而它是一个短期指标。

(3)在方案选择时,用静态投资回收期指标排序,可能导致错误的结论。

(4)静态投资回收期(动态投资回收期也一样)没有考虑投资回收以后方案的收益,

没有考虑投资项目的实际使用年限,没有考虑投资项目的期末残值,没有考虑将来累计或追加投资的效果,即没有考虑投资项目整个寿命期的经济效益,因此通常只作为其他评价方法的辅助方法,而不单独使用。

(5)静态投资回收期只能反映本方案投资的回收速度,而不能反映方案之间的比较结果,因此不能单独用于两个或两个以上方案的比较评价,此时尚需考虑差额投资回收期。

2. 动态投资回收期的优点和缺点

与静态投资回收期指标相比,动态投资回收期指标的优点是考虑了资金的时间价值,但计算却复杂多了。在投资回收期不长和基准收益率不大的情况下,两种投资回收期的差别不大,不会影响方案的选择,因此动态投资回收期指标并不常用。只有在静态投资回收期较长和基准收益率较大的情况下,才需计算动态投资回收期。

3. 计算投资回收期的注意事项

需要明确的是,回收期从何时算起,对投资回收期计算的结果有很大影响。有人认为从投资年算起,也有人认为从投产之日算起。但不管从何时算起,前后必须统一,并应注明所算的投资回收期是从何时算起的。

(1)采用投资回收期法评价技术方案时,必须将其与基准投资回收期进行比较,只有当其小于基准投资回收期时,才认为该方案在经济上是可取的。

基准投资回收期随部门和行业的不同而不同,由于各部门和各行业的基准投资回收期并没有明文规定,而且目前也以不制订基准投资回收期为宜,主要是因为制订了基准投资回收期,将不利于资金在行业间的流动,从而会对我国产业结构的调整形成影响。因此,恰当地确定基准投资回收期,在技术经济分析中有重要作用。

(2)在计算投资回收期时,投资总额一般应包括固定资产、新增流动资金。在实际计算中,由于对投资的含义有不同的理解,计算时也有不完全包含上述各项的,因此在评价不同项目的经济效果和同一项目的多方案比较时,必须注意计算的前后一致性,这样才有可比性。

(3)投资回收期没有考虑投资回收以后方案的收益,没有考虑投资项目的期末残值,没有考虑投资项目的实际使用年限,也没有考虑将来累计或追加投资的效果。也就是说,没有考虑投资项目整个寿命期的经济效益。因此,通常只能作为一种粗略的评估,作为其他评价方法的辅助方法而不单独使用。

(4)投资回收期只能反映本方案投资的回收速度,而不能反映方案之间的比较结果,当需要对两个或两个以上的方案进行比较时,便需要采用追加投资回收期。

4. 差额投资回收期法的优点和缺点

差额投资回收期指标多用于两个相互替代技术方案的经济比较,因此不能反映单个方案的经济效益。

用差额投资回收期指标进行技术方案的经济评价,最大的优点是简单方便,但这种方法除具有投资回收期法的缺点外,还有一定的局限性,表现在:

(1)它只是衡量两个技术方案之间的相对经济性,不能决定一个方案比另一个方案到底好多少。

(2)当方案较多时,用这种方法来选择最优方案,往往显得很麻烦,为了简化对比工作,多采用价值性指标分析法来选择最优方案。

综上所述,上述介绍的投资回收期法都不能反映投资收回后整个生命周期的经营状况,主要的着眼点在于投资的早日收回。

七、总投资收益率和项目资本金净利率

(一)总投资收益率

总投资收益率(*ROI*)表示总投资的盈利水平,是指项目达到设计能力后正常年份的年息税前利润或运营内年平均息税前利润(*EBIT*)与项目总投资 *K* 的比率,应按下式计算

$$ROI = \frac{EBIT}{K} \times 100\% \tag{4-13}$$

式中　*EBIT*——项目正常年份的年息税前利润或运营期内年平均息税前利润;

K——项目总投资。

总投资收益率高于同行业的收益率参考值,表明用总投资收益率表示的盈利能力满足要求。

(二)项目资本金净利率

项目资本金净利率(*ROE*)表示项目资本金的盈利水平,是指项目达到设计能力后正常年份的年净利润或运营期内年平均净利润(*NP*)与项目资本金(*EC*)的比率,应按下式计算

$$ROE = \frac{NP}{EC} \times 100\% \tag{4-14}$$

式中　*NP*——项目正常年份的年净利润或运营期内年平均净利润;

EC——项目资本金。

项目资本金净利润率高于同行业的净利润率参考值,表明用项目资本金净利润率表示的盈利能力满足要求。

八、内部收益率

(一)内部收益率的含义和计算公式

内部收益率(*IRR*)在工程项目经济评价指标中是一个重要的动态经济评价指标,是指能使工程项目方案在计算期内净现金流量现值累计为零时(也即收益现值等于成本现值)的折现率。由于该指标所反映的是工程项目投资所能达到的收益率水平,其大小完全取决于方案本身,因而称为内部收益率,其计算公式为

$$\sum_{t=0}^{n}(CI - CO)_t(1 + IRR)^{-t} = 0 \tag{4-15}$$

式中　*IRR*——内部收益率,取值区间是$(-1,\infty)$,对于大多数方案来说,$0 < IRR < \infty$。

内部收益率的经济含义可以理解为工程项目对占用资金的恢复能力,也可以理解为工程项目对初始投资的偿还能力或该项目对贷款利率的最大承受能力。对于一个工程项目来说,如果折现率取其内部收益率,则该整个寿命期内的投资恰好得到全部回收,净现

值等于零。也就是说，该方案的动态投资回收期等于方案的寿命期，内部收益率越高，一般来说该方案的投资效益就越好。内部收益率大于或等于所设定的判别基准 i_c 时，项目方案可考虑接受。

应用 *IRR* 对项目进行经济评价的判别准则：设基准收益率为 i_c，若 $IRR \geqslant i_c$，则项目在经济效果上可以接受；若 $IRR < i_c$，则项目在经济效果上不可接受。

采用内部收益率指标的主要优点在于：①揭示了项目所具有的最高获利能力，从而成为评价项目效益的非常有效的工具；②它可以在项目寿命期的任何时点上进行测算，并获得同一结果，即时间点的选择并不影响项目获利能力的表现。

（二）内部收益率的计算方法

根据式(4-15)，求解内部收益率是解以 *IRR* 为未知数的多项高次方程，当各年的净现金流量不相等，并且计算期较长时，计算 *IRR* 是比较烦琐的。一般来说，求解 *IRR*，有人工试算法和利用计算机编程求解两种方法。

（三）内部收益率的适用范围和局限性

内部收益率（*IRR*）和净现值（*NPV*）都是反映工程项目投资经济效果最主要的指标，它们之间虽然有很大的关联性，但两者之间仍有许多不同。从形式上看，*NPV* 反映的是项目的绝对经济效果，*IRR* 反映的是项目的相对经济效果，用这两个指标评价工程项目投资时，应该根据两者的特点进行有针对性的选择。

(1)从工程项目投资的目的考虑。

对于新建项目，通常希望它在整个经济寿命周期内的盈利水平比较高，因此如果重在考虑项目本身的盈利水平，一般优先使用 *IRR* 来进行评价。对于改建项目或者更新项目，投资者更关心能否维持或增加原有的盈利水平，这时可以优先采用 *NPV* 来进行经济评价。

(2)从指标本身的特点考虑。

IRR 不能反映项目的寿命期及其规模的不同，故不适于互斥方案的经济评价，这时便需要采用 *NPV* 来对项目进行排队，选择互斥方案中的最优方案。

第三节　多方案的经济效果评价

在实践中，无论企业或部门，经常会遇到多方案（单独方案可视为无方案与有方案组成的多方案）的选择问题，而且往往是在资源有限的条件下进行的。此时，总是要应用某种尺度和标准进行优劣判断，以便选择最有利的方案。

一、方案经济效果评价的类型、方案之间的可比性及基本原则

首先用一个最简单的例子说明可否利用利润额和利润率进行方案选择。

某企业现有余款，拟在一年内进行投资，一年后可收回投资的方案有 A 和 B 两个，A 方案现在支出 2 000 万元，一年后可收回 2 600 万元，B 方案现在支出 3 000 万元，一年后可收回 3 750 万元，此时哪个方案有利呢？

如果以利润额为尺度判断哪个方案为好，则有 A 方案的利润额为 600 万元，B 方案的

利润额为750万元,B方案较A方案多150万元,因而判定的结果是利润额大的B方案有利。这种判断事实上是不正确的。利用利润率计算出上述A和B两个方案的利润率分别为30%和25%,因A方案较B方案利润率大,则认为A方案有利。这种判断是正确的吗?假设该企业投资30亿元,收益为36亿元,其利润率为20%,因20%小于A、B两方案的利润率,是否可以说该方案较A、B两方案都不利呢?的确,该方案的效率较低,但利润的金额较A、B两方案都多得多,因而仅以利润率为尺度加以判定存在着某种危险。

通过上例可以看出,为了正确地判定方案的优劣,仅使用利润额或利润率是不够的。

实际上,上述问题的前提条件不完备,至少不给定以下条件就无法得出正确的结论。

第一,不知道全部投资方案是否只有A与B两个方案;B方案的投资额较A方案多出的150万元是否还有其他应用途径。

第二,A、B两方案只能取其中一个呢,还是两个方案都可以取,相互关系不清。

第三,企业用做本金使用的资金来源(自有资金还是贷款)与限额是多少,限制条件不清。

本例之所以不能应用利润额或利润率作为优劣判定的理由之一,就是缺乏A、B两方案之外是否还有其他方案,即投资机会这个条件。

假如甲采用了A、B两方案中的某一个方案,很可能就失去了比这两个方案有更高收益的机会,当然大多数情况下将全部方案都找出来是不可能的,但是总要有个标准,以便以此判定方案的优劣,这个标准就是第二节讲过的基准收益率,该值描述了通常投资机会的可能收益的比率。

(一)方案的关系类型

方案之间的关系不同,其选择的方法和结论就不同,以下例说明。

现在研究甲、乙两企业分别以不同的条件贷款给其他企业的问题。

甲企业面对的是借给一家企业多少钱合适的问题。贷款的方法有三种,皆为一年后收回本和利,贷款金额和获得的利息如表4-2所示。甲企业现有余款30万元,因此每个方案都是可能实施的。另外,为了简化问题的分析,假定甲企业若不出借则钱只能放在企业里。

表4-2　甲企业贷款方案　(单位:万元)

方案	贷款金额	贷款利率	利息额
A_1	10	10%	1
A_2	20	8%	1.6
A_3	30	6%	1.8

乙企业面对的是将资金借给哪家企业合适的问题,借款的方法有三种,皆为一年后收回本和利,借款金额和获得的利息如表4-3所示。乙企业现有余款30万元,假定若不出借则钱只能放在企业里。

表 4-3 乙企业贷款方案 （单位:万元）

方案	贷款金额	贷款利率	利息额
A	10	10%	1
B	20	8%	1.6
C	30	6%	1.8

由此可见,虽然甲、乙两企业可供选择的方案利率都相同,但对于甲最有利的方案是 A_3,对于乙最有利的方案是 A 和 B。

甲企业和乙企业面对的方案有本质上的区别:甲企业是从三个方案中仅能选择一个,乙企业是从三个方案中可任意选择,直到自有资金得到充分运用,方案间的关系不同,选择的结果就不同。

根据方案间的关系,可以将其分为互斥关系、独立关系和相关关系。

(1)互斥关系。指各个方案之间存在着互不相容、互相排斥的关系,在进行比选时,在各个方案中只能选择一个,其余的均必须放弃,不能同时存在。

例如,必须过一条河,因此就必须建一座桥。假设可供选择的设计为使用钢材或使用混凝土,这就是互斥型投资,因为仅有一种备选方案将被采纳,修建中采用两种方案是毫无意义的,假设必须在计划构建 75 层、80 层还是 85 层建筑物之间做出一种选择,而在这块可用的地皮上只能建设一栋有一个确切层数的建筑物,则必须拒绝其他的建筑设计方案。

(2)独立关系。指各个方案的现金流量是独立的,不具有相关性,其中任一方案的采用与否与其自身的可行性有关,而与其他方案是否采用没有关系。

例如:一个大型企业的工程部提出若干项目,选择建设某一确定项目或若干项目,将不会对任何其他提出的项目在任何技术方法上构成影响,同样,它们也是相互独立型项目,通常被提交的项目计划都基于一个假设,即并非计划清单上所有的项目都将被建设,因为可用的资金不足以支付整个计划清单上的费用。在正常情况下,必须满足一个资本预算。因此,计划清单上某些项目将被建造,而其他的则不能,但那些被建设的项目的总成本必须在可用资金范围以内。

(3)相关关系。指在各个方案之间,某一方案的采用与否会对其他方案的现金流量带来一定的影响,进而影响其他方案的采用或拒绝。以机器和存放的厂房为例,如果对其中之一进行投资就得考虑另外一个,那么必须同时分析机器及其厂房,或者可以分别分析它们,因为即使没有厂房,机器不能正常使用,但是厂房本身可能有其他用途,例如作为仓库。

相关关系有正相关和负相关两种。当一个项目方案的执行虽然不排斥其他项目方案,但可以使其效益减少,这时项目方案之间有负相关关系,项目方案之间的比选可以转化为互斥关系。当一个项目方案的执行使其他项目方案的效益增加,这时项目方案之间具有正相关关系,项目方案之间的比选可以采用独立方案比选方法。

往往有这种情况:两种方案互相影响(互不独立),但又不是互相排斥的关系,在方案选择前弄清这些方案属于何种类型是非常重要的,因为方案类型不同,选择、判断的尺度不同,进而选择的结果也不同。

(二)资金的制约条件

在方案选择时资金的制约条件是很重要的,按资金的来源大致可分为两种:自有资金和借贷资金。用自有资金进行投资,就意味着失去了进行其他投资时所能获得的收益(机会成本),用借贷资金进行投资,就必须在一定期间内偿还,并要支付利息,在进行方案分析时,必须搞清资金的来源、限额和利率是多少。

(三)备选方案的提出

备选方案的提出可采用:

(1)组织内部人员的灵感、经验和创新以及集体的智慧。

(2)技术招标、方案竞选。

(3)技术转让、技术合作、技术入股和技术引进。

(4)技术创新。

(5)社会公开征集。

(6)专家咨询和建议等方式。

具体方法可采用如头脑风暴法、书信咨询法、检查提问法、特性列举法等。

(四)经济评价应遵循的基本原则

(1)"有无对比"原则。

"有无对比"是指"有项目"相对于"无项目"的对比分析。"无项目"状态指不对该项目进行投资时,在计算期内,与项目有关的资产、费用与收益的预计情况,"有无对比"求出项目的增量效益,排除了项目实施以前各种条件的影响,突出项目活动的效果。"有项目"与"无项目"两种情况下,效益和费用的计算范围、计算期应保持一致,具有可比性。

(2)效益与费用计算口径对应一致的原则。

将效益与费用限定在一个范围内,才有可能进行比较,计算的净效益才是项目投入的真实回报。

(3)收益与风险权衡的原则。

投资人关心的是效益指标,但是对于可能给项目带来风险的因素考虑得不全面,对风险可能造成的损失估计不足,结果往往有可能使得项目失败。收益与风险权衡的原则提示投资者在进行投资决策时,不仅要看到效益,也要关注风险,权衡得失利弊后再行决策。

(4)定量分析与定性分析相结合,以定量分析为主的原则。

经济评价实质上就是要对拟建项目在整个计算期的经济活动,通过效益与费用的计算,对项目经济效益进行分析和比较。一般来说,项目经济评价要求尽量采用定量指标,但对一些不能量化的经济因素,不能直接进行数量分析,对此要求进行定性分析,并与定量分析结合起来进行评价。

(5)动态分析与静态分析相结合,以动态分析为主的原则。

动态分析是指利用资金的时间价值的原理对现金流量进行折现分析,项目经济评价的核心是折现,所以分析评价要以折现(动态)指标为主。非折现(静态)指标与一般的财务和经济指标内涵基本相同,比较直观,但是只能作为辅助指标。

(五)方案之间的可比性

在对不同方案进行经济比选时,必须考虑这些方案在经济上的可比性。可比性原则包括以下三个方面:

(1)资料和数据的可比性。

对各方案数据资料的收集和整理的方法要统一,采用的定额标准、价格水平、计算范围、计算方法等应一致。经济分析不同于会计核算,会计核算要求全面、精确,是事后核算。

经济分析是预测性的计算,费用和收益都是预测值,因而不必要也不可能十分精确,它允许舍弃一些因素,以便把注意力集中在主要的经济因素计算上,只要主要因素计算比较准确,就能保证经济分析的质量,得出正确的结论。

在实践中,比较方案一般都有具体的费用和收益的数据,如果不具体,特别当替代方案是一个假定方案的时候,则可采用平均水平数据。

确定分析计算的范围是保证资料数据可比性的一个重要方面,确定计算范围,即规定方案经济效果计算的起止时间,方案的比选必须以相同的经济效果计算范围为基础,才具有可比性。

经济分析同样要考虑不同时期价格的影响,如果忽视不同时期价格的变化,则分析结论就会产生偏差。一般常常采用某一年的不变价格进行技术经济分析计算,这就是为了消除不同时期价格不可比因素的影响。

(2)同一功能的可比性。

任何方案都是为了达到一定的目标而提出的,或者是为了追求投资利润,或者是为了取得一定数量的产品,或者是为了提高已有产品的质量,或者是为了改善生产劳动条件,或者是为了提供某种服务。总之,任何技术方案都是根据项目的预定目标而制订的。

但是,达到预期目标的途径则可以是多种多样的,所采用的方法和手段也可以不同,因而各种方案的经济效果也是各不相同,参与比选的方案的一个共同点是预期目标的一致性,即方案产出功能的一致性。

当然,功能完全相同的方案是很少的,只要其基本功能趋于一致,就可以认为它们之间具有可比性。当方案的产出质量相同时,如果只是规模相差很大,可以采用几个规模小的方案合起来,与规模大的方案相比较。当规模相差不大时,也可以采用单位产品的投入量,或单位投入的产出量指标来衡量其经济效益。

(3)时间可比性。

一般情况下,在实际工作中遇到的互斥方案通常具有相应的寿命期,这是互斥方案必须具备的一个基本可比性条件,但是也经常会遇到寿命不等的方案需要进行比较的情况,理论上来说是不可比的,因为无法确定寿命期短的方案比寿命期长的方案所短的那段时间里的现金流量。

但是,在实际工作中又经常遇到此类情况,同时又必须做出选择,这时候就需要对方案的寿命按一定的方法进行调整,使它们具有可比性。

二、互斥方案的经济效果评价

在互斥方案评价中由于技术的或经济的原因，接受某一方案就必须放弃其他方案，即在多个方案比选时，至多只能选其中之一，从决策角度来看，这些方案是相互排斥的。如厂址方案的选择，特定水力发电站坝高方案的选择等，都是这类方案相互排斥的例子。

互斥方案经济效果评价的特点是要进行方案比选。

（一）方案经济比选的方法

1. 效益比选方法

效益比选方法包括净现值比较法、净年值比较法、差额投资内部收益率法。

1）净现值比较法

净现值比较法是比较备选方案的财务净现值或经济净现值，以净现值大的方案为优，比较净现值时应采用相同的折现率。

2）净年值比较法

净年值比较法是比较备选方案的净年值，以净年值大的方案为优。比较净年值时应采用相同的折现率。

3）差额投资内部收益率法

使用备选方案差额现金流量应按下式计算

$$\sum_{t=0}^{n}\left[(CI-CO)_{大}-(CI-CO)_{小}\right](1+\Delta IRR)^{-t}=0 \tag{4-16}$$

式中　$(CI-CO)_{大}$——投资大的方案的净现金流量；

$(CI-CO)_{小}$——投资小的方案的净现金流量；

ΔIRR——差额投资内部收益率。

计算差额投资内部收益率（ΔIRR）与设定的基准收益率（i_c）进行对比，当差额投资内部收益率大于或等于设定的基准收益率时，以投资大的方案为优；反之，以投资小的方案为优。在进行多方案比较时，应先按投资大小，从小到大排序，再依次就相邻方案两两比较，从中选出最优方案。

2. 费用比选方法

费用比选方法包括费用现值比较法、费用年值比较法。

1）费用现值比较法

费用现值比较法是计算备选方案的总费用现值并进行对比，以费用现值较低的方案为优。

2）费用年值比较法

费用年值比较法是计算备选方案的费用年值并进行对比，以费用年值较低的方案为优。

3. 最低价格（服务收费标准）比较法

在相同产品方案比选中，以净现值为零推算备选方案的产品最低价格，应以最低产品价格较低的方案为优。

方案的互斥性，使我们在若干方案中只能选择一个方案实施，由于每一个方案都具有同等可供选择的机会，为使资金发挥最大的效益，当然希望所选出的这一个方案是若干备选方案中经济性最优的，为此就需要进行方案间相对经济效果评价，也就是任一方案都必须与其他所有方案一一进行比较。

但仅此还不充分，因为某方案相对最优并不能证明该方案在经济上一定是可行的、可接受的，并不能排除"矮中拔高"的情况（即从若干都不可行的方案中选较优者）。

因此，互斥方案经济效果评价包含两部分内容：一是考察各个方案自身的经济效果，即进行绝对效果检验；二是考察哪个方案相对经济效果最优，即进行相对效果检验。两种检验的目的和作用不同，通常缺一不可，以确保所选方案不但可行而且最优，只有在众多互斥方案中必须选择其中之一时才可单独进行相对效果检验，但需要注意的是，在进行相对经济效果评价时，不论适用哪种指标，都必须满足方案的可比条件。

（二）互斥方案动态评价

动态评价强调利用时间价值将不同时间内资金的流入和流出换算成同一时点的价值，从而消除方案时间上的不可比性，并能反映方案在未来时期的发展变化情况。

1.寿命期相同的互斥方案经济效果评价

1）净现值法

对互斥方案评价，首先分别计算各个方案的净现值，剔除 $NPV<0$ 的方案，即进行方案的绝对效果检验；其次对所有 $NPV\geqslant 0$ 的方案比较其净现值，选择净现值最大的方案为最佳方案。此为净现值评价互斥方案的判断准则，即净现值大于或等于0且为最大的方案是最优可行方案。

2）净年值法

对互斥方案评价，首先分别计算各个方案的净年值，或分别计算各个方案的净现值，再折算出净年值，剔除 $NAV<0$ 的方案，即进行方案的绝对效果检验；其次对所有 $NAV\geqslant 0$ 的方案比较其净年值，选择净年值最大的方案为最佳方案。此为净年值评价互斥方案的判断准则，即净年值大于或等于0且为最大的方案是最优可行方案。

3）费用现值、费用年值法

在工程经济分析中，对方案所产生的效果相同（或基本相同），但效果无法或很难用货币直接计量的互斥方案进行比较时，常用费用现值（PC）或费用年值（AC）比较替代净现值进行评价。

为此，首先计算被选方案的费用现值（PC）或费用年值（AC），然后进行对比，以费用现值（或费用年值）较低的方案为最优。

净现值法是对计算期相同的互斥方案进行相对经济效果评价最常用的方法，有时我们在采用不同的评价指标对方案进行比选时，会得出不同的结论，这时往往以净现值指标为最后衡量的标准。

4）差额投资内部收益率（ΔIRR）法

应用内部收益率（IRR）评价互斥方案经济效果的基本步骤如下：

（1）计算各备选方案的 IRR，分别与基准收益率 i_c 比较，IRR 小于 i_c 的方案，即予淘汰。

（2）将 $IRR\geqslant i_c$ 的方案按初始投资额由小到大依次排列，依次用初始投资大的方案的现金流量减去初始投资小的方案的现金流量,所形成的差额投资方案的现金流量的常规投资的形式,处理起来较为方便。

(3)按初始投资由小到大依次计算相邻两个方案的差额投资内部收益率 ΔIRR,若 $\Delta IRR \geqslant i_c$,则说明初始投资大的方案优于初始投资小的方案,保留投资大的方案;反之,则保留投资小的方案。直至全部方案比较完毕,保留的方案就是最优方案。

5)净现值率($NPVR$)法

单纯以净现值最大为标准进行方案选优,往往导致评价人趋向选择投资大、盈利多的方案,而忽视盈利额较少,但投资更少,经济效果更好的方案。因此,在互斥方案经济效果实际评价中,当资金无限制时,用净现值(NPV)法评价,当有资金限制时,可以考虑用净现值率($NPVR$)法进行辅助评价。

净现值率的大小说明方案单位投资所获得的超额净收益的大小,用来评价互斥方案时,当对比方案的投资额不同,且有明显的资金总量限制时,先行淘汰 $NPVR<0$ 的方案,对余下 $NPVR>0$ 的方案,选净现值率较大的方案。

应当指出,用净现值率($NPVR$)评价方案所得的结论与用净现值(NPV)评价方案所得的结论并不总是一致的。

2. 寿命期不同的互斥方案经济效果评价

以上所讨论的都是互斥方案的寿命期相同的情形,然而,现实中很多方案的寿命期往往是不同的,这时必须对寿命期作出某种假定,使寿命期不等的互斥方案能在一个共同的计算期基础上进行比较,以保证得到合理的结论。

备选方案的计算期不同时,宜采用净年值法和费用年值法;如果采用差额投资内部收益率法,可将各方案计算期的最小公倍数作为比较方案的计算期,或者以各方案中最短的计算期作为比较方案的计算期。

在某些情况下还可采用下述方法:①净年值法(NAV)。净年值法是通过分别计算各备选方案净现金流量的等额年值(NAV)并进行比较的方法,以 $NAV \geqslant 0$,且 NAV 最大者为最优方案。②最小公倍数法。又称方案重复法,是以各备选方案计算期的最小公倍数作为各方案的共同计算期,假设各方案均在这样一个共同的计算期内重复进行,对各方案计算期内各年的净现金流量进行重复计算,直至与共同的计算期相同,以净现值较大的方案为最优方案。③研究期法。研究期法就是通过研究分析,直接选取一个适当的计算期作为各个方案共同的计算期,计算各方案在该计算期内的净现值,以净现值较大的为最优方案。在实际应用中,为方便起见,往往直接选取诸方案中最短的计算期作为各方案的共同计算期,所以研究期法也可以称为最小计算期法,方案比选指标的应用见表4-4。

1)净年值(NAV)法

用净年值进行寿命不等的互斥方案经济效果评价,实际上隐含着这样一种假定:各备选方案在其寿命结束时均可按原方案重复实施或以与原方案经济效果水平相同的方案继续。净年值是以“年”为时间单位比较各方案的经济效果,一个方案无论重复实施多少次,其净年值是不变的,从而使寿命不等的互斥方案间具有可比性,故净年值更适用于评价具有不同计算期的互斥方案的经济效果。对各备选方案净现金流量的净年值(NAV)进行比较,以 $NAV \geqslant 0$ 且 NAV 最大者为最优方案。

表 4-4 方案比选中经济评价指标的应用范围

用途	指标	
	净现值	内部收益率
方案比选(互斥方案选优)	无资金限制时,可选择 NPV 较大者	一般不直接使用,可计算差额投资内部收益率(ΔIRR),当 $\Delta IRR \geqslant i_c$ 时,以投资较大方案为优
项目排队(独立项目按优劣排序的最优组合)	不单独使用	一般不采用(可用于排除项目)

在对寿命不等的互斥方案进行比选时,净年值是最为简便的方法,它比内部收益率 IRR 在方案评价时更为简便。同时,用等值年金,可不考虑计算期的不同,故它也较净现值(NPV)法简便,当参加比选的方案数目众多时,尤其是这样。

2)最小公倍数法(又称方案重复法)

最小公倍数法是以各备选方案计算期的最小公倍数作为方案比选的共同计算期,并假设各个方案均在这样一个共同的计算期内重复进行,即各备选方案在其计算期结束后,均可按与原方案计算期内完全相同的现金流量系列周而复始地循环下去,直到共同的计算期。

在此基础上计算出各个方案的净现值(费用现值),以净现值最大(费用现值最小)的方案为最优方案。

利用最小公倍数法有效地解决了寿命不等的方案之间净现值的可比性问题。但这种方法所依赖的方案可重复实施的假定不是在任何情况下都适用的。对于某些不可再生资源开发型项目,在进行计算期不等的互斥方案比选时,方案可重复实施的假定不再成立,这种情况下就不能用最小公倍数法确定寿命期。有的时候最小公倍数法求的计算期过长,甚至远远超过所需的项目寿命期或计算期的上限,这就降低了所计算方案经济效果指标的可靠性和真实性,故也不适合用最小公倍数法。

3)研究期法

针对上述最小公倍数法的不足,对计算期不相等的互斥方案,可采用另一种确定共同计算期的方法——研究期法。

这种方法是根据对市场前景的预测,直接选取一个适当的分析期作为各个方案共同的计算期,这样不同期限的方案就转化为相同期限的方案了。

研究期的确定一般以互斥方案中年限最短或最长方案的计算期作为互斥方案评价的共同研究期,当然也可取所期望的计算期为共同研究期,通过比较各个方案在该研究期内的净现值来对方案进行比选,以净现值最大的方案为最优方案。

对于计算期短于共同研究期的方案,仍可假定其计算期完全相同地重复延续,也可按新的不同的现金流量序列延续。需要注意的是,对于计算期(或者是计算期加其延续)比共同研究期长的方案,要对其在研究期以后的现金流量余值进行估算,并回收余值,该项余值估算的合理性及准确性,对方案比选结论有重要影响。

三、独立方案的经济效果评价

（一）无资源限制的独立方案评价

如果独立方案之间共享的资源（通常为资金）足够多（没有限制），则任何一个方案只要是可行的（经济上可接受的），就可采纳并实施。

独立方案的采用与否，只取决于方案自身的经济性，即只需检验它们是否能够通过净现值、净年值或内部收益率指标的评价标准。因此，多个独立方案与单一方案的评价方法是相同的。

对于独立方案而言，经济上是否可行的判别依据是其绝对经济效果指标是否达到一定的检验标准。所以，不论采用净现值、净年值和内部收益率（无资金限制时）当中哪种评价指标，评价结论都是一样的。

（二）有资源限制的独立方案评价

如果独立方案之间共享的资源是有限的，不能满足所有方案的需要，则在这种不超出资源限额的条件下，独立方案的选择可用方案组合法。

方案组合法的原理是：列出独立方案所有可能的组合，每个组合形成一个组合方案（其现金流量为被组合方案现金流量的叠加），由于是所有可能的组合，则最终的选择只可能是其中一种组合方案，因此所有可能的组合方案形成互斥关系可按互斥方案的比较方法确定最优的组合方案，最优的组合方案即为独立方案的最佳选择。具体步骤如下：

（1）列出独立方案的所有可能组合，形成若干个新的组合方案，则所有可能组合方案形成互斥组合方案（m 个独立方案则有 2^m 个组合方案）。

（2）每个组合方案的现金流量为被组合的各独立方案的现金流量的叠加。

（3）将所有的组合方案按初始投资额从小到大的顺序排列。

（4）排除总投资额超过投资资金限额的组合方案。

（5）对剩余的所有组合方案按互斥方案的比较方法确定最优的组合方案。

（6）最优组合方案所包含的独立方案即为该组独立方案的最优选择。

四、相关方案的评价选优

所谓相关方案，是指在多个方案之间，如果接受或拒绝某一方案，会显著改变其他方案的现金流量，或显著影响对其他方案的评判。

相关方案可以区分为现金流量相关型、资金约束相关型、依存从属相关型三种。

（一）现金流量相关型方案

如果在若干方案中任一方案的取舍会导致其他方案的现金流量发生变化，则它们之间存在现金流量的相关性。当各方案间具有现金流量相关性但并不完全互斥时，不能简单地按独立方案或互斥方案的评价方法进行决策，而应该首先按互斥方案组合法，将各方案组合成互斥方案并计算各自的现金流量，再按互斥方案的评价方法进行考察。

（二）资金约束相关型方案

在有些情况下，由于资金有限，多个原本相互无关的独立方案只能实施其中的某几个方案，从而使各方案间具有资金约束条件下的相关性，这时的问题就变成了在不突破投资总额的前提下如何获得最大收益(即净现值最大)。

在资金约束相关型方案中进行筛选时,常用的方法有净现值指数排序法和互斥方案组合法。

1. 净现值指数排序法

净现值指数排序法即在计算各方案的净现值指数的基础上,首先将净现值指数小于0的方案淘汰,然后将备选方案按净现值指数从大到小排序,并依此次序选定中选方案,直至所选取的各方案的投资总额最大限度地趋近于(但仍小于)或等于投资限额,这时在资金限额下可使中选方案合计净现值最大。

应用净现值指数排序法的指导思想是:单位投资创造的净现值越大,则在一定资金限额内所获得的净现值总额也就越大,它简便易算,这是主要优点;但是这种方法有时不能保证现有资金的充分利用,因此最终选择不一定是最佳选择。

只有满足下述条件之一,才能达到或接近于净现值最大的目标:

(1)各方案的投资额占投资预算限额的比例很小。

(2)各方案的投资额相差不大。

(3)选定的方案投资总额与投资预算限额很接近。

2. 互斥方案组合法

相比较而言,互斥方案组合法在各种情况下都能保证实现净现值最大的目标,其工作步骤如下:

(1)对于备选的各独立方案,列出全部可能的相互排斥组合方案。

(2)淘汰在组合方案中投资额超出预算限额者,或净现值小于0者。

(3)选择在保留的方案中净现值最大者为最优方案。

(三)依存从属相关型方案

如果在多个方案中,某一方案的实施必须以另一个(或另几个)方案的实施为条件,则它们之间具有依存从属性。

对于依存从属相关型方案,同样应用互斥方案组合法进行评价。

习 题

4-1　什么是净现值、费用现值和净现值率?如何计算?评判标准是什么?什么是净现值函数?最小公倍数法和研究期法是如何处理寿命期不同方案之间的现值比较的?

4-2　什么是净年值、费用年值?如何计算?评判标准是什么?为什么年值法和现值法评价结论是一致的?

4-3　什么是内部收益率、差额内部收益率?如何计算?评判标准是什么?为何要用差额内部收益率进行多方案的评价?它的评价结论和净现值法一致吗?内部收益率的经济意义是什么?有哪些特殊的情况?

4-4　什么是静态投资回收期、动态投资回收期?什么是静态差额投资回收期、动态差额投资回收期?如何计算?评判标准是什么?

4-5　技术方案根据性质可以分为几类?如何进行独立型方案的选择?如何进行互

斥型方案的选择?

4-6　影响基准收益率的因素主要有哪些?

4-7　某设备初期投资为10万元,投资效果持续时间(寿命)为8年,净收益发生于每年年末且数值相等。基准收益率为10%时,年净收益为多少合适?寿命期为12年、15年时又应为多少?

4-8　某设备估计尚可使用3年,为更新设备估计需10万元,为此准备今后3年内将其款积蓄起来。若存款的利率为10%,则每年应存款多少钱?假设存款发生在:①每期期末;②每年年初。

4-9　用100万元购置了某设备,欲在10年内将该投资全部回收,则每年均等的折旧费应提出多少?基准收益率为12%。

4-10　某债券现在购买10万元,则6年后可得15万元。

(1)如果将购买债券看做是按复利在银行存款,那么相当于银行存款的利率是多少?

(2)假设基准收益率为10%,那么这项投资的净收益是多少?分别以净现值和净年值回答上述问题。

第五章 设备更新分析

第一节 概 述

一、设备更新原因分析

设备在使用或闲置过程中，由于物理作用（如冲击力、摩擦力、振动、扭转、弯曲等）、化学作用（如锈蚀、老化等）或技术进步的影响等，设备遭受了损耗，称为设备的磨损。

设备更新源于设备的磨损，磨损分为有形磨损和无形磨损两种形式。设备磨损是有形磨损和无形磨损共同作用的结果。

（一）设备有形磨损的概念、种类

设备的有形磨损即为物质磨损，它是指由于设备被使用或自然环境造成设备实体的内在磨损。设备有形磨损又分为第Ⅰ类有形磨损和第Ⅱ类有形磨损。

（1）第Ⅰ类有形磨损（物理磨损）。运转中的设备在外力作用下（如摩擦、受到冲击、超负荷或应力应变作用、受热不均匀等）造成的实体磨损、变形或损坏称为第Ⅰ类有形磨损，产生第Ⅰ类有形磨损的原因有摩擦磨损、机械磨损和热损伤。

（2）第Ⅱ类有形磨损（化学磨损）。自然环境的作用是造成设备有形磨损的另一个原因，设备在自然力作用下（生锈、腐蚀、老化等）造成的磨损称为第Ⅱ类有形磨损。这种磨损与生产过程的使用无关，甚至在一定程度上还同使用程度成反比。因此，设备闲置或封存不用同样也会产生有形磨损，如金属件生锈、腐蚀、橡胶件老化等。

按照磨损的程度，有形磨损可以分为：①可消除磨损，指设备通过修理或者大修理修复磨损，使设备可继续使用；②不可消除磨损，指磨损设备无法修复到可继续使用状态。

（二）设备无形磨损的概念、种类

无形磨损也称为经济磨损，是由于社会经济环境变化造成的设备价值的相对贬值。无形磨损不是生产过程中的使用或自然力的作用造成的，所以它不表现为设备实体的变化和损坏。设备无形磨损按其成因不同分为第Ⅰ类无形磨损和第Ⅱ类无形磨损。

（1）第Ⅰ类无形磨损（设备绝对价值的降低）。这类磨损是受技术进步的影响，设备制造工艺不断改进，劳动生产率不断提高，使生产同样结构、同样性能的设备所需的社会必要劳动时间相应减少，成本不断降低，因而设备的市场价格也不断降低，这样就使原来购买的设备相应的贬值了。

（2）第Ⅱ类无形磨损（设备相对价值的降低）。这类磨损是受技术进步的影响，社会上出现了结构更先进、技术更完善、生产效率更高、耗费原材料和能源更少的新型设备，而使原有机器设备在技术上显得陈旧落后造成的，它的后果不仅是使原有设备价值降低，而且会使原有设备局部或全部丧失其使用功能。

第Ⅱ类无形磨损导致原有设备使用功能降低的程度与技术进步的具体形式有关，当技术进步表现为不断出现性能更完善、效率更高的新设备，但加工方法没有原则性变化时，将使原有设备的使用功能大幅度降低；当技术进步表现为采用新的加工对象（如新材料）时，则原有设备的使用功能完全丧失，加工旧材料的设备必然要被淘汰；当技术进步表现为改变原有生产工艺，采用新的加工方法时，则为旧工艺服务的原有设备也将失去使用功能；当技术进步表现为产品的更新换代时，不能适用于新产品生产的原有设备也要丧失使用功能，即被淘汰。

（三）设备综合磨损的概念及成因

一般情况下，设备在使用过程中发生的磨损实际上是由有形磨损和无形磨损同时作用而产生的，称为综合磨损。设备在运行或闲置中的有形磨损不可避免，不同的只是具体设备在不同的条件下表现的有形磨损的程度不一样，同时由于科学技术的进步是连续无间断的，无法确定技术进步的起点和终点，因此技术进步引起的设备磨损在任何情况下对任何设备都存在，只是不同设备的技术发展不平衡表现出的无形磨损的程度不同而已。

因此，对于任何特定的设备，两种磨损必然同时发生。两种磨损的共同点是两者都会引起设备原始价值的贬值，但不同的是有形磨损比较严重的设备，在修复补偿之前，往往不能正常运转，大大降低了作用性能；而无形磨损的设备，如果其有形磨损程度比较小，则无论无形磨损的程度如何，均不会影响正常使用，但其经济性能必定发生变化，需要经过经济分析以决定是否继续使用。

二、设备磨损的补偿

由于设备有形磨损和无形磨损的存在，对设备的使用价值产生不同程度的影响，为维持设备正常工作，必须对已遭受磨损的设备进行及时合理的补偿。设备磨损的补偿有技术补偿和经济补偿两种。

（一）设备磨损的技术补偿

根据设备磨损的程度、类型的不同，相应的就有修理、现代化改造和更新等几种技术补偿方式，其目的在于保障设备良好的技术状态，防止设备故障停机等所造成的损失。

若设备使用价值的降低主要是由有形磨损引起的，磨损较轻，可通过修理进行补偿，若磨损太重无法修复，或虽能修复但精度不能保证，则通过更新进行补偿。

若设备使用价值的降低主要是由无形磨损引起的，则采取现代化改装或更新方式进行补偿，若设备虽遭受无形磨损但使用价值并没有改变，不必进行补偿。

（二）设备磨损的经济补偿

设备磨损的经济补偿是通过提取折旧来实现的，设备的折旧是伴随设备损耗发生的价值转移，设备投入使用后，其实物形态逐渐磨损，对应的价值逐步转移到产品中，构成产品的成本，待产品销售后再将这部分价值收回，对设备提取的折旧主要用于设备的更新。

三、设备更新的概念与特点分析

（一）设备更新的概念

设备更新是指对技术上或者经济上不宜继续使用的设备，用新的设备更换或者用先进的技术对原有的设备进行局部改造。设备更新有两种形式：

(1)用相同的设备去更换有形磨损严重而不能继续使用的旧设备。

(2)用技术更先进、结构更完善、效率更高、性能更好、耗费能源和原材料更少的新型设备来替换那些在物理上不能继续使用或者在经济上不宜继续使用的旧设备。

设备更新的经济分析就是对设备磨损补偿选择什么样的方式和时机等进行经济分析论证。

设备更新同技术方案选择一样，应遵循有关的技术政策，进行技术论证和经济分析，做出最佳的选择。

(二)设备更新的特点分析

(1)设备更新的中心内容是确定设备的经济寿命。

设备的寿命是指设备从投入使用开始，由于磨损，在技术上或经济上不宜使用为止的时间。由于设备在使用(或闲置)过程中，受无形磨损和有形磨损的影响，设备寿命有几种不同的形态，其中主要的是经济寿命、折旧寿命。

①经济寿命。它是从经济角度看设备最合理的使用期限，是指设备从投入使用的全新状态开始到如果继续使用经济上已经不合理为止的整个实践过程。

②折旧寿命。即设备的折旧年限，它是指按国家财务、会计制度规定的折旧原则和方法，将设备的原值通过折旧方式转入产品成本，直到设备的折旧余额达到或者接近于零时所经历的时间。

设备更新的时机，一般取决于设备的技术寿命和经济寿命。

(2)设备更新分析应站在咨询者的立场分析问题。

设备更新问题的要点是站在第三者的立场上，而不是站在旧资产所有者的立场上考虑问题。若要保留旧资产，首先要付出相当于旧资产当前市场价值的现金，才能取得旧资产的使用权，这是设备更新分析的重要概念。

(3)设备更新分析只考虑未来发生的现金流量。

设备经过磨损，其实物资产的价值有所降低，设备经过折旧后所剩下的账面价值，并不等于其当前的市场价值，即更新旧设备往往会产生一笔沉入成本。

设备更新分析中的另一个重要的特点，就是在分析中只考虑今后所发生的现金流量，对以前发生的现金流量及沉没成本，因为它们都属于不可恢复的费用，与更新决策无关，故不需再参与经济计算。

(4)只比较设备的费用。

通常，在比较更新方案时，假定设备产生的收益是相同的，因此只对它们的费用进行比较。

(5)设备更新分析以费用年值法为主。

由于不同设备方案的服务寿命不同，因此通常都采用年值法进行比较。

第二节　设备大修理的技术经济

一、设备大修理的经济实质

设备是由不同材质的众多零部件组成的，它们的使用条件和功能也各不相同，因此设备不同部分的零部件遭受的有形磨损是非均匀性的，即设备的零部件有着不同的物理寿命，设备零部件有形磨损的不均衡性，决定了设备修理的可行性。

设备的大修理是设备修理中的一种非常重要的方式，是维修工作中最大的一种计划修理，通过对设备的全部解体，修理耐久的部分，调整、修复或更换磨损的零部件，全面消除缺陷，恢复设备精度，恢复零部件和整机的全部或接近全部的功能。

设备大修能利用保留下来的零部件，从而节约了大量的原材料和加工工时，这一点与设备更新相比具有很大的优越性。因此，在设备更新分析时大修理是设备更新的替代方案，这是大修理的经济实质，也是大修理这种对设备磨损进行补偿的方式能够存在的经济前提。对设备进行更新分析时应与大修理方案进行比较，反过来，进行设备大修理决策时，也应同设备更新及设备其他再生产方式相比较。

二、设备大修理的经济界限

设备虽然通过大修理可以延长物理寿命，但是在大修理决策时，要注意修理是有限度的，长期无休止的修理，会导致设备性能劣化的加深，使其根本恢复不到原有的性能水平。

设备在寿命期满前所需的大修理费用总额可能是个相当可观的数字，有时甚至可能超过设备原值数倍，当一次大修理的费用加该时期设备的残值大于或者等于新设备价值时，这样的大修理在经济上是不合理的。因此，使用经过大修理的设备生产的产品成本在任何情况下都不能超过相同的新设备生产的单位产品的成本。

三、设备大修理周期数的确定

从技术上，大修理可以消除有形磨损，使设备得以长期使用。但是设备在不同的大修理周期修理后生产的单位产品的成本可能是不相等的，因此从经济角度确定一台设备究竟大修到第几个周期最为适宜，这是大修理工作必须解决的问题，也即设备大修理周期数的确定问题。

如果一台设备的经济寿命已经确定，而且设备每次大修理间隔期又是已知的，则设备大修理周期数应由下式得出

$$\sum_{j=1}^{n} T_j = T_E \tag{5-1}$$

式中　T_E——设备的经济寿命；

T_j——第 $j-1$ 次到第 j 次大修理的间隔期，若 $j=1$，则表示新设备至第 1 次大修理的间隔期；

n——设备大修理的周期数。

第三节　设备经济寿命的确定

一、设备经济寿命计算原理

设备经济寿命是从经济角度分析设备使用的最合理期限,因此计算设备的经济寿命可以从设备运行过程中发生的费用入手,分析其变化规律。一台设备在整个寿命期内发生的费用包括:

(1)原始费用,指采用新设备时一次性投入的费用,包括设备原价、运输费和安装费等。

(2)使用费,指设备在使用过程中发生的费用,包括运行费(人工、燃料、动力、刀具、机油等消耗)和维修费(保养费、修理费、停工损失费、废次品损失费等)。

(3)设备残值,指对旧设备进行更换时,旧设备处理的价值,可根据设备转让或处理的收入除拆卸费用和可能发生的修理费用等计算,设备残值也可能是个负数。

设备的年平均使用成本是由两部分组成的:一部分是设备的原始费用与设备残值代数和的年分摊额,随着设备使用年限的延长,设备的年分摊额会逐渐减少;另一部分是设备的年使用费,该部分费用随着设备使用年限的延长会逐渐增加。

因此,设备的年平均使用成本随着设备使用时间而变化,在适当的使用年限会出现年平均使用成本最低值,这个能使平均使用成本达到最低的年数就是设备的经济寿命。

二、经济寿命的计算方法

(一)匀速劣化数值法

一般而言,随着设备使用期限的增加,年运营成本每年以某种速度在递增,这种运营成本的逐年递增称为设备的劣化。每年运营成本的增量是均等的,即运营成本呈线性增长可用匀速劣化数值法计算。

(二)年费用平均法

设备在使用过程中,每年的运行费用实际上不可能总是保持等额的增长,此时就可以采用年费用平均法来计算其经济寿命,年费用平均最低的年份就是该设备的经济寿命。

第四节　设备更新方案的比选

设备更新是修理以外的另一种设备综合磨损的补偿方式,设备更新有两种形式:一种是用相同结构和效能的机器设备去更换有形磨损严重、不能继续使用的旧设备,这种更新不具有更新技术的性质,主要解决设备的损坏问题;另一种是用技术更先进、效率更高、原料消耗更少的新设备来替代技术上或经济上不能继续使用的旧设备,这种更新不仅能解决设备的损坏问题,还能解决设备技术落后的问题。设备更新主要采用后面一种形式。

设备更新应遵循如下原则:如果设备采用修理的方式比较合理,就不要急着更新,可以修中有改;改进工艺设备能满足要求的,就不要更新设备;只需要更新个别关键零部件或单台设备的,就不要更新整机或整条生产线。

对于设备更新,不能轻率从事,应根据具体情况区别对待,尤其在做更新决策时,关键在于确定一个设备的最佳更新期限,应以技术经济分析作为依据,从理论上讲,设备合理的更新时间应与其经济寿命相同。也就是说,设备到了经济寿命就应进行更新。但是应该指出的是,研究设备经济寿命的时候,只是从设备的年平均费用入手,忽略了技术进步和资金等因素对设备更新的影响和制约。所以,在研究设备经济寿命的基础上进一步研究设备的更新时机问题是很有必要的。

一、设备更新方案的经济分析

对企业来说,设备更新问题的决策是很重要的,如果因为暂时的故障就将现有的设备进行草率的报废处理,或者因为片面追求先进和现代化而购买最新型的设备,都有可能造成资本的流失;而对于一个资金比较紧张的企业可能会选择另一个极端的做法,即拖延设备更新直到其不能再使用。后者对企业来说是一种危险的做法,它必须依靠低效率的设备所生产的高成本和低质量的产品与竞争对手们利用现代化的设备生产的低成本和高质量的产品进行竞争,显然,这会使企业处在一个极为不利的地位。

设备更新有两种情况:一种情况是有些设备在其整个使用期内并不会过时,即在一定时期内还没有更先进的设备出现。在这种情况下,设备在使用过程中避免不了有形磨损的作用,结果引起设备的维修费用,特别是大修理费以及其他运行费用的不断增加,这时立即进行原型设备的替换,在经济上是合理的,这就是原型设备更新问题。

另一种情况是在技术不断进步的条件下,由于无形磨损的作用,很可能在设备尚未使用到其经济寿命时,就已经出现了价格很低的同型设备或工作效率更高和经济效益更好的更新型的同类设备,这时就要对继续使用原设备和购置新设备两种方案进行选择,确定设备是否更新。

在实际工作中,往往是综合磨损作用的结果,现代设备技术进步速度越来越快,设备的更新周期越来越短,因此对企业来说,设备的更新分析是一个很重要的工作。

(一)原型设备更新分析

有些设备在使用时并不过时,也就是说,在设备达到经济寿命年限前技术上仍然先进,不存在技术上提前报废的问题。当该设备达到经济寿命年限时,再继续使用,经济上已经不合算,于是可以对原型设备进行替换,这类原型设备更新的时机应以其经济寿命年限为佳。

原型设备更新分析主要有三个步骤:

(1)确定各方案共同的研究期。

(2)用费用年值法确定各方案设备的经济寿命。

(3)通过比较每个方案设备的经济寿命确定最佳方案,即旧设备是否更新以及新设备未来的更新周期。

(二)新型设备更新分析

所谓新型设备更新分析,就是假定企业现有设备可被其经济寿命期内等额年总成本最低的设备取代。

设备更新分析结论与研究期密切相关,同样的新旧设备,研究期的假定条件不同,可能得出各种不同的结论。

二、设备更新方案的各种因素

设备需要更新的原因大致有能力不适应、使用费用过多、效率降低、无形磨损严重等。以下分别举例介绍。

(1)由于能力不适应而引起的更新。在企业生产经营中,有时设备既没有技术上的陈旧落后,也没有经济上的不可行,仅仅是因为生产的发展而引起的生产能力或加工精度难以满足要求,这时也需要更新。

(2)由于维修过多而引起的更新。由于设备在使用过程中发生磨损,需要进行临时性的小修理或者定期大修,在大修之前,应该分析计算大修和更新的优越性,判断继续大修和更新哪一种方案更合算。

(3)由于效率降低而引起的更新。设备通常在开始使用时效率较高,以后随着磨损的产生而效率不断降低,当效率的降低是由于设备的少数组件受到磨损而引起时,应定期更新这些组件,使整个设备保持较高的效率,但有些设备,其效率的降低是无法通过修理来恢复的,如冰箱制冷系统损坏、热水管内形成水垢等,这时就要通过经济分析在一定的时候全部加以更新。

(4)由于无形磨损而引起的更新。通过技术创新不断改善设备的生产效率,提高设备的使用功能,会造成旧设备产生无形磨损,当无形磨损达到一定限度时,现代化的改装也不经济,就有可能导致企业对旧设备进行更新。

三、设备更新方案的综合比较

设备超过最佳期限以后,就存在更新问题,但陈旧设备直接更换是否必要或是否是最佳选择,是需要进一步研究的问题。一般而言,对超过最佳期限的设备可以采用以下5种处理办法:

(1)继续使用旧设备。

(2)用相同结构的原型新设备更新旧设备。

(3)用新型、高效的设备更新旧设备。

(4)对旧设备进行现代化技术改造。

(5)对旧设备进行大修理。

对以上更新方案进行综合比较通常采用最低的总费用现值法。

四、设备租赁的经济分析

(一)设备租赁的概念

租赁是设备投资的一种方式,是指设备的使用者向出租者按合同规定定期地支付一定的费用而取得设备使用权的一种方式。对使用者来说,租赁可以带来如下好处:

(1)促进资产的合理使用,提高设备的利用率。

(2)在资金短缺的情况下,也能使用设备。

(3)可以避免通货膨胀的冲击,减少投资风险。

(4)可以减少税金的支出。

(5)可获得良好的技术服务。

(6)可以避免设备技术落后的风险。

(二)设备租赁的方式

1. 经营租赁

经营租赁也称为运行租赁。任何一方可以随时通知对方在规定时间内取消或终止租约,临时使用的设备(如车辆、计算机等)通常采用这种方式。

2. 融资租赁

1)融资租赁的含义

融资租赁也称金融租赁或资本租赁,是指不带维修条件的设备租赁业务,融资租赁与分期付款购入设备相类似,实质上是承租者通过设备租赁公司筹集设备投资的一种方式。

在融资租赁方式下,设备是由出租人完全按照承租人的要求选定的,所以出租人对设备的性能、物理性质、老化风险以及维修保养不负任何责任。在大多数情况下,出租人在租期内分期回收全部成本、利息和利润,租赁期满后,出租人通过收取名义货价的形式,将租赁物件的所有权转移给承租人。

2)融资租赁的方式

(1)自营租赁。自营租赁也称为直接租赁。其一般程序为:用户根据自己所需设备,先向制造厂家或经销商洽谈供货条件,然后向租赁公司洽谈租赁预约,经租赁公司审查合格后,双方签订租赁合同,由租赁公司支付全部设备款,并让供货者直接向承租人供货,货物经验收并开始使用后,租赁期即开始。承租人根据合同规定向租赁公司分期交付租金,并负责租赁设备的安装、维修和保养。

(2)回租租赁。回租租赁也称为售出与回租,是先由租赁公司买下企业正在使用的设备,然后再将原设备租赁给该企业的租赁方式。

(3)转租赁。转租赁是指国内租赁公司在国内用户与国外厂商签订设备买卖合同的基础上,选定一家国外租赁公司或厂商,以承租人身份与其签订租赁合同,然后再以出租人身份将该设备转租给国内用户,并收取租金转付给国外租赁公司的一种租赁方式。

(三)设备租赁决策分析

在租赁设备前,是采用购置设备还是采用租赁设备应做好设备租赁的经济分析,即对两方案在经济上进行比较优选,其方法与设备更新方案选择无实质上的差别。

当采用租赁设备时,租赁费直接计入成本,当租赁费用的现值与购置费用相等时,区别仅在于税金的大小。当采用直线折旧法时,一般租赁费用要高于折旧费用,因此所付税金较少,对企业有利。

第六章 风险与不确定性

第一节 概 述

首先从不确定性与风险的区别开始说起，当一个人不能确定将来会发生什么时，就存在不确定性。风险即不确定性，它之所以重要，是因为关系到人们的福利。因此，不确定性是风险的必要条件而非充分条件。任何一种存在风险的情况都是不确定的，但在没有风险的情况下也存在不确定性。

例如，假设你要召开聚会，请了12位朋友，你认为最好12个人中有10人能来，但这里存在着不确定性——可能12人全来，也可能只能来8人。然而，只有当这种不确定性大大影响了你召开聚会的计划时才能有风险，知道了确切的客人数能改变你的行动吗？如果不能，那就只存在不确定性，不存在风险。

在进行工程项目决策之前，工程经济分析人员在占有一定信息资料的基础上，对影响投资经济效果的各技术经济变量进行技术经济预测、分析与判断，以此作为投资决策的依据。但是，各方案技术经济变量（如投资、成本、产量、价格等）受政治、文化、社会因素，以及经济环境、资源与市场条件、技术发展情况等因素的影响，而这些因素是随着时间、地点、条件改变而不断变化的，这些不确定性因素在未来的变化就构成了项目决策过程的不确定性。

同时，项目经济评价所采用的数据一般都带有不确定性，加上主观预测能力的局限性，对这些技术经济变量的估算与预测不可避免地会有误差，从而使投资方案经济效果的预测值与实际值可能会出现偏差。这种情况统称为工程项目的风险与不确定性。

随着市场经济体制的实行，风险与不确定性管理必将日益成为工程项目管理的一个重要内容。风险与不确定性分析是项目风险管理的前提与基础。

通过分析方案各个技术经济变量的变化对投资方案经济效益的影响，分析投资方案对各种不确定性因素变化的承受能力，进一步确认项目在财务和经济上的可靠性，这个过程称为风险与不确定性分析。

风险与不确定性分析作为工程项目财务分析与国民经济分析的必要补充，有助于加强项目风险管理与控制，避免在变化面前束手无策。同时，在风险与不确定性分析基础上做出的决策，可在一定程度上避免决策失误导致的巨大损失，有助于决策的科学化。

产生不确定性与风险主要有主观和客观两个方面。

(1)不确定性与风险产生的主观原因：①信息的不完全性与不充分性；②人的有限理性。

(2)不确定性与风险产生的客观原因：①市场供求变化的影响；②技术变化的影响，经济环境变化的影响；③社会、政策、法律、文化等方面的影响；④自然条件和资源方面的影响等。

在不确定分析中要找出对项目财务效益和国民经济效益影响较大的不利因素，并分析其对工程项目的影响程度，研究预防和应变措施，减少和消除对项目的不利影响，保证项目顺利实施，达到预期的效益，这是进行不确定性分析更积极的目的。

不同类型的项目，其不确定性因素不尽相同，影响的程度也不同。工程经济分析人员应善于根据各项目及客观情况变化的特点，抓住关键因素，正确判断，提高分析水平。

国家计划委员会与建设部发布的《建设项目经济评价方法与参数》规定，在完成基本方案的评价后，要做不确定性分析，包括盈亏平衡分析、敏感性分析和概率分析。其中，盈亏平衡分析只用于财务评价，敏感性分析和概率分析可同时用于财务评价和国民经济评价。

一、风险管理过程

风险管理过程是为分析和应付风险而进行的系统尝试，这一过程可分为如下五个步骤：

(1)风险识别。

(2)风险评估。

(3)风险管理方法选择。

(4)实施。

(5)评价。

二、风险识别

风险识别包括指出分析对象所面临的重要风险是什么。有效的风险识别需要一个人把组织作为一个整体来观察，把所有可能产生影响的不确定性考虑在内。

为识别风险暴露程度，有必要设一个检验表，列出组织承担的所有潜在风险及其相互关系。对一个公司而言，这需要大量的具体知识，包括企业所处产业的经济学知识、公司技术及供货来源等。

三、风险评估

风险评估是与风险管理识别风险相关的成本量化。

面对金融资产的风险，家庭和企业常常需要专家的建议，对他们面临的风险进行评估，并通过量化，在风险与各类资产如股票、债券的投资回报之间进行权衡。他们通常求助于专业的投资顾问、共同基金或其他金融中介及服务公司帮助做这些评估。

四、风险管理方法的选择

减少风险有四种基本方法：

(1)风险回避：是一项有意识地避免某种特定风险的决策。因为考虑到风险太大，人们会决定避免从事某种职业，公司会避免从事某些经营活动，但是回避风险并非总是可行的。

(2)预防并控制损失:是为降低损失的可能性或严重性而采取的行动。这种行动可以在损失发生之前、之中或之后采取。例如,为避免得病,可以吃得好点、睡眠充足、不抽烟、远离感冒人群等。如果你已经感冒,可以躺在床上休息,降低转成肺炎的可能性。

(3)风险留存:指承担风险并以自己的财产来弥补损失。这种情况有时是因为过失而产生的,例如,某些人没有察觉到风险的存在或没有对风险给予足够的重视;但也有可能是有意识地决定承担风险,例如,有的人可能选择用其积累的财富负担治疗疾病的费用,而不购买健康保险。

(4)风险转移:指将风险转移给他人。将带有风险的资产卖给别人或购买保险,便是这种风险转移方法的例子。不采取行动回避风险,而是依靠别人弥补损失,是另一个例子。

实现风险转移有三种基本方法:套期保值、保险、分散投资。

第二节 盈亏平衡分析

20 世纪初,盈亏平衡分析在财务管理中得以运用,随后的半个世纪中,由于企业规模的扩大,固定成本在生产中的比重日益增大,该方法得到了经营者的高度重视。因此,盈亏平衡分析作为工程经济分析中常用的基本方法,广泛应用于不确定性分析中。

各种不确定性因素(如投资、成本、销售量、销售价格等)的变化会影响方案的经济效果,当这些因素的变化达到某一临界值时,就会使方案的经济效果发生质的变化,影响方案的取舍。盈亏平衡分析的目的就是寻找这种临界值,以确定方案对不确定因素变化的承受能力,为决策提供依据。

一、盈亏平衡分析概述

盈亏平衡分析又称量本利分析,目的是通过盈亏平衡分析确定盈亏平衡点,正确规划企业的生产发展水平,合理安排企业的生产能力,及时了解企业的经营状况,以判断不确定因素对方案经济效果的影响程度,从而选择出风险最小、经济效益较好的运行方案。

(一)销售收入与产品产量的关系

根据市场条件的不同,销售收入与产品销售量的关系有两种情况:

第一种情况,在无竞争市场中,方案的生产销售活动不会明显地影响市场供求状况,市场的其他条件也不变,产品价格不随方案销售量的增加而变化,可以看做是一个常数,销售收入与销售量之间为线性关系。

第二种情况,在有竞争市场中,方案的生产销售活动明显地影响市场供求状况,随着产品销售量的增加,产品价格有所下降,这时,销售收入与销售量之间不再是线性关系,而是非线性关系。

(二)产品成本与产品产量的关系

盈亏平衡分析有一个基本假设,即生产单位按销售量组织生产,产品销售量等于产品产量。按照与产量关系的不同,产品成本可分为两大类。

在一定的生产规模限度内不随产品产量的变动而变动的成本,称为固定成本,如固定资产折旧费、大修理费用、管理费用等;随产品产量的变动而变动的成本,称为变动成本,如人工费、材料费、燃料费等。大部分变动成本与产量呈线性关系,少数的变动成本与产量呈阶梯形递增关系,当这部分所占比例很小时,可视为变动成本与产品产量呈线性关系。

产品的总成本是固定成本与变动成本之和,它与产品产量之间的关系可以近似地认为是线性关系。

(三)盈亏平衡点及其确定

盈亏平衡点是方案盈利与亏损的临界点,根据成本及销售收入与产量(销售量)之间是否呈线性关系,盈亏平衡分析又可进一步分为线性盈亏平衡分析和非线性盈亏平衡分析,因此盈亏平衡点也有两种不同形式,即线性盈亏平衡点和非线性盈亏平衡点。

二、独立方案的盈亏平衡分析

(一)线性盈亏平衡分析

(1)线性盈亏平衡分析的前提条件:

①产量等于销售量;

②产量变化,单位可变成本不变,从而总生产成本是产量的线性函数;

③产量变化,销售单价不变,从而销售收入是销售量的线性函数;

④只生产单一产品,或者生产多种产品,但可以换算为单一产品计算。

(2)线性盈亏平衡分析的方法。为进行盈亏平衡分析,通常将生产成本分为固定成本和可变成本。用 C 表示年总成本,C_F 表示年总固定成本,C_V 表示单位产品变动成本,Q 表示年总产量,盈亏平衡点的表达形式有多种,除用产量表示外,盈亏平衡点还可以用销售收入、单位产品售价、单位产品的可变成本,以及年总固定成本的绝对量表示,也可以用某些相对值表示,如生产能力利用率等。

从盈亏平衡点的定义中还可以看出,盈亏平衡点的产量越高,盈亏平衡点的销售收入越高,盈亏平衡点的生产能力利用率越高,盈亏平衡点价格越高和单位产品变动成本越低,项目的风险就越大,安全度越低;反之,则项目安全度越高,项目盈利能力越强,项目承受风险的能力也就越强。

从盈亏平衡点的定义中可知,固定成本占总成本的比例越大,盈亏平衡点的产量就越高,盈亏平衡点单位变动成本就越低,高的盈亏平衡产量和低的盈亏平衡单位产品变动成本意味着项目的经营风险较大,即会导致项目在面临不确定因素的变动时发生亏损的可能性增大。固定成本占总成本的比例一般取决于产品生产的技术要求以及工艺设备的选择,通常资金密集型项目的固定成本占总成本的比例较高,因而其风险也较大。

(二)非线性盈亏平衡分析

在实际工作中,常常会遇到产品的年总成本与产量并不呈线性关系,产品的销售也会受到市场和用户的影响,销售收入与产量也不呈线性变化,这时就要用到非线性盈亏平衡分析。

在生产扩大到一定限度后,正常价格的原料、动力已不能保证供应,企业必须付出较高的代价才能获得，正常的生产班次也不能完成生产任务，不得不加班加点，增大了劳务费用。此外，设备的超负荷运行带来磨损的增大、寿命的缩短和维修费用的增加等。

因此，成本函数不再为线性而变成非线性了，造成产品总成本与产量不成比例的原因，还可能是项目达到经济规模导致产量增加，而单位产品的成本有所降低。在产品的销售税率不变的条件下，由于市场需求关系以及批量折扣也会使销售净收入与产量不呈线性关系。

确定非线性平衡点的基本原理与线性平衡点相同，即运用销售收入等于总成本的方程求解，只是盈亏平衡点有多个，需判断各区间的盈亏情况。

三、互斥方案的盈亏平衡分析

盈亏平衡分析还可以用在多方案的比选上。若有某一个共有的不确定性因素影响这些方案的取舍，可以利用盈亏平衡分析方法，先求出两个方案的盈亏平衡点，再根据盈亏平衡点进行方案的取舍。

设两个方案的净现值（NPV_1、NPV_2）受同一个共有的不确定性因素 x 的影响，且可表示成 x 的函数，即有

$$NPV_1 = f_1(x) \quad 和 \quad NPV_2 = f_2(x)$$

当两个方案的净现值相同，即 $NPV_1 = NPV_2$ 时，有 $f_1(x) = f_2(x)$。使其成立的 x 值，即为两方案的优劣平衡点，结合对不确定性因素未来取值范围的预测，就可以做出相应的决策。

第三节 敏感性分析

一、敏感性分析与敏感因素

敏感性分析又称敏感度分析，它是项目经济决策中一种常用的不确定性分析方法。敏感性分析是通过测定一个或多个不确定因素的变化所引起的项目经济效果评价指标的变化幅度，计算项目预期目标受各个不确定因素变化的影响程度。

分析不确定因素对于项目预期目标的敏感程度，并根据因素敏感程度的大小制订相应的对策，使项目达到预期目标。

可能对方案经济效果产生影响的不确定因素很多，一般有产品销售量、产品售价、主要原材料和动力价格、固定资产投资、经营成本、建设工期和生产期等。其中有的不确定因素的微小变化就会引起方案经济效果发生很大的变化，对项目经济评价的可靠性产生很大的影响，则这些不确定因素称为敏感因素，反之，称为不敏感因素。

与不敏感因素相比，敏感因素的变化会给项目带来的风险更大一些，所以敏感性分析的核心问题是从众多的不确定因素中找出影响投资项目经济效果的敏感因素，并提出有针对性的控制措施，为项目决策服务。

二、敏感性分析的步骤

(一)确定分析指标

这里所述的分析指标,就是敏感性分析的具体分析对象。评价一个项目经济效果的指标有多个,如净现值、净年值、净现值率、内部收益率、投资回收期等,都可以作为敏感性分析的指标。但是,对于某一个具体的项目而言,没有必要对所有的指标都作敏感性分析,因为不同的项目有不同的特点和要求,各个经济效果指标都有其各自特定的含义,分析、评价所反映的问题也有所不同。因此,应根据经济评价的深度和具体情况来选择敏感性分析指标。

选择敏感性分析指标的原则有两点:①敏感性分析的指标应与确定性分析的指标相一致,不应超出确定性分析所用指标的范围另立指标;②确定性经济分析中所用指标比较多时,应选择最能够反映该项目经济效益、最能够反映该项目经济合理与否的一个或几个最重要的指标作为敏感性分析的对象。

一般,在项目的机会研究阶段,各种经济数据较为粗略,常使用简单的投资收益率和投资回收期指标,而在详细可行性研究阶段,经济指标主要采用内部收益率和净现值等动态指标,并通常附以投资回收期指标。

(二)选择不确定因素,设定变化幅度

影响方案经济效果的不确定因素很多,如前所述,这些因素中的任何一个发生变化,都会引起方案经济效果的变动。但是在实际工作中,不可能也没有必要对影响经济效果的所有因素都进行不确定性分析,而应该根据经济评价的要求和项目的特点,将发生变化的可能性比较大、对项目方案经济效果影响比较大的几个主要因素设定为不确定因素。

对于一般的项目而言,常用做敏感性分析的因素有投资额、建设期、产量或销售量、价格、经营成本、折现率等。对于具体的项目来说,还要作具体的选择和考虑,在选定了需要分析的不确定因素后,还要结合实际情况,根据各不确定因素可能波动的范围,设定不确定因素的变化幅度。

(三)计算设定的不确定因素变动对经济指标的影响数值

对于各个不确定因素的各种可能变化幅度,分别计算其对分析指标影响的具体数值,即固定其他不确定因素,变动某一个或某几个因素,计算经济效果指标值。

(四)寻找敏感因素

敏感因素是指其数值变化能显著影响分析指标的不确定因素,判别敏感因素的方法有相对测定法和绝对测定法两种。

1. 相对测定法

设定各不确定因素一个相同的变化幅度,比较在同一变化幅度下各因素的变动对分析指标的影响程度,影响程度大者为敏感因素。这种影响程度可以用敏感度系数表示。敏感度系数的计算公式为

$$\beta = \frac{\Delta A}{\Delta F} \tag{6-1}$$

式中 β——评价指标 A 对于不确定因素 F 的敏感度系数；

ΔF——不确定因素的变化率（%）；

ΔA——不确定因素 F 发生 ΔF 变化率时，评价指标的相应变化率（%）。

相对测定法仅仅从评价指标对不确定因素变化的敏感程度来鉴别敏感因素，而没有考虑各个不确定因素本身可能变化的情况。事实上，鉴别某个因素是否为敏感因素，不仅要考虑评价指标对该因素变化的敏感程度，还要考虑该因素可能出现的最大变化幅度。

2. 绝对测定法

设各个不确定因素均向对方案不利的方向变化，并取其可能出现的对方案最不利的数值，据此计算方案的经济效果指标，视其是否达到使方案无法被接受的程度，如果某个因素可能出现的最不利数值使方案变得不可接受，则表明该因素为方案的敏感因素。

（五）结合确定性分析进行综合评价，并对项目的风险情况作出判断

根据敏感因素对方案评价指标的影响程度及敏感因素的多少，判断项目风险的大小，结合确定性分析的结果作进一步的综合判断，寻求对主要不确定因素变化不敏感的项目，为项目决策进一步提供可靠的依据。

根据项目经济目标，如经济净现值或经济内部收益率等所做的敏感性分析叫经济敏感性分析。而根据项目财务目标所做的敏感性分析叫做财务敏感性分析。

根据每次计算时考虑的变动不确定因素数目多少的不同，敏感性分析可以分为单因素敏感性分析和多因素敏感性分析。

三、单因素敏感性分析

假定其他因素不变，每次只考虑一个不确定因素的变化对项目经济效果的影响，称为单因素敏感性分析。单因素敏感性分析还应求出导致项目由可行变为不可行的不确定因素变化的临界值，临界值可以通过敏感性分析。具体做法是：

将不确定因素变化率作为横坐标，以某个评价指标（如内部收益率）为纵坐标作图，由每种不确定因素的变化可得到内部收益率随之变化的曲线。每条曲线与基准收益率的交点称为该不确定因素的临界点，该点对应的横坐标即为不确定因素变化的临界点。

四、多因素敏感性分析

单因素敏感性分析计算简单，结果明了，但实际上它是一种理想化了的敏感性分析方法。现实中，许多因素的变动都是具有相关性的，一个因素的变动往往会伴随着其他因素的变动，单纯考虑单个不确定因素的变化对经济效果评价指标的影响不能够真实地反映现实的实际情况。因此，多因素敏感性分析具有一定的局限性。

多因素敏感性分析考虑了这种相关性，即是考察多个因素同时变化时对项目经济效果的影响程度，因而弥补了单因素分析的局限性，更全面地揭示了事物的本质。因此，在对一些有特殊要求的项目进行敏感性分析时，除进行单因素敏感性分析外，还应进行多因素敏感性分析。

多因素敏感性分析需要考虑多种不确定因素可能发生的不同变动幅度的多种组合，计算起来比单因素敏感性分析要复杂得多，需编制相应程序，应用电子计算机进行计算。

五、敏感性分析的局限性

敏感性分析在一定程度上就各种不确定因素的变动对方案经济效果的影响作了定量描述，有助于决策者了解方案的不确定程度，有助于确定在决策过程中及方案实施过程中需要重点研究与控制的因素，对提高方案经济评价的可靠性具有重要意义。

但是，敏感性分析具有其局限性，它只考虑了各个不确定因素对方案经济效果的影响程度，而没有考虑各不确定因素在未来发生变动的概率，这可能会影响分析结论的准确性。实际上，各个不确定因素在未来发生变动的概率一般是不同的，有些因素非常敏感，一旦发生变动对方案的经济效果影响很大，但它发生变动的可能性很小，以至于可以忽略不计，而另一些因素可能不是很敏感，但它发生变动的可能性很大，实际所带来的不确定性比那些敏感因素更大。这个问题是敏感性分析所无法解决的，必须借助于风险概率分析方法。

第四节　概率分析

概率分析又称风险分析，是运用概率理论研究不确定因素和风险因素按一定概率变动时，对项目方案经济评价指标影响的一种定量分析方法，其目的是为在不确定情况下选择投资项目或方案提供科学依据。

概率分析的关键是确定各种不确定因素变动的概率，确定事件概率的方法有客观概率和主观概率两种。通常把以客观统计数据为基础确定的概率称为客观概率，把以人为预测和估计为基础确定的概率称为主观概率。

由于投资项目很少重复过去同样的模式，所以对于大多数技术项目而言，不大可能单纯用客观概率就能完成，还需要结合主观概率进行分析。但是，确定主观概率时应十分慎重，否则会对分析结果产生不利影响，无论采用何种方法确定不确定因素变动的概率，都需要做大量的调查研究和数据处理工作。只有掌握的信息量足够，概率分析的结论才科学可靠。因此，信息、情报的收集和整理工作是概率分析的基础工作。

当不确定因素的概率分布确定之后，就可以用概率分析方法寻求经济效益这个随机变量的取值范围和取这些值的概率，从而得到了对经济效益的全面认识。但在实际问题中，求经济效益这个随机变量的分布函数不是一件容易的事，在一些情况下也不需要全面地考究经济效益的所有变化情况，因而并不需要求出它的函数，而只需知道经济效益随机变量的某些特征，这些特征就是随机变量的期望值和方差，这是概率分析采用的最基本的指标，也就是说，概率分析的核心问题是求出经济效益指标值的期望值和方差，然后利用这两个指标进行各种风险分析。

概率分析是在假定投资项目净现值的概率分布为正态的基础上，通过正态分布图像面积计算净现值下小于0的概率,来判断项目风险程度的决策分析方法。

由于各周期的净现金流量都是随机变量,所以把各个周期的净现金流量现值汇总得到的方案净现值必然也是一个随机变量,称为随机净现值。

利用期望值和标准差可以对项目的经济效益风险情况进行分析和比较,一般说来,简单的概率分析也可以只计算项目方案净现值的期望值以及净现值大于或等于0时的累计概率。通常采用概率树法、蒙特卡罗(模拟)法(Mnte Carlo)进行分析。

一、概率树法分析

概率树法分析的一般步骤是:

(1)列出要考虑的各种风险因素,如投资、经营成本、销售价格等(需要注意的是,所选取的几个不确定因素应是互相独立的)。

(2)设想各种风险因素可能发生的状态,即确定其数值发生变化的个数。

(3)分别确定各种可能发生情况产生的可能性,即概率。各不确定因素的各种可能发生情况出现的概率之和必须等于1。

(4)分别求出各种风险因素发生变化时,方案净现金流量各状态发生的概率和相应状态下的净现值 NPV。

(5)求方案净现值的期望值(均值)$E(NPV)$。

$$E(NPV) = \sum_{j=1}^{k} NPV^{(J)} \times P_j \tag{6-2}$$

式中　P_j——第 j 种状态出现的概率;

k——可能出现的状态数。

(6)求出方案净现值非负的累计概率。

(7)对概率分析结果作说明。

二、蒙特卡罗(模拟)法

概率树法多用于解决比较简单的问题,比如只有一个或两个参数是随机变量,且随机变量的概率分布是离散型的。若遇到的随机变量较多且概率分布是连续型的,采用概率树法将变得十分复杂,而蒙特卡罗(模拟)法能较方便地解决此类问题。

蒙特卡罗(模拟)法,是用随机抽样的方法抽取一组输入变量的概率分布特征的数值,输入这组变量计算项目评价指标,通过多次抽样计算可获得评价指标的概率分布及累计概率分布、期望值、方差、标准差,计算项目可行或不可行的概率,从而估计项目投资所承担的风险。

蒙特卡罗(模拟)法实施的步骤一般为:

(1)确定风险分析所采用的评价指标,如净现值、内部收益率等。

(2)确定影响项目评价指标的主要风险因素,如建设投资、销售价格、经营成本等。

(3)估计主要风险因素的概率分布,并用数学模型表示。

(4)通过随机数表或计算机为各风险因素抽取随机数。

(5)将抽得的各随机数转化为各风险因素的抽样值。

(6)将抽样值组成一组项目评价基础数据,并根据基础数据计算评价指标值。

(7)重复步骤(1)～(6),直至达到预定的模拟次数。

(8)整理模拟结果,计算评价指标的期望值、方差、标准差和它的概率分布及累积概率等,并可绘制累计概率图,计算项目可行或不可行的概率。

第七章 价值工程

第一节 价值工程原理

价值工程(VE,Value Engineering),又称价值分析(VA),是20世纪40年代后期产生的一门新兴的管理技术。它的创始人公认是美国工程师麦尔斯。第二次世界大战期间,物资供应十分紧张,供职于通用电气公司采购部门的麦尔斯,从多年采购工作实践中,逐步摸索到短缺材料可以寻找相同功能者做“代用品”的经验,认为购买材料的目的是获得某种功能而不是材料本身,所以只要满足功能,就可以选用购买得到的或较为便宜的材料,代替原设计指定的材料使用。通过一系列成功的实践活动,麦尔斯总结出一套在保证同样功能的前提下降低成本的比较完整的科学方法,定名为价值分析。以后随着其研究内容的不断丰富与完善,研究领域也从材料代用逐步推广到产品设计、生产、工程、组织、服务等领域,并形成了一门比较完整的科学体系——价值工程。

价值工程与一般的投资决策理论不同,一般的投资决策理论研究的是项目的投资效果,强调的是项目的可行性。而价值工程是研究如何以最少的人力、物力、财力和时间获得必要的功能的技术经济分析方法,强调的是产品的功能分析和功能改进。

一、价值工程的基本概念及特点

(一)价值工程的基本概念

价值工程一般定义为:通过各相关领域的协作,对所研究对象的功能与费用进行系统分析,不断创新,旨在提高所研究对象价值的思想方法和管理技术。价值工程,就是以最低的寿命周期成本实现一定的产品或作业的必要功能,而致力于功能分析的有组织的活动。

价值工程这一定义,涉及价值工程的三个基本概念,即价值、功能和寿命周期成本。

1.价值

价值工程中的价值是指作为某种产品(或作业)所具有的功能与获得该功能的全部费用的比值,它既不是对象的使用价值,也不是对象的交换价值,而是对象的比较价值,是作为评价事物有效程度的一种尺度提出来的,这种对比关系可用一个数学公式表示为

$$V = F/C \tag{7-1}$$

式中 V——研究对象的价值;

F——研究对象的功能;

C——研究对象的成本,即寿命周期成本。

2.功能

价值工程中的功能是对象能够满足某种需求的一种属性,任何产品都具有功能,如住

宅的功能是提供居住空间。

功能是产品的本质属性,因为产品具备了功能才能使用和存在。人们购买产品实际上是购买产品所具有的功能,价值工程的特点之一就是研究并切实保证用户要求的功能。

3. 寿命周期成本(费用)

产品在整个寿命周期过程中所发生的全部费用,称为寿命周期成本(费用),包括生产成本 C_1 和使用及维护成本 C_2 两部分,即

$$C = C_1 + C_2 \tag{7-2}$$

在一定范围内,产品的生产成本和使用成本存在着此消彼长的关系,随着产品功能水平的提高,产品的生产成本 C_1 增加,使用及维护成本 C_2 降低;反之,产品功能水平降低,其生产成本 C_1 降低,但使用及维护成本 C_2 会增加。

(二)提高价值的基本途径

价值工程以提高产品价值为目的,这既是用户的需要,又是生产经营者追求的目标,两者的根本利益是一致的,因此企业应当研究产品功能与成本的最佳匹配。如何提高价值的途径有以下五种:

(1)通过改进设计,在保持产品功能不变的前提下,通过降低成本以达到提高产品价值的目的。

(2)通过改进设计,在产品成本不变的条件下,通过提高产品的功能,如提高产品的性能、可靠性、寿命、维修性等,以及在产品中增加某些用户希望的功能,达到提高产品价值的目的。

需要注意的是,降低成本是指降低产品的寿命周期成本,而不是产品的生产成本。在寿命周期成本的构成中,由于生产成本短期内集中支出并且体现在价值中,容易被人们认识,进而采取措施加以控制。而使用中的人工、能源、环境、维修等耗费常常是生产成本的许多倍,但由于分散支出,容易被人们忽视。降低成本要综合考虑生产成本和使用成本的下降,兼顾生产者和用户的利益,以获得最佳的社会综合效益。

(3)通过改进设计,产品成本有较少提高,产品功能有较大幅度提高。

(4)对于某些消费品,在不严重影响使用要求的情况下,适当降低产品功能的某些非主要方面的指标,以换取成本较大幅度的降低,也能取得较好的经济效益。

(5)在提高产品功能的同时,又降低产品成本,从而使价值大幅度提高,也是对资源最有效的利用,但对生产者要求较高,往往需要在技术上的突破,在管理上的改善才能实现。

总之,在产品形成的各个阶段都可以应用价值工程提高产品的价值,但应注意,在不同的阶段进行价值工程活动,其经济效果的提高幅度却大不相同。

(三)价值工程的特点

(1)价值工程的目标,是以最低的寿命周期成本,使产品具备它所必须具备的功能。

(2)价值工程的核心是对产品进行功能分析,用户向生产企业购买产品,是要求生产企业提供这种产品的功能,而不是产品的具体结构。企业生产的目的,也是通过生产获得用户所期望的功能,目的是主要的,手段可以广泛地选择。因此,价值工程分析产品,首先不是分析其结构,而是分析其功能。在分析功能的基础之上,再去研究结构、材质等问题。

(3)价值工程将产品价值、功能和成本作为一个整体来考虑。也就是说,价值工程中对价值、功能、成本的考虑,并不是片面和孤立的,而是在确保产品功能的基础上综合考虑生产成本和使用成本,兼顾生产者和用户的利益,从而创造出总体价值最高的产品。

(4)价值工程强调不断改革和创新,开拓新构思和新途径,获得新方案,创造新功能载体,从而简化产品结构,节约原材料,提高产品的技术经济效益。

(5)价值工程要求将功能定量化,即将功能转化为能够与成本直接相比的量化值。

(6)价值工程是以集体的智慧开展的有计划、有组织的管理活动。企业在开展价值工程活动时,必须集中人才,包括技术、经济管理、有经验的工作人员,甚至用户,以适当的组织形式组织起来,共同研究,依靠集体的智慧和力量,发挥各方面及各环节人员的知识、经验和积极性,有计划、有领导、有组织地开展活动,才能达到既定的目标。

(7)价值工程活动更侧重在产品的研制与设计阶段,以寻求技术突破,取得最佳的综合效果。在产品形成的各个阶段都可以应用价值工程提高产品的价值。但应注意,在不同的阶段进行价值工程活动,其经济效果的提高幅度大不相同。对于大型复杂的产品,应用价值工程的重点是在产品的研究设计阶段。

二、价值工程的基本工作程序

价值工程的工作过程,实质就是针对产品的功能和成本提出问题、分析问题、解决问题的过程。针对价值工程的研究对象,整个活动是围绕着七个基本问题的明确和解决而系统地展开的,这七个问题决定了价值工程的一般工作程序,如表 7-1 所示。

表 7-1　价值工程一般工作程序

<table>
<tr><th rowspan="2">价值工程的工作阶段</th><th colspan="2">活动程序</th><th rowspan="2">对应问题</th></tr>
<tr><th>基本步骤</th><th>具体步骤</th></tr>
<tr><td rowspan="3">一、分析问题</td><td rowspan="2">1. 功能定义</td><td>(1)选择对象
(2)收集资料</td><td>(1)价值工程的研究对象是什么?</td></tr>
<tr><td>(3)功能定义
(4)功能整理</td><td>(2)这是干什么用的?</td></tr>
<tr><td>2. 功能评价</td><td>(5)功能分析及功能评价</td><td>(3)它的成本是多少?
(4)它的价值是多少?</td></tr>
<tr><td>二、综合研究</td><td rowspan="3">3. 制订创新方案与评价</td><td>(6)方案创造</td><td>(5)还有其他方法能实现这一功能吗?</td></tr>
<tr><td rowspan="2">三、方案评价</td><td rowspan="2">(7)概括评价
(8)指定具体方案
(9)试验研究
(10)详细评价
(11)提案审批
(12)方案实施
(13)成果评价</td><td>(6)新方案的成本是多少?</td></tr>
<tr><td>(7)新方案能满足要求吗?</td></tr>
</table>

第二节　价值工程的功能分析与评价

功能分析是价值工程活动的核心和基本内容，它通过分析信息资料，用动词和名词的组合方式简明正确地表达各对象的功能，明确功能特性要求，并绘制功能系统图，从而弄清楚产品各功能之间的关系，以便去掉不合理的功能，调整功能间的比重，使产品的功能结构更合理。功能分析包括功能定义、功能整理和功能计量等内容。通过功能分析，回答对象"是干什么用的"提问，从而准确地掌握用户的功能要求。

一、功能分类

根据功能的不同特性，可将功能从不同的角度进行分类：

(1)按功能的重要程度分类。产品的功能一般可分为基本功能和辅助功能两类。基本功能就是要达到这种产品的目的所必不可少的功能，是产品的主要功能，如果不具备这种功能，这种产品就失去其存在的价值。例如，建设工程承重外墙的基本功能是承受荷载，室内隔墙的基本功能是分隔空间。辅助功能是为了更有效地实现基本功能而附加的功能，是次要功能，如墙体的隔声、隔热就是墙体的辅助功能。

(2)按功能的性质分类。产品的功能可分为使用功能和美学功能。使用功能是从功能的内涵反映其使用属性，是一种动态功能。美学功能是从产品的外观反映其艺术属性，是一种静态的外观功能。

建筑产品的使用功能一般包括可靠性、安全性和维修性等，美学功能一般包括造型、色彩、图案等。无论是使用功能还是美学功能，都是通过基本功能和辅助功能来实现的。建筑产品购配件的使用功能和美学功能要根据产品的特点而有所侧重。有的产品应突出其使用功能，如地下电缆、地下管道等；有的应突出其美学功能，如塑料墙纸、陶瓷壁画等。当然，多数产品二者功能兼而有之。

(3)按用户的需求分类。产品的功能可分为必要功能和不必要功能。必要功能是指用户所要求的功能以及与实现用户所需求功能有关的功能，如使用功能、美学功能、基本功能、辅助功能等均为必要功能。不必要功能是指不符合用户要求的功能。

(4)按功能的量化标准分类。产品的功能可分为过剩功能与不足功能。这是相对于功能的标准而言，从定量角度对功能进行的分类。过剩功能是指某些功能虽属必要，但满足需要有余，在数量上超过了用户要求或标准功能水平。不足功能是相对于过剩功能而言的，表现为产品整体功能或零部件功能水平在数量上低于标准功能水平，不能完全满足用户需要。

二、功能整理

在进行功能定义时，只是把认识到的功能用动词加名词列出来，但实际情况很复杂，这种表述不一定都很准确和很有条理，因此需要进一步加以整理。

(一)功能整理的目的

功能整理是用系统的观点将已经定义了的功能加以系统化,找出各局部功能相互之间的逻辑关系,并用图表形式表达,以明确产品的功能系统,从而为功能评价和方案构思提供依据。通过功能整理,应满足以下要求:

(1)明确功能范围。搞清楚几个基本功能,这些基本功能又是通过什么功能实现的。

(2)检查功能之间的准确程度。定义正确的就肯定下来,不正确的加以修改,遗漏的加以补充,不必要的就取消。

(3)明确功能之间上下位关系和并联列关系,即功能之间的目的和手段关系。

按逻辑关系,把产品的各个功能相互联系起来,对局部功能和整体功能的相互关系进行研究,达到掌握必要功能的目的。

(二)功能整理

在进行功能定义时,只是把认识到的功能用动词加名词列出来,但实际情况很复杂,这种表述不一定都很准确和很有条理,因此需要进一步加以整理。

(三)功能整理的一般程序

功能整理的主要任务就是建立功能系统图。因此,功能整理的过程也就是绘制功能系统图的过程,其工作程序如下:

(1)编制功能卡片。把功能定义写在卡片上,每条写一张卡片,这样便于排列、调整和修改。

(2)选出最基本的功能。从基本功能中挑选出一个最基本的功能,也就是最上位的功能(产品的目的),排列在左边。其他卡片按功能的性质,以树状结构的形式向右排列,并分别列出上位功能和下位功能。

(3)明确各功能之间的关系。逐个研究功能之间的关系,也就是找出功能之间的上下位关系。

(4)对功能定义作必要的修改、补充和取消。

(5)把经过调整、修改和补充的功能,按上下位关系,排列成功能系统图。

三、功能计量

功能计量是以功能系统图为基础,依据各个功能之间的逻辑关系,以对象整体功能的定量指标为出发点,从左向右地逐级测算、分析,确定出各级功能程度的数量指标,揭示出各级功能领域中有无功能不足或功能过剩,从而为保证必要功能、剔除过剩功能、补充不足功能的后续活动(功能评价、方案创新等)提供定性与定量相结合的依据。

功能计量又分对整体功能的量化和对各级子功能的量化。

(1)整体功能的量化。整体功能的量化应以使用者的合理要求为出发点,以一定的手段、方法确定其必要功能的数量标准,它应能在质和量两个方面充分满足使用者的功能要求而无过剩或不足。整体功能的量化是对各级子功能进行量化的主要依据。

(2)各级子功能的量化。产品整体功能的数量标准确定之后,就可依据“手段功能必须满足目的的功能要求”的原则,运用目的-手段的逻辑判断,由上而下逐级地推算、测定各级手段功能的数量标准。各级子功能的量化方法有很多,如理论计算法、技术测定法、统计分析法、类比类推法、德尔菲法等,可根据具体情况灵活选用。

四、价值工程的功能评价

通过功能分析与整理明确必要功能后,价值工程的下一步工作就是功能评价。功能评价即评定功能的价值,是指找出实现功能的最低费用作为功能的目标成本(又称功能评价值),以功能目标成本为基准,通过与功能现实成本的比较,求出两者的比值(功能价值)和两者的差异值(改善期望值),然后选择功能价值低、改善期望值大的功能作为价值工程活动的重点对象。功能评价工作可以更准确地选择价值工程的研究对象,同时,制定目标成本,有利于提高价值工程的工作效率,并增加工作人员的信心。

(一)功能现实成本计算

在价值工程活动中,只有掌握功能的现实成本状况,才能与目标成本或功能评价值进行比较,从而评价功能的价值。

功能现实成本的计算即根据产品功能项目核算的功能现实成本,与一般的传统成本核算的相同之处是,它们在成本费用的构成项目上是完全相同的,而两者的不同之处在于,功能现实成本的计算是以对象的功能为单位的。因此,在计算功能现实成本时,就需要根据传统的成本核算资料,将产品或零部件的现实成本转化为功能的现实成本。具体地讲,当一个零部件只具有一个功能时,该零部件的成本即为功能现实成本;当一项功能要由多个零部件共同实现时,该功能现实成本等于这些零部件的功能成本之和;当一个零部件具有多项功能或同时与多项功能有关时,就需要将零部件成本根据具体情况分摊给各项有关功能。

(二)功能评价值计算

对象的功能评价值(目标成本),是指可靠地实现用户要求功能的最低成本,它可以理解为企业有把握或者说应该达到的实现用户要求功能的最低成本。从企业目标的角度来看,功能评价可以看成企业预期的、理想的成本目标值,功能评价值一般以功能货币价值形式表达。

功能的现实成本较易确定,而功能评价价值较难确定,求功能评价值的方法较多,这里主要介绍以下几种。

1. 经验估算法

这种方法是邀请若干有经验的行家,根据收集到的有关信息资料,构思出几个实现各功能或功能区域的方案,然后每个人对构思出的方案进行成本估算,取其平均值,最后从各方案中取成本最低者。这种方法有时不一定很准确,但对经验丰富的人来说,还是比较实用的。

2. 实际调查法

这种方法是通过广泛的调查,收集具有同样功能产品的成本,从中选择功能水平相同而成本最低的产品,以这个产品的成本作为功能评价值。

此方法一般适用于能具体测定性能的产品功能评价,使用时要先收集具有同样功能的同类产品的各种指标和数据,如性能、质量、可靠性、安全性、生产条件、生产批量、生产率以及成本数据,然后根据功能的实现程度、类似的生产条件以及相应的最低成本确定功能评价值。

3. 理论价值标准法

这种方法是根据工程计算公式和费用定额资料，对功能成本中的某些费用进行定量计算的方法。运用理论价值标准法，数字的确定有理论根据和公认标准，计算简便。但当功能成本中有些费用无法用理论公式和定额标准计算时，就不能完全依靠这种方法。

4. 功能评价系数法

功能评价系数法也称功能评价指数法，这种方法是根据功能系统图，确定各个功能的重要性程度，然后根据总体目标成本确定各个功能的功能评价值。

五、功能价值的计算及分析

通过计算和分析对象的价值，可以分析成本功能的合理匹配程度。功能价值的计算方法可分为两大类，即功能成本法与功能指数法。

（一）功能成本法

功能成本法又称为绝对值法，通过比较功能评价值 F_i（目标成本）与现实成本，求研究对象的价值系数和成本的降低期望值，其表达式为

$$\text{价值系数 } V_i = \frac{\text{功能评价值 } F_i}{\text{功能实际成本 } C_i} \tag{7-3}$$

功能的价值计算出来以后，需要进行分析，以揭示功能与成本的内在联系，确定评价对象是否为功能改进的重点，以及其功能改进的方向及幅度，从而为后面的方案创造工作打下良好的基础。根据式(7-3)，功能的价值系数 V_i 的计算结果有以下情况：

(1) $V_i=1$。即功能评价值等于功能实际成本，这表明评价对象的功能实际成本与实现功能所必需的最低成本大致相当。此时，评价对象的价值为最佳，无须改进。

(2) $V_i<1$。即功能实际成本大于功能评价值。表明评价对象的现实成本值高，而功能要求不高，这时，一种可能是存在着过剩的功能，另一种可能是功能虽无过剩，但实现功能的条件或方法不佳，以致使实现功能的成本大于功能的实际需要。这两种情况都应列入功能改进的范围，并且以剔除过剩功能及降低实际成本为改进方向，使成本与功能比例趋于合理。

(3) $V_i>1$。说明该部件功能比较重要，但分配的成本较少，即功能实际成本低于功能评价值，此时应进行具体分析，功能与成本的分配可能比较理想，或者有不必要的功能，或者应该提高成本。

(4) $V_i=0$。此时要进一步分析，如果是不必要的功能，取消该部件；如果是最不重要的必要功能，则要根据实际情况处理。

（二）功能指数法

功能指数法又称相对值法，是用来表示对象功能重要程度的功能评价系数 Fl_i 与成本系数 Cl_i 相比，得出该对象的价值指数，从而确定改进对象，并确定该对象的成本改进期望值。其表达式如下

$$\text{价值指数 } Vl_i = \frac{\text{功能评价系数 } Fl_i}{\text{成本系数 } Cl_i} \tag{7-4}$$

功能指数法的特点是用分值表达功能程度的大小，以便使系统内部的功能与成本具有可比性。由于评价对象的功能水平和成本水平都用它们在总体中所占的比率表示，这样就可以方便地、定量地表达评价对象价值的大小。因此，在功能指数法中，价值指数是作为评定对象功能价值的指标。价值指数 VI_i 的计算结果有三种情况：

（1）$VI_i=1$。此时评价对象的功能比重与成本比重大致平衡，合理匹配，可以认为功能的现实成本是比较合理的。

（2）$VI_i<1$。此时计价对象的成本比重大于其功能比重，表明相对于系统内的其他对象而言，目的所占的成本偏高，从而会导致该对象的功能过剩，应将评价对象列为改进对象，改善方向主要是降低成本。

（3）$VI_i>1$。此时评价对象的成本比重小于其功能比重，这种情况就不应列为改进对象。

从以上分析可以看出，对产品部件进行价值分析，就是使每个部件的价值指数尽可能趋近于1。换句话说，在选择价值工程对象的产品和零部件时，应当综合考虑价值指数偏离1的程度和改善幅度，优先选择价值指数远小于1且改进幅度大的产品或零部件。

第三节　方案创新及评价

一、方案创新

价值工程活动成功的关键在于针对产品存在的问题提出解决的方案，完成产品的改进。方案创新是以提高对象功能价值为出发点，根据已建立的功能流程图和功能目标成本，运用创造性的思维方法，加工已获得的资料，创造出实用效果好、经济效益高的方案，要具备创新精神和创新能力，价值工程中常用的方案创新的方法有头脑风暴法、Gorden法、Delphi法等。

（1）头脑风暴法（BS法）。这种方法是以开小组会方式进行的。具体做法是事先通知议题，开会是要求应邀参加会议的各方面专业人员在会上自由奔放地思考，提出不同的方案，多多益善，但不评价别人的方案，并且希望与会者在别人建议方案的基础上进行改进，提出新的方案来。

（2）Corden法（模糊目标法）。这种方法是美国人哥顿在20世纪60年代提出来的，所以也称哥顿法。其特点是与会人员会前不知道议题，在开会讨论时也只是抽象地讨论，不接触具体的实质性问题，以免束缚与会人员的思想，待讨论到一定程度以后才把要研究的对象提出来，以作进一步研究。

（3）Delphi法（专家函询法）。这种方法不采用开会的形式，而是由主管人员或部门把已经构思的方案以信函的方式分发给有关的专业人员，征询他们的意见，然后将意见汇总，统计和整理之后再分发下去，希望再次补充修改，如此反复若干次，把原来比较分散的意见在一定程度上使内容集中成为统一的集体结论，作为新的代替方案。

方案创造的方法很多，总的精神是要充分发挥各有关人员的智慧，集思广益，多提方案，从而为评价方案创造条件。

二、方案评价

在方案创造阶段提出的设想和方案是多种多样的,能否付诸实施,就必须对各个方案的优缺点和可行性进行分析、比较、论证和评价,并在评价过程中进一步完善有希望的方案。方案评价包括概略评价和详细评价两个阶段。其评价内容都包括技术评价、经济评价、社会评价以及综合评价。

在对方案进行评价时,无论是概略评价还是详细评价,一般可先做技术评价,再分别进行经济评价和社会评价,最后进行综合评价。

(一)概略评价

概略评价是对方案创新阶段提出的各个方案设想进行初步评价,目的是淘汰那些明显不可行的方案,筛选少数几个价值较高的方案,以供详细评价作进一步的分析。概略评价的内存包括以下几个方面:

(1)技术可行性方面。应分析和研究创新方案能否满足所要求的功能及其本身在技术上能否实现。

(2)经济可行性方面。应分析和研究产品成本能否降低和降低的幅度,以及实现目标成本的可能性。

(3)社会评价方面。应分析和研究创新方案对社会影响的大小。

(4)综合评价方面。应分析和研究创新方案能否使价值工程活动对象的功能和价值有所提高。

(二)详细评价

详细评价是在掌握大量数据资料的基础上,对通过概略评价的少数方案,从技术、经济、社会三个方面进行详尽分析,为提案的编写和审批提供依据。详细评价的内容包括以下几个方面:

(1)技术可行性方面。主要以用户需要的功能为依据,对创新方案的必要功能条件实现的程度作出分析评价。特别对产品或零部件,一般要对功能的实现程度(包括性能、质量、寿命等)、可靠性、维修性、操作性、安全性以及系统的协调性等进行评价。

(2)经济可行性方面。主要考虑成本、利润、企业经营的要求,创新方案的适用期限与数量,实施方案所需费用、节约额与投资回收期以及实现方案所需的生产条件等。

(3)社会评价方面。主要研究和分析创新方案给国家和社会带来的影响(如环境污染、生态平衡、国民经济效益等)。

(4)综合评价方面。是在上述三种评价的基础上,对整个创新方案的诸因素作出全面系统的评价。为此,首先要明确规定评价项目,即确定评价所需的各种指标和因素,然后分析各个方案对每一评价项目的满足程度,最后再根据方案对各评价项目的满足程度来权衡利弊,判断各方案的总体价值,从而选出总体价值最大的方案,即技术上先进、经济上合理和社会上有利的最优方案。

(三)方案综合评价方法

用于方案综合评价的方法有很多,常用的定性方法有德尔菲法、优缺点列举法等;常用的定量方法有直接计分法、加权评分法、比较价值评分法、环比评分法、强制评分法、几何平均值评分法等。下面简要介绍几种方法。

(1)优缺点列举法。把每一个方案在技术上、经济上的优缺点详细列出,进行综合分析,并对优缺点作进一步调查,用淘汰法逐步缩小考虑范围,从范围不断缩小的过程中找出最后的结论。

(2)直接评分法。根据各种方案能够达到各项功能要求的程度,按 10 分制(或 100 分制)评分,然后算出每个方案达到功能要求的总分,比较各方案总分,作出采纳、保留、舍弃的决定,再对采纳、保留的方案进行成本比较,最后确定最优方案。

(3)加权评分法。又称矩阵评分法。这种方法是将功能、成本等各种因素,根据要求的不同进行加权计算,权数大小应根据它在产品中所处的地位而定,算出综合分数,最后与各方案寿命周期成本进行综合分析,选择最优方案。加权评分法主要包括以下四个步骤:

①确定评价项目及其权重系数;

②根据各方案对各评价项目的满足程度进行评分;

③计算各方案的评分权数和;

④计算各方案的价值指数,以较大的为优。

在方案实施过程中,应该对方案的实施情况进行检查,发现问题及时解决。方案实施完成后,要进行总结评价和验收。

习　题

7-1　什么是价值工程?价值工程中的价值含义是什么?提高价值有哪些途径?

7-2　什么是寿命周期和寿命周期成本?价值工程中为什么要考虑寿命周期成本?

7-3　什么是功能?功能如何分类?

7-4　功能改善目标如何确定?

第八章 建设项目的资金筹措

第一节 概 述

一、建设项目资金筹措的概念与分类

(一)资金筹措的概念

资金筹措又称融资,是以一定的渠道为某种特定活动筹集所需资金的各种活动的总称。在工程项目经济分析中,融资是为项目投资而进行的资金筹措行为或资金来源方式。

(二)资金筹措的分类

1. 按融资的期限分类

按融资的期限可分为长期融资和短期融资。

1)长期融资

长期融资是指企业为购置和建设固定资产、无形资产或进行长期投资等资金需求而筹集的、使用期限在1年以上的融资。长期融资通常采用吸收直接投资、发行股票、发行长期债券或进行长期借款等方式进行融资。

2)短期融资

短期融资是指企业因季节性或临时性资金需求而筹集的、使用期限在1年以内的融资。短期融资一般通过商业信用、短期借款和商业票据等方式进行融资。

2. 按融资的性质分类

按融资的性质可分为权益融资和负债融资。

1)权益融资

权益融资是指以所有者身份投入非负债性资金的方式进行的融资,权益融资形成企业的所有者权益和项目的资本金。权益融资在我国项目资金筹措中具有强制性,其特点如下:

(1)权益融资筹措的资金具有永久性特点,无到期日,不需归还。项目资本金是保证项目法人对资本的最低需求,是维持项目法人长期稳定发展的基本前提。

(2)没有固定的按期还本付息压力,股利的支付与否和支付多少,视项目投产运营后的实际经营效果而定,因此项目法人的财务负担相对较小,融资风险较小。

(3)权益融资是负债融资的基础。权益融资是项目法人最基本的资金来源,它体现项目法人的实力,是其他融资方式的基础,尤其可为债权人提供保障,增强公司的举债能力。

2)负债融资

负债融资指通过负债方式筹集各种债务资金的融资形式,负债融资是工程项目资金筹措的重要形式,其特点如下:

(1)筹集的资金在使用上具有时间限制,必须按期偿还。

(2)无论项目法人今后经营效果好坏,均需要固定支付债务利息,从而形成项目法人今后固定的财务负担。

(3)资金成本一般比权益融资低,且不会分散对项目未来权益的控制权。

根据工程项目负债融资所依托的信用基础的不同,负债融资可分为国家主权信用融资、企业信用融资和项目融资三种。

3. 按风险承担的程度分类

按风险承担的程度可分为冒险型筹资类型、适中型筹资类型和保守型筹资类型。

4. 按不同的融资结构安排分类

按不同的融资结构安排可分为传统融资方式和项目融资方式。

1)传统融资方式

传统融资方式是指投资项目的业主利用其自身的资信能力为主体安排的融资。

2)项目融资方式

项目融资方式特指某种资金需求量巨大的投资项目的筹资活动,而且以负债作为资金的主要来源。项目融资不是以项目业主的信用,或者项目有形资产的价值作为担保来获得贷款,而是依赖于项目本身良好的经营状况和项目投产后的现金流量作为偿还债务的资金来源,同时将项目的资产,而不是项目业主的其他资产作为借入资金的抵押。

二、建设项目资金的来源构成及筹措要求

(一)建设项目资金的来源构成

在资金筹措阶段,建设项目所需资金的来源与构成总额由自有资金、赠款、借入资金三部分组成。

1. 自有资金

企业自有资金是指企业有权支配使用、按规定可用于固定资产投资和流动资金的资金,亦即在项目资金总额中投资者缴付的出资额,包括资本金和资本溢价。

1)资本金

资本金是指新建项目设立企业时在工商行政管理部门登记的注册资金,根据投资主体的不同,资本金可分为国家资本金、法人资本金、个人资本金及外商资本金等。资本公积金是指企业接受捐赠、财产重估差价、资本折算差额和资本溢价等形成的公积金。接受捐赠资产是指地方政府、社会团体或个人以及外商赠予企业货币或实物等财产而增加的企业资产。财产重估差价是指按国家规定对企业固定资产重新估价时,固定资产的重估价值与其账面值之间发生的差额。资本折算差额是指汇率不同引起的资本折算差价。

2)资本溢价

资本溢价指在资金筹集过程中,投资者缴付的出资额超出资本金的差额,最典型的是发行股票的溢价净收入,即股票溢价收入扣除发行费用后的净额。

2. 借入资金

借入资金即企业对外筹措的资金,是指以企业名义从金融机构和资金市场借入,需要偿还的用于固定资产投资的资金。包括国内银行贷款、国际金融机构贷款、外国政府贷款、出口信贷、补偿贸易、发行债券等方式筹集的资金。

（二）项目资金筹措的基本要求

（1）合理确定资金需要量，力求提高筹资效果。

无论通过何种渠道、采取何种方法筹集资金，都应首先确定资金的需要量，资金不足会影响项目的生产经营和发展，资金过剩不仅是一种浪费，也会影响资金的使用效果。在实际工作中，必须采取科学的方法预测与确定未来资金的需要量，以便选择合适的渠道与方式筹集所需资金，这样，可以防止所筹资金不足或筹资过剩，提高资金的使用效果。

（2）认真选择资金来源，力求降低资金成本。

项目筹集资金可以采用的渠道和方式多种多样，不同渠道和方式筹资的难易程度、资金成本和风险各不一样。任何渠道和方式的筹资都要付出一定的代价，包括资金占用费（利息等）和资金筹集费（发行费等），因此在筹资中，通常选择较经济方便的渠道和方式，以降低综合的资金成本。

（3）适时取得资金，保证资金投放需要。

筹集资金也有时间上的安排，这取决于投资的时间。合理安排筹资与投资，使其在时间上互相衔接，避免取得资金过早而造成投放前的闲置或取得资金滞后而耽误投资的有利时机。

（4）适当维持自有资金比例，正确安排举债经营。

所谓举债经营，是指项目通过借债开展生产经营活动。举债经营可以给项目带来一定的好处，因为借款利息可在所得税前列入成本费用，对项目净利润影响较小，能够提高自有资金的使用效果。但负债的多少必须与自有资金和偿债能力的要求相适应，如负债过多，会发生较大的财务风险，甚至会由于丧失偿债能力而面临破产。因此，项目法人既要利用举债经营的积极作用，又要避免可能产生的债务风险。

第二节　建设项目筹资渠道

通过投资体制的宏观管理、微观运行的一系列改革，我国在投资领域形成了以投资主体多元化、投资资金多渠道、投资方式多样化为特征的新格局，开辟了自筹资金、国内银行贷款、利用外资和利用长期金融市场上资金等多元化的融资渠道。

建设项目筹资渠道是指项目资金的来源。总体上看，项目的资金来源有投入资金和借入资金，前者形成项目资本金，后者形成项目负债。

一、项目资本金制度

（一）项目资本金制度的实施范围

各种经营性固定资产投资项目，包括国有单位的基本建设、技术改造、房地产项目和集体投资项目，都必须首先落实资本金才能进行建设。

主要用财政预算内资金投资建设的公益性项目不实行资本金制度。

实行资本金制度的投资项目，在可行性研究报告中要就资本金筹措情况作出详细说明，包括出资方、出资方式、资本金来源及数额、资本金认缴进度等有关内容。上报可行性研究报告时需附有出资方承诺出资的文件，以实物、工业产权、非专利技术、土地使用权作价出资的,还需附有资产评估证明等有关材料。

计算资本金基数的总投资,是指投资项目的固定资产投资与铺底流动资金之和。投资项目资本金占总投资的比例,根据不同行业和项目的经济效益等因素确定,具体规定如下:

(1)交通运输、煤炭项目,资本金比例为35%及以上。

(2)钢铁、邮电、化肥项目,资本金比例为25%及以上。

(3)电力、机电、建材、化工、石油加工、有色、轻工、纺织、商贸及其他行业的项目,资本金比例为20%及以上。

投资项目资本金的具体比例,由负责项目审批单位根据投资项目的经济效益以及银行贷款意愿和评估意见等情况,在审批可行性研究报告时核定。经国务院批准,对个别情况特殊的国家重点建设项目,可以适当降低资本金比例。

(二)项目资本金来源

投资者以货币方式缴纳的资本金,其资金来源有:

(1)各级人民政府的财政预算内资金、国家批准的各种专项建设基金、经营性基本建设基金回收的本息、土地批租收入等。

(2)国家授权的投资机构及企业法人的所有者权益、企业折旧资金以及投资者按照国家规定从资金市场上筹措的资金。

(3)个人合法所有的资金。

(4)国家规定的其他可以用做投资项目资本金的资金。

对某些投资回报率稳定、收益可靠的基础设施和基础产业投资项目,以及经济效益好的竞争性投资项目,经国务院批准,可以试行通过可转换债券或组建股份制公司发行股票方式筹措本金。

二、项目资本金

根据出资方的不同,项目资本金分为国家出资、法人出资和个人出资。根据国家法律、法规规定,建设项目可通过争取国家财政预算内投资、发行股票、自筹投资和利用外资直接投资等多种方式来筹集资本金。

(一)国家预算内投资

国家预算内投资,简称国家投资,是指以国家预算资金为来源并列入国家计划的固定资产投资。目前,国家预算内投资包括国家预算、地方财政、主管部门和国家专业投资拨给或委托银行贷给建设单位的基本建设拨款及中央基本建设基金,拨给企业单位的更新改造拨款,以及中央财政安排的专项拨款中用于基本建设的资金。国家预算内投资的资金一般来源于国家税收,也有一部分来自于国债收入。

国家预算内投资目前虽然占全社会固定资产总投资的比重较低,但它是能源、交通、原材料,以及国防、科研、文教卫生、行政事业建设项目投资的主要来源,对于整个投资结构的调整起着主导性的作用。

(二)自筹投资

自筹投资是指建设单位报告期收到的用于进行固定资产投资的上级主管部门、地方和单位、城乡个人的自筹资金。目前,自筹投资占全社会固定资产投资总额的一半以上,已成为筹集建设项目资金的主要渠道。建设项目自筹资金来源必须正当,应上缴财政的各项资金和国家有指定用途的专款,以及银行贷款、信托投资、流动资金不可用于自筹投资。

(三)发行股票

股票是股份有限公司发放给股东作为已投资入股的证书和索取股息的凭证,是可作为买卖对象或质押品的有价证券。

(四)吸收国外资本直接投资

吸收国外资本直接投资主要有与外商合资经营、合作经营、合作开发及外商独资经营等形式。国外资本直接投资方式的特点是:不发生债权债务关系,但要让出一部分管理权,并且要支付一部分利润。

三、负债筹资

项目的负债是指项目承担的能够以货币计量且需要以资产或者劳务偿还的债务,它是项目筹资的重要方式,一般包括银行贷款、发行债券、设备租赁和借用国外资金等筹资渠道。

(一)银行贷款

项目银行贷款是银行利用信贷资金所发放的投资性贷款,是建设项目投资资金的重要组成部分。

(二)发行债券

债券是借款单位为筹集资金而发行的一种信用凭证,它证明持券人有权按期取得固定利息并到期收回本金。

(三)设备租赁

设备租赁是指出租人和承租人之间订立契约,由出租人应承担人的要求购买其所需的设备,在一定时期内供其使用,并按期收取租金。租赁期间设备的产权属出租人,用户只有使用权,且不得中途解约。期满后,承租人可以从以下的处理方法中选择:将所租设备退还出租人、延长租期、加价购进所租设备、要求出租人更新设备、另定相约。

(四)借用国外资金

借用国外资金大致可分为外国政府贷款,国际金融组织贷款,国外商业银行贷款,国外金融市场上发行债券,吸收外国银行,企业和私人存款,利用出口信贷等途径。

第三节　资金成本计算与筹资决策

一、资金成本的概念及含义

(一)资金成本的一般含义

资金成本是指企业为筹集和使用资金而付出的代价。这里所说的资金成本,主要是指长期资金的成本,一般包括资金筹集成本和资金使用成本两部分。

(1)资金筹集成本。指在资金筹集过程中所支付的各项费用,如发行股票或债券支付的印刷费、发行手续费、律师费、资信评估费、公证费、担保费、广告费等。

(2)资金使用成本。即资金占用费,是指占用资金而支付的费用。

资金筹集成本与资金使用成本是有区别的,前者是在筹借资金时一次支付的,在使用资金过程中不再发生,因此可作筹资费用的一项扣除,而后者是在资金使用过程中多次、定期发生的。

(二)资金成本的性质

资金成本是一个重要的经济范畴,它是在商品经济社会中由于资金所有权与资金使用权相分离而产生的。

(1)资金成本是资金使用者向资金所有者和中介机构支付的占用费和筹资费,作为资金的所有者,不会将资金无偿让给资金使用者去使用;而作为资金的使用者,也不能无偿地占用他人的资金,要为资金所有者暂时地丧失其使用价值而付出代价,即承担资金成本。

(2)资金成本与资金的时间价值既有联系、又有区别。资金的时间价值反映了资金随着其运动时间的不断延续而不断增值,是一种时间函数。而资金成本除可以看做是时间函数外,还表现为资金占用额的函数。

(3)资金成本具有一般产品成本的基本属性,资金成本是企业的耗费,企业要为占用资金而付出代价、支付费用,而且这些代价或费用最终也要作为收益的扣除额来得到补偿。

(三)决定资金成本高低的因素

在市场经济环境中,多方面因素的综合作用决定着企业资金成本的高低,其中主要因素有总体经济环境、证券市场条件、企业内部的经营和融资状况、项目融资规模。

(1)总体经济环境。总体经济环境决定了整个经济中资本的供给和需求,以及预期通货膨胀的水平,总体经济环境变化的影响,反映在无风险报酬率上。如果货币需求增加,而供给没有相应增加,投资人便会提高其投资收益率,企业的资金成本就会上升;反之,则会降低其要求的投资收益率,使资金成本下降。如果预期通货膨胀水平上升,货币购买力下降,投资者也会提出更高的收益率来补偿预期的投资损失,导致企业资金成本上升。

(2)证券市场条件。证券市场条件影响证券投资的风险。如果某种证券的市场流动性不好,投资者想买进或卖出证券相对困难,变现风险加大,要求的收益率就会提高;或者虽然存在对某证券的需求,但其价格波动较大,投资的风险大,要求的收益率也会提高。

(3)企业内部的经营和融资状况。是指经营风险和财务风险的大小。

(4)项目融资规模。企业的融资规模大,资金成本较高。

(四)资金成本的作用

资金成本是企业财务管理中的一个重要概念,国际上将其列为一项"财务标准"。企业都希望以最小的资金成本获取所需的资金数额,分析资金成本有助于企业选择筹资方案,确定筹资结构以及最大限度地提高筹资的效益。资金成本的主要作用如下:

(1)资金成本是选择资金来源、筹资方式的重要依据,企业筹集资金的方式多种多样,如发行股票、债券,银行借款等,不同的筹资方式,其资金成本也不尽相同。资金成本的高低可以作为比较各种筹资方式优缺点的一项依据,从而挑选最小的资金成本作为选择筹资方式的重要依据,但是不能把资金成本作为选择筹资方式的唯一依据。

(2)资金成本是企业进行资金结构决策的基本依据。企业的资金结构一般是由借入资金与自有资金结合而成的,如何寻求两者间的最佳组合,一般可通过计算综合资金成本作为企业决策的依据。

(3)资金成本是比较追加筹资方案的重要依据。企业为了扩大生产经营规模,增加所需资金,往往以边际资金成本作为依据。

(4)资金成本是评价各种投资项目是否可行的一个重要尺度。在评价投资方案是否可行时,一般以项目本身的投资收益率与其资金成本进行比较。如果投资项目的预期投资收益率高于资金成本,则是可行的;反之,如果预期投资收益率低于资金成本,则是不可行的。

(5)资金成本也是衡量企业整个经营业绩的一项重要标准;资金成本是企业从事生产经营活动必须挣得的最低收益率,企业无论以什么方式取得的资金,都要实现这一最低收益率,才能补偿企业因筹资而支付的所有费用,如果将企业的实际资金成本与相应的利润率进行比较,可以评价企业的经营业绩。

二、资金成本的计算

(一)资金成本计算的一般形式

资金成本可用绝对数表示,也可用相对数表示。为便于分析比较,资金成本一般用相对数表示,称之为资金成本率,其一般计算公式为

$$K = \frac{D}{P - F}$$

$$K = \frac{D}{P(1 - f)} \tag{8-1}$$

式中 K——资金成本(率);

P——筹集资金总额;

D——使用费;

F——筹资费;

f——筹资费费率(即筹资费占筹资资金总额的比率)。

资金成本是选择资金来源、拟订筹资方案的主要依据,也是评价投资项目的主要经济指标。

(二)各种资金来源的资金成本

1. 权益融资成本

(1)优先股成本。公司发行优先股股票筹资,需支付的筹资费有注册费、代销费等,其股息也要定期支付,但它是公司用税后利润来支付的,不会减少公司应上缴的所得税。

(2)普通股成本。确定普通股资金成本的方法有股利增长模型法和资本资金定价模型法。

(3)保留盈余成本。保留盈余又称为留存收益,其所有权属于股东,是企业资金的一

种重要来源,企业保留盈余,等于股东对企业进行追加投资。

2. 负债融资成本

(1)债券成本。企业发行债券后,所支付的债券利息列入企业的费用开支,因而使企业少缴一部分所得税。

(2)银行借款成本。向银行借款,企业所支付的利息和费用一般可作企业的费用开支,相应减少部分利润,会使企业少缴一部分所得税,因而使企业的实际支出相应减少。

(3)租赁成本。企业租入某项资产,获得其使用权,要定期支付租金,并且租金列入企业成本,可以减少应付所得税。

三、筹资决策

最佳的筹资方案是指既使企业达到最佳资本结构、资金成本较低,又可以使企业所面临的风险较小(处于企业可承受的范围内)的筹资方案。因此,在进行筹资决策时,应同时考虑风险与资本结构对项目的影响。

(一)经营风险和财务风险

1. 经营风险

经营风险指企业因经营上的原因而导致利润变动的风险。影响企业经营风险的因素很多,主要有:

(1)产品需求。市场对企业产品的需求越稳定,经营风险就越小;反之,经营风险就越大。

(2)产品售价。产品售价变动不大,经营风险则小;否则,经营风险就大。

(3)产品成本。产品成本是收入的抵减,成本不稳定,会导致利润不稳定。因此,产品成本变动大的,经营风险就大;反之,经营风险就小。

(4)调整价格的能力。当产品成本变动时,若企业具有较强的调整价格的能力,经营风险就小;反之,经营风险则大。

(5)固定成本的比重。在企业全部成本中,固定成本所占比重较大时,单位产品分摊的固定成本就多。若产品量发生变动,单位产品分摊的固定成本会随之变动,最后导致利润更大幅度的变动,经营风险就大;反之,经营风险就小。

2. 财务风险

一般地,企业在经营中总会发生借入资金、企业负债经营,不论利润多少,债务利息是不变的。于是,当利润增大时,每单位货币利润所负担的利息就会相对地减少,从而使投资者收益有更大幅度的提高。

财务风险是指全部资本中债务资本比率的变化带来的风险,当债务资本比率较高时,投资者将负担较多的债务成本,并经受较多的负债作用所引起的收益变动的冲击,从而加大财务风险;反之,当债务资本比率较低时,财务风险就小。

(二)资本结构

资本结构是指企业各种长期资金筹集来源的构成和比例关系。短期资金的需要量和筹集是经常变化的,且在整个资金总量中所占比重不稳定,因此不列入资本结构管理范围,而作为营运资金管理。通常情况下,企业的资本结构由长期债务资本和权益资本构成。资本结构指的就是长期债务资本和权益资本各占多大比例。

资本结构合理与否可通过分析每股收益的变化来衡量,能提高每股收益的资本结构就是合理的。由经营杠杆和财务杠杆的分析可知,每股收益的高低受资本结构和销售水平的影响,处理以上三者的关系,可用融资的每股收益分析的方法。

(三)最佳资本结构

用每股收益的高低作为衡量标准对筹资方式进行选择,其缺陷在于没有考虑风险因素。从根本上讲,财务管理的目标在于追求公司价值的最大化或股份最大化。然而,只有在风险不变的情况下,每股收益的增长才会直接导致股价的上升,实际上经常是随着每股收益的增长,风险也加大。如果每股收益的增长不足以补偿风险增加所需的报酬,尽管每股收益增加,股价仍然会下降。因此,公司的最佳资本结构应当是可使公司的价值最高,而不一定是每股收益最大的资本结构。同时,在公司总价值最大的资本结构下,公司的资金成本也是最低的。

第四节 项目融资方式

一、项目融资的概念和特点

(一)项目融资的概念

融资是指为项目投资而进行的资金筹措行为,通常有广义和狭义两种解释。

从广义上理解,所有的筹资行为都是融资,包括在前面已经述及的各种方式,但从狭义上理解,项目融资就是通过项目来融资,也可以说是以项目的资产、收益作抵押来融资。具体地讲,项目融资就是在向一个具体的经济实体提供贷款时,贷款方首先查看该经济实体的现金流量和收益,将其视为偿还债务的资金来源,并将该经济实体的资产视为这笔贷款的担保物,若对这两点感到满意,则贷款方同意贷款。

(二)项目融资的特点

从项目融资与传统贷款方式的比较中可以看出,项目融资有以下一些基本特点:

(1)项目导向。资金来源主要依赖于项目的现金流量而不是依赖于项目的投资者或发起人的资信来安排融资。贷款银行在项目融资中的注意力主要放在项目在贷款期间能够产生多少现金流量用于还款,贷款的数量、融资成本的高低以及融资结构的设计都是与项目的预期现金流量和资产价值直接联系在一起的。

有些对于投资者很难借到的资金则可以利用项目来安排,有些投资者很难得到的担保条件则可以通过组织项目融资来实现。

(2)有限追索。追索是指在借款人未按期还债务时,贷款人要求借款人用除抵押财产外的其他资产偿还债务的权利。

(3)风险分担。一个成功的项目融资结构应该是在项目中没有任何一方单独承担起全部项目债务的风险责任。

(4)非公司负债型融资。称为资产负债表之外的融资,是指项目的债务不表现在项目投资者(即实际借款人)的公司资产负债表中的一种融资形式。

(5)信用结构多样化。在项目融资中，用于支持贷款的信用结构的安排是灵活和多样化的。项目融资的框架结构由四个基本模块组成，即项目投资结构、项目融资结构、项目资金结构和项目的信用保证结构。

二、项目融资的阶段与步骤

从项目的投资决策起，到选择项目融资方式为项目建设筹集资金，最后到完成该项目融资为止，大致上可以分为五个阶段，即投资决策分析、融资决策分析、融资结构分析、融资谈判和项目融资的执行。

(一)投资决策分析

在多数情况下，项目投资决策是与项目能否融资以及如何融资紧密联系在一起的。投资者在决定项目投资结构时需要考虑的因素很多，其中主要包括项目的产权形式、产品分配方式、决策程序、债务责任、现金流量控制、税务结构和会计处理等方面的内容。

(二)融资决策分析

在这个阶段，项目投资者将决定采用何种融资方式为项目开发筹集资金，是否采用项目融资，取决于投资者对债务责任分担上的要求、贷款资金数量上的要求、时间上的要求、融资费用上的要求，以及诸如债务会计处理等方面的综合评价。

(三)融资结构分析

设计项目融资结构的一个重要步骤是完成对项目风险的分析和评估，对于银行和其他债权人而言，项目融资的安全性来自两个方面：一方面来自项目本身的经济强度，另一方面来自项目之外的各种直接或间接的担保。

(四)融资谈判

在初步确定了项目融资的方案之后，融资顾问将有选择地向商业银行或其他一些金融机构发出参加项目融资的建议书，进行融资谈判。

(五)项目融资的执行

在正式签署项目融资的法律文件之后，融资的组织安排工作就结束了，项目融资将进入执行阶段。在传统的融资方式中，一但进入贷款的执行阶段，借贷双方的关系就变得相对简单明了，借款人只要求按照贷款协议的规定提款和偿还贷款的利息和本金。贷款银行通过其经理人将会经常地监督项目的进展，根据融资文件的规定，参与部分项目的决策程序，管理和控制项目的贷款资金投入和部分现金流量。

三、项目融资的方式

项目融资可以采用很多方式，如产品支付、远期购买以及融资租赁等。BOT 方式逐渐成熟并使用较多。

BOT 即英文 Build(建设)、Operate(经营)、Transfer(移交)三个单词的缩写，代表着一个完整的项目融资的概念。

BOT 方式的主要优点：

(1)大资金来源，政府能在资金缺乏的情况下利用外部资金建设一些基础设施项目；

(2)提高项目管理的效率，增加国有企业人员对外交往的经验及提高管理水平；

(3)发展中国家可吸收外国投资,引进国外先进技术。

BOT 融资方式有时也被称为“公共工程特许权”,通常所说的 BOT 至少包括以下三种具体形式:

(1)标准 BOT(Build-Operate-Transfer),即建设—经营—移交。私人财团或国外财团愿意自己融资,建设某项基础设施,并在东道国政府授予的特许期内经营该公共设施,以经营收入抵偿建设投资,并获得一定收益,经营期满后将此设施移交给东道国政府。

(2)BOOT(Build-Own-Operate-Transfer),即建设—拥有—经营—移交。BOOT 与 BOT 的区别在于:BOOT 在特许期内既拥有经营权,又拥有所有权。此外,BOOT 的特许期要比 BOT 的长一些。

(3)BOO(Build-Own-Operate),即建设—拥有—经营。该方式特许承包商根据政府的特许权建设并拥有某项基础设施,但最终不将该基础设施移交给东道国。

以上三种方式可统称为 BOT 方式,也可称为广义的 BOT 方式。

除上述三种方式外,还有 TOT 方式、PFI 方式等。

第九章　建设项目财务评价

第一节　概　述

一、财务评价的概念

建设项目的财务评价又称企业经济评价，是在国家现行财税制度和市场价格体系下，从企业角度分析、预测项目直接发生的财务效益和费用，编制财务报表，计算财务评价指标，考察拟建项目的获利能力、偿债能力，据以判断项目的财务可行性，为投资决策提供依据。

财务评价应在初步确定的建设方案、投资估算和融资方案的基础上进行。财务评价的结果又可反馈到方案的设计中，用于方案的比选，优化方案的设计。因此，财务评价与项目方案的选择是一个反复进行对比的过程。财务评价是经济评价的核心内容，又为国民经济评价提供了基础。

二、财务评价的内容、目的与任务

项目在财务上的生存能力取决于项目财务效益和费用的大小及其在时间上的分布情况，项目的合理性是通过编制财务报表及计算相应的评价指标来进行判断的。因此，项目财务评价的内容主要包括财务效益和费用的识别与计量、资金筹措、财务报表的编制、财务评价指标的计算与分析等。

财务评价的目的和任务主要是：

(1)评价拟建项目的获利能力。

(2)评价拟建项目对投资和贷款的偿还能力。

(3)为企业制订资金规划，合理地筹措和使用资金服务。

(4)评价项目承受风险的能力。

(5)为协调企业利益和国家利益提供依据。

三、财务评价的作用

财务评价对企业投资决策、银行提供贷款及有关部门审批项目具有十分重要的作用。

(1)财务评价是项目评价决策的重要组成部分。

对投资项目的评价应从多角度、多方面进行，无论是对投资项目的前评价、中评价和后评价，财务评价都是必不可少的重要内容。在对投资项目的前评价——决策分析与评价的各个阶段中，无论是机会研究、项目建议书、初步可行性研究，还是详细可行性研究，财务评价都是其中的重要组成部分。

(2)财务评价是投资决策的重要依据。

在项目决策涉及的范围中,财务评价虽然不是唯一的决策依据,但却是重要的决策依据。在市场经济条件下,绝大部分项目的有关各方根据财务评价结果做出相应的决策:

①项目发起人决策是否发起或进一步推进该项目。

②投资人决策是否投资给该项目。

③债权人决策是否贷款给该项目。

各级项目审批部门在做出是否批准该项目的决策时,财务评价结论也是重要的决策依据之一。具体说来,财务评价的盈利能力分析结论是投资决策的基本依据,其中项目资本金盈利能力分析结论同时也是融资决策的依据,偿债能力分析结论不仅是债权人决定贷款与否的依据,也是投资人确定融资方案的重要依据,因此通过财务评价,可以做出是否进行投资的决策。

(3)财务评价在项目或方案比选中起着重要作用。

项目决策分析与评价的精髓是方案比选,无论是在规模、技术、工程等方面都必须通过方案比选予以优化,使项目整体更趋于合理,此时项目财务数据和指标往往是重要的比选依据。在投资机会不止一个的情况下,如何从多个备选项目中择优,往往是项目发起人、投资者甚至政府有关部门关心的事情,财务评价的结果在项目或方案比选中起着重要的作用。

(4)财务评价可以有效地支持投资各方谈判,促进平等合作。

投资主体多元化已成为项目融资的主流,投资者之间存在着多种形式的合作,主要有国内合资或合作、中外合资或合作等。在酝酿合资、合作的过程中,财务评价结果起着促使投资各方平等合作的重要作用。

四、财务评价的步骤

(1)选取财务评价基础数据与参数,包括主要投入品和产出品财务价格、税率、利率、汇率、计算期、固定资产折旧率、无形资产及其他资产摊销年限、生产负荷及基准收益率等。

(2)计算销售(营业)收入,估算成本费用。

(3)编制财务评价基本报表。将投资、费用、效益等基础数据汇总,分别编制反映项目财务盈利能力、清偿能力和项目生存能力的基本报表,主要有现金流量表、利润和利润分配表、财务计划现金流量表、资产负债表以及借款还本付息计划表等。

(4)计算财务评价指标并进行分析评价。根据编制的基本财务报表,直接计算一系列反映项目盈利能力、偿债能力和财务生存能力指标,分别与对应的评价标准进行对比,对财务状况做出评价。反映项目财务盈利能力的指标包括静态指标(总投资收益率、资本金净利润率和静态投资回收期等)和动态指标(财务内部收益率、财务净现值和动态投资回收期等);反映项目偿债能力的指标包括借款偿还期、利息备付率和偿债备付率等;反映财务生存能力的指标主要是累计盈余资金指标。

(5)进行不确定性与风险分析。通过盈亏平衡分析、敏感性分析、概率分析等不确定性分析方法,分析项目可能面临的风险,以及在不确定条件下适应市场变化的能力和抗风险的能力，得出不确定情况下项目财务评价的结论。

(6)最终结论，编写财务评价报告。由以上项目的确定性分析和不确定性分析的结果，对项目可行性做出判断，并从多种方案中选择最优方案。

第二节 建设项目财务评价的方法

一、财务评价基础数据与参数选取

(一)财务分析的价格体系

1. 财务分析涉及的价格体系

影响价格变动的因素很多，但归纳起来不外乎两类：一类是相对价格变动因素，另一类是绝对价格变动因素。

(1)相对价格。指商品间的价格比例关系。导致商品相对价格发生变化的因素很复杂，如供应量的变化、价格政策的变化、劳动生产率的变化等，都可能引起商品价格的改变；消费水平变化、消费习惯改变、可替代产品的出现等引起供求关系发生变化，从而使供求均衡价格发生变化，也可以引起商品间比价的改变等。

(2)绝对价格。指用货币单位表示的商品价格水平。绝对价格变动一般体现为物价总水平的变化，即因货币贬值引起的所有商品价格的普遍上涨，或因货币升值引起的所有商品价格的低落。

在投资项目财务分析中，要对项目整个计算期内的价格进行预测，这必然会涉及如何处理价格变动的问题，包括通货膨胀因素问题。在整个计算期的若干年内，是采用同一个固定价格，还是各年都变动以及如何变动，这就是投资项目的财务分析采用什么价格体系的问题。

财务分析涉及的价格体系有三种，即固定价格体系、时价体系和实价体系。相应的，涉及三种价格，即基价、时价和实价。

1)基价

基价是指以基年价格水平表示的，不考虑其后价格变动的价格，也称固定价格。如果采用基价，项目计算期内各年的价格都是相同的，就形成了财务分析的固定价格体系。一般选择评价工作进行的年份为基年，也有选择预计开始建设年份的。

如某项财务分析在2007年进行，则一般选择2007年为其基年，若某货物A在2007年的价格为100元，那么其基价为100元，是以2007年价格水平表示的。

基价是确定项目涉及的各种货物预测价格的基础，也是估算建设投资的基础。

2)时价

时价是指某一时期当时的市场价格。它包含了相对价格变动和绝对价格变动的影响，以当时的价格水平表示。以基价为基础，按照预计的各种货物的不同价格上涨率(可称为时价上涨率)，分别求出它们在计算期内任一年的时价。

假定货物A的时价上涨率为2%，在2006年基价100元的基础上，2007年的时价应为$100\times(1+2\%)=102$(元)。若2008年货物A的时价上涨率为3%，则2008年货物A

的时价为 $100\times(1+2\%)\times(1+3\%)=105.06$（元）。

3）实价

实价是以基年价格水平表示的，只反映相对价格变动因素影响的价格，可以由时价中扣除通货膨胀因素影响来求得实价。若通货膨胀率（确切地说，只有当物价总水平超过某个幅度时，才称为通货膨胀，故称物价总水平上涨率更合适）为3.571 4%，则2007年货物A的实价为 $102/(1+3.5714\%)=98.5$（元）。这可以说明，虽然看起来2007年A的价格比2006年上涨了2%，但扣除通货膨胀影响后，货物A的实际价格反而比2006年降低了，这有可能是由于某种原因使得其相对价格发生了变动。

2. 财务分析的取价原则

（1）财务分析应采用预测价格。财务分析是基于对拟建项目未来数年或更长年份的效益与费用的估算，而无论投入还是产出的未来价格都会发生各种各样的变化。为了合理反映项目的效益和财务状况，财务分析应采用预测价格。预测价格应是在选定的基年价格的基础上，一般选择评价当年为基年。至于采用何种价格体系，要视具体情况决定。

（2）现金流量分析原则上采用实价体系。采用实价计算净现值和内部收益率，进行现金流量分析是国际上通行的做法。这样做，便于投资者考察投资的实际盈利能力。因为实价排除了通货膨胀因素的影响，能够相对真实地反映投资的盈利能力，为投资决策提供较为可靠的依据。

如果采用含通货膨胀因素的时价进行盈利能力分析，特别是当对投入和产出采用同一时价上涨率时，就有可能使未来收益大大增加，夸大了项目的盈利能力。

（3）偿债能力分析原则上采用时价体系。用时价进行财务预测，编制利润与利润分配表、财务计划现金流量表及资产负债表，有利于描述项目计算期内各年当时的财务状况，相对合理地进行偿债能力分析，这是国际上通行的做法。

为了满足实际投资的需要，在投资估算中必须包含通货膨胀因素引起投资增长的部分，一般通过计算涨价预备费来体现。同样，在融资计划中也应包括这部分费用，在投入运营后的还款计划中自然包括该部分费用的偿还。

因此，只有采取既包含相对价格变化，又包含通货膨胀影响在内的时价表示投资费用和融资数额，并在其基础上进行计算，才能真实反映项目的偿债能力。

3. 对财务分析采用价格体系的简化

在实践中，并不要求对所有项目，或在所有情况下，都必须全部采用上述价格体系进行财务分析，多数情况下允许根据具体情况适当简化，可以考虑采用的简化方法如下：

（1）在建设期间，既考虑通货膨胀因素，又考虑相对价格变化，包括对投资费用的估算和对经营期投入产出价格的预测。

（2）在项目经营期内，盈利能力分析和偿债能力分析可以采用同一套价格，即预测的经营期的价格。

（3）在项目经营期内，可根据项目产出的具体情况，选用固定价格（项目经营期内各年价格不变）或考虑相对价格变化的变动价格（项目经营期内各年价格不同，或某些年份价格不同）。

（4）当有明确要求或通货膨胀严重时，项目偿债能力分析要采用时价体系。

（二）税费

财务评价中，合理计算各种税费是正确计算项目效益与费用的重要基础。财务评价涉及的税费主要有增值税、营业税、资源税、消费税、所得税、城市维护建设税和教育费附加等。进行评价时需说明税种、税基、税率、计税额等。如有减免税费优惠，应说明政策依据以及减免方式和减免金额。

（三）利率

借款利率是项目财务评价的重要基础数据，用以计算借款利息。采用固定利率的借款项目，财务评价直接采用约定的利率计算利息。采用浮动利率的借款项目，财务评价时应对借款期内的平均利率进行预测，采用预测的平均利率计算利息。

（四）汇率

财务评价汇率的取值，一般采用国家外汇管理部门公布的当期外汇牌价的卖出、买入的中间价。

（五）项目计算期选取

财务评价计算期包括建设期和生产运营期。生产运营期，应根据产品寿命期（矿产资源项目的设计开采年限）、主要设施和设备的使用寿命期、主要技术的寿命期等因素确定，财务评价的计算期一般不超过20年。

有些项目的运营寿命很长，如水利枢纽，其主体工程是永久性工程，其计算期应根据评价要求确定。对设定计算期短于运营寿命期较多的项目，计算内部收益率、净现值等指标时，为避免计算误差，可采用年金折现、未来值折现等方法，将计算期结束以后年份的现金流入和现金流出折现至计算期期末。

（六）生产负荷

生产负荷是指项目生产运营期内生产能力发挥程度，也称生产能力利用率，以百分比表示。生产负荷是计算销售收入和经营成本的依据之一，一般应按项目投产期和投产后正常生产年份分别设定生产负荷。

（七）财务基准收益率设定

财务基准收益率是项目财务内部收益率指标的基准和判据，也是项目在财务上是否可行的最低要求，也用做计算财务净现值的折现率。

如果有行业发布的本行业基准收益率，即以其作为项目的基准收益率；如果没有行业规定，则由项目评价人员设定。设定方法为：一是参考本行业一定时期的平均收益水平并考虑项目的风险因素确定；二是按项目占用的资金成本加一定的风险系数确定。

设定财务基准收益率时，应与财务评价采用的价格相一致，如果财务评价采用变动价格，设定基准收益率时则应考虑通货膨胀因素。资本金净利润率，可采用投资者的最低期望收益率作为判据。

二、建设项目财务评价方法

建设项目财务评价的主要内容，是在编制财务报表的基础上，进行盈利能力分析、偿债能力分析和财务生存能力分析，建设项目财务评价通过编制财务报表，计算财务评价指标来进行。

(一)编制财务评价报表

财务报表主要有现金流量表、利润及利润分配表、财务计划现金流量表、资产负债表和借款还本付息计划表等。

1. 财务现金流量表

1)现金流量表的概念与作用

现金流量是现金流入与现金流出的统称,它是以项目作为一个独立系统,反映项目在计算期内实际发生的流入和流出的现金活动及其流动数量。

现金流量表是指反映项目在计算期内各年的现金流入、现金流出和净现金流量的计算表格。项目现金流量分析分为三个层次:第一层次为项目投资现金流量分析;第二层次为项目资本金现金流量分析;第三层次为投资各方的现金流量分析。因此,现金流量表也可分为项目投资现金流量表、项目资本金现金流量表和投资各方现金流量表。

编制现金流量表的主要作用是计算不同层次的财务内部收益率、财务净现值和投资回收期等分析指标。

此外,现金流量表只反映项目在计算期内各年实际发生的现金收支,不反映非现金收支(如折旧费、摊销费、应收及应付款等)。

2)现金流量表的结构

现金流量表的设计原理是现金流入减去现金流出等于净现金流量这一等式,因此现金流量表的基本结构是现金流入、现金流出和净现金流量三个部分。为了分析的需要,增设了如调整所得税等栏目。具体的格式因分析的层次不同而不同。

(1)项目投资现金流量表。是指反映项目融资前,投资项目现金流入和现金流出情况,用以计算投资项目所得税税前及税后的财务内部收益率、财务净现值及投资回收期等财务分析指标的表格。

由于项目各个融资方案的不同,所采用的利率也是不同的,所以编制项目投资现金流量表时,不考虑融资即利息因素对项目的影响。

此外,由于项目的建设性质和建设内容不同,项目的所得税税率和享受的国家优惠政策也是不相同的,因此在编制项目投资现金流量表时,一般要计算所得税税前及税后的财务内部收益率、财务净现值和投资回收期等指标。

计算息税前的财务内部收益率、财务净现值和静态投资回收期的目的是考察项目方案设计本身的财务盈利能力,反映项目的可行性,因其不受融资方案和所得税的影响,可以供决策者对项目的可行性做出基本判断。由于不考虑资金来源和所得税的高低,从而也为各个投资方案的比较建立了共同基础。

项目投资现金流量表由现金流入、现金流出、所得税前净现金流量、累计所得税前净现金流量、调整所得税、所得税后净现金流量和累计所得税后净现金流量七大部分组成,见表 9-1。

项目投资现金流量表的现金流入包括营业(产品销售)收入、补贴收入、回收固定资产余值、回收流动资金;现金流出包括建设投资(不含建设期利息)、流动资金、经营成本、营业税金及附加、维持运营投资等。

表 9-1　项目投资现金流量表　（单位：万元）

序号	项目	合计	计算期					
			1	2	3	4	…	n
1	现金流入							
1.1	营业收入							
1.2	补贴收入							
1.3	回收固定资产余值							
1.4	回收流动金							
2	现金流出							
2.1	建设投资							
2.2	流动资金							
2.3	经营成本							
2.4	营业税金及附加							
2.5	维持运营投资							
3	所得税前净现金流量(1－2)							
4	累计所得税前净现金流量							
5	调整所得税							
6	所得税后净现金流量(3－5)							
7	累计所得税后净现金流量							

计算指标：
项目投资财务内部收益率(%)(所得税前)
项目投资财务内部收益率(%)(所得税后)
项目投资财务净现值(所得税前)(i_c =　%)
项目投资财务净现值(所得税后)(i_c =　%)
项目投资回收期(年)(所得税前)
项目投资回收期(年)(所得税后)

维持运营投资是指运营期发生的设备或设施的更新费用以及矿山、石油开采项目的拓展费用，也作为资金流出。调整所得税是以息税前利润为基数乘以所得税税率计算的，净现金流量视扣减所得税与否，分税前净现金流量和税后净现金流量。

(2)项目资本金现金流量表。为了全面考察项目的盈利能力，除对融资前的项目现金流量进行分析外，还需要进行项目资本金现金流量分析，其实质是进行项目融资后的财务分析。项目资本金现金流量表的净现金流量是项目在缴税和还本付息后所剩余的收益(含投资应分得的利润)，也即项目的净利润，又是投资者的权益性收益。

通过项目资本金现金流量表，可以计算资本金的财务内部收益率，通过资本金财务内部收益率能够从投资者整体角度考察项目的盈利能力。

项目资本金现金流量表与项目投资现金流量表的现金流入内容相同。现金流出包括项目投入的资本金、借款本金偿还、借款利息支付、经营成本、营业税金及附加、所得税和维持运营投资。项目资本金现金流量表见表9-2。

表9-2　项目资本金现金流量表　　（单位：万元）

序号	项　目	合计	计算期					
			1	2	3	4	…	*n*
1	现金流入							
1.1	营业收入							
1.2	补贴收入							
1.3	回收固定资产余值							
1.4	回收流动资金							
2	现金流出							
2.1	项目资本金							
2.2	借款本金偿还							
2.3	借款利息支付							
2.4	经营成本							
2.5	营业税金及附加							
2.6	所得税							
2.7	维持运营投资							
3	净现金流量(1－2)							

计算指标：

资本金财务内部收益率(%)

(3)投资各方现金流量表。对于某些项目，为了考察投资各方的具体收益情况，还需要编制从投资各方角度出发的现金流量表，即投资各方现金流量表。

通过投资各方现金流量表可以计算投资各方财务内部收益率，考察投资各方的盈利情况。投资各方的财务内部收益率，实际上是相对次要的财务效益评价指标。因为在按普通股本比例分配利润和分担亏损与风险的原则下，投资各方的利益一般是均等的，只有在投资者中的各方有股权之外的不对等的利益分配时，投资各方的收益率才会有差异。

此外，不按比例出资和分配的合作经营项目，投资各方的收益率也可能会有差异。计算投资各方的内部收益率，可以看出投资各方收益的不均衡性是否在合理水平上，有助于促成投资各方达成平等互利的投资方案，从而确定是否值得投资。

投资各方现金流量表(见表9-3)的现金流入包括实分利润、资产处置收益分配、租赁费收入、技术转让或使用收入和其他现金流入，现金流出包括实缴资本、租赁资产支出和其他现金流出。

表 9-3　投资各方现金流量表　（单位：万元）

序号	项　目	合计	计算期					
			1	2	3	4	…	n
1	现金流入							
1.1	实分利润							
1.2	资产处置收益分配							
1.3	租赁费收入							
1.4	技术转让或使用收入							
1.5	其他现金流入							
2	现金流出							
2.1	实缴资本							
2.2	租赁资产支出							
2.3	其他现金流出							
3	净现金流量(1－2)							

计算指标：
投资各方财务内部收益率(%)

投资各方现金流量表可按不同投资方分别编制。投资各方现金流量表中现金流入是指出资方因该项目的实施将实际获得的各种收入。现金流出是指出资方因该项目的实施将实际投入的各种支出。资产处置收益分配是指对有明确的合营期限或合资期限的项目，在期满时对资产余值按股比或约定比例分配。租赁费收入是指出资方将自己的资产租赁给项目使用所获得的收入，此时应将资产价值作为现金流出，列为租赁资产支出科目。技术转让或使用收入是指出资方将专利或专有技术转让或允许该项目使用所获得的收入。

2. 利润及利润分配表

1）利润及利润分配表的概念与作用

利润及利润分配表是反映项目计算期内各年的利润总额、所得税及税后利润的分配情况，用以计算投资盈利情况的表格，见表 9-4。

2）利润及利润分配表的结构

（1）利润总额。是项目在一定时期内实现盈亏总额，即营业（产品销售）收入扣除营业税金及附加和总成本费用之后的数额。用公式表示为

$$利润总额 = 营业(产品销售)收入 + 补贴收入 - 营业税金及附加 - 总成本费用 \tag{9-1}$$

营业（产品销售）收入和营业税金及附加和增值税依据“营业（产品销售）收入和营业

(销售)税金从附加初增值税估算表”填列,总成本费用依据“总成本费用估算表”填列。

表9-4 利润及利润分配表 (单位:万元)

序号	项目	合计	计算期					
			1	2	3	4	…	n
1	营业收入							
2	营业税金及附加							
3	总成本费用							
4	补贴收入							
5	利润总额(1-2-3+4)							
6	弥补以前年亏损							
7	应纳税所得额(5-6)							
8	所得税							
9	净利润(5-8)							
10	期初未分配利润							
11	可供分配利润(9+10)							
12	提取法定盈余公积金							
13	可供投资者分配的利润(11-12)							
14	应付优先股股利							
15	提取任意盈余公积金							
16	应付普通股股利(13-14-15)							
17	各投资方利润分配							
	其中:××方							
	××方							
18	未分配利润(13-14-15-17)							
19	息税前利润(利润总额+利息支出)							
20	息税折旧摊销前利润 (息税前利润+折旧+摊销)							

(2)项目亏损及亏损弥补的处理。项目在上一个年度发生亏损,可用当年获得的所得税前利润弥补;当年所得税前利润不足以弥补的,可以在5年内用所得税前利润延续弥补;延续5年未弥补的亏损,用缴纳所得税后利润弥补。

(3)所得税的计算。利润总额按照现行财务制度规定进行调整(如弥补上年的亏损)后,作为计算项目应缴纳所得税税额的计税基数。用公式表示为

$$应纳税所得额 = 利润总额 - 弥补以前年度亏损 \tag{9-2}$$

(4)可供分配的利润。所得税后利润即净利润与期初未分配利润之和,构成可供分配的利润。计算公式如下

$$可供分配利润 = 净利润 + 期初未分配利润 \tag{9-3}$$

(5)提取法定盈余公积金。法定盈余公积金按当年税后净利润的10%提取,其累计额达到项目法人注册资本的50%以上可不再提取。法定盈余公积金可用于弥补亏损或按照国家规定转增资本金等。

(6)可供投资者分配的利润。提取法定盈余公积金后的净利润,向投资者分配,这部分可分配利润称为可供投资者分配的利润。

可供投资者分配的利润按照下列分配顺序分配:

第一,应付优先股股利(如有优先股),是指按照利润分配方案分配给优先股股东的现金股利。

第二,提取任意盈余公积金。企业按照公司章程规定或投资者会议决议,还可以提取任意盈余公积金,提取比例由企业自行决定。

第三,应付普通股股利。按照利润分配方案分配给普通股股东的现金股利;项目当年无盈利的,不得向投资者分配利润;企业上年度未分配的利润,可以并入当年向投资者分配。

第四,经过上述分配后的剩余部分为未分配利润。未分配利润主要偿还长期借款。按照国家现行财务制度规定,可供分配利润首先用于偿还长期借款,借款偿还完毕,才可向投资者进行利润分配。

3. 财务计划现金流量表

1)财务计划现金流量表的概念

财务计划现金流量表是反映项目计算期内各年的投资、融资及经营活动的现金流入和流出,用于计算累计盈余资金,考察资金平衡和余缺情况,分析项目财务生存能力的报表。

2)财务计划现金流量表的结构

财务计划现金流量表主要按照不同类别的现金流量来分类、分项列示,其报表结构(主体部分)也是与现金流量的分类相联系的。

企业的财务现金流量分为三类:经营活动产生的现金流量、投资活动产生的现金流量和筹资活动产生的现金流量,财务计划净现金流量为三者净流量之和。

(1)经营活动产生的现金流量。经营活动是指企业投资活动和筹资活动以外的所有交易和事项。主要包括销售商品、提供劳务、经营租赁、购买商品、接受劳务、广告宣传、推销商品、缴纳税款等。

各类企业由于行业特点不同,对经营活动的认定存在一定差异,在编制财务计划现金流量表时,应根据企业的实际情况,对现金流量进行合理的归类。

经营活动现金流入主要包括:营业收入,即销售商品、提供劳务收到的现金;增值税销项税额;补贴收入;其他流入,即收到的其他与经营活动有关的现金。

经营活动现金流出主要包括:经营成本,即购买商品、接受劳务支付的现金,支付给职工以及为职工支付的现金;支付的各项税费,包括增值税进项税额、营业税金及附加、增值税、所得税;流出的其他与经营活动有关的现金。

(2)投资活动产生的现金流量。投资活动是指企业长期资产的购建和不包括在现金

等价物范围内的投资及其处置活动。

其中的长期资产是指固定资产、在建工程、无形资产、其他资产等持有期限在一年或一个营业周期以上的资产。由于已经包括在现金等价物范围内的投资视同现金,所以将之排除在外。

投资活动主要包括:取得和收回投资,购建和处置固定资产、无形资产和其他长期资产等。

投资活动流入的现金主要包括:收回投资所收到的现金,取得投资收益所收到的现金,处置固定资产、无形资产和其他长期资产所收回的现金净额,收到的其他与投资活动有关的现金。

投资活动流出的现金主要包括:购建固定资产、无形资产和其他长期资产所支付的现金,投资所支付的现金,支付的其他与投资活动有关的现金。

(3)筹资活动产生的现金流量。筹资活动是指导致企业资本及债务规模和构成发生变化的活动。其中的资本,包括实收资本(股本)、资本溢价(股本溢价)。与资本有关的现金流入和流出项目,包括吸收投资、发行股票、分配利润等。其中的债务是指企业对外举债所借入的款项,如发行债券、向金融企业借入款项以及偿还债务等。

筹资活动流入的现金主要包括:项目资本金投入所收到的现金;建设投资借款所收到的现金;流动资金借款收到的现金;收到的其他与筹资活动有关的现金,如发行债券、短期借款等。

筹资活动流出的现金主要包括:偿还债务所支付的现金,主要是利息和本金;分配股利、利润或偿付利息所支付的现金;支付的其他与筹资活动有关的现金。

财务计划现金流量表(见表9-5)的编制基础是财务分析辅助报表和利润及利润分配表。

表9-5 财务计划现金流量表 (单位:万元)

序号	项目	合计	计算期					
			1	2	3	4	…	n
1	经营活动净现金流量(1.1-1.2)							
1.1	现金流入							
1.1.1	营业收入							
1.1.2	增值税销项税额							
1.1.3	补贴收入							
1.1.4	其他流入							
1.2	现金流出							
1.2.1	经营成本							
1.2.2	增值税进项税额							
1.2.3	营业税金及附加							
1.2.4	增值税							
1.2.5	所得税							
1.2.6	其他流出							

续表 9-5

序号	项目	合计	计算期					
			1	2	3	4	…	n
2	投资活动净现金流量(2.1－2.2)							
2.1	现金流入							
2.2	现金流出							
2.2.1	建设投资							
2.2.2	维持运营投资							
2.2.3	流动资金							
2.2.4	其他流出							
3	筹资活动净现金流量(3.1－3.2)							
3.1	现金流入							
3.1.1	项目资本金投入							
3.1.2	建设投资借款							
3.1.3	流动资金借款							
3.1.4	债券							
3.1.5	短期借款							
3.1.6	其他流入							
3.2	现金流出							
3.2.1	各种利息支出							
3.2.2	偿还债务本金							
3.2.3	应付利润(股利分配)							
3.2.4	其他流出							
4	净现金流量(1＋2＋3)							
5	累计盈余资金							

4. 资产负债表

1)资产负债表的概念

资产负债表是反映计算期内各年年末资产、负债和所有者权益的增减变化及对应关系,以考察项目资产、负债和所有者权益的结构是否合理,用以计算资产负债率,进行偿债能力分析的报表,见表 9-6。

表 9-6　资产负债表　　（单位：万元）

序号	项目	合计	计算期					
			1	2	3	4	…	*n*
1	资产							
1.1	流动资产总额							
1.1.1	货币资金							
1.1.2	应收账款							
1.1.3	预付账款							
1.1.4	存货							
1.1.5	其他							
1.2	在建工程							
1.3	固定资产净值							
1.4	无形及其他资产净值							
2	负债及所有者权益(2.4+2.5)							
2.1	流动负债总额							
2.1.1	短期借款							
2.1.2	应付账款							
2.1.3	预收账款							
2.1.4	其他							
2.2	建设投资借款							
2.3	流动资金借款							
2.4	负债小计(2.1+2.2+2.3)							
2.5	所有者权益							
2.5.1	资本金							
2.5.2	资本公积金							
2.5.3	累计盈余公积金							
2.5.4	累计未分配利润							

计算指标：

资产负债率(%)

2)资产负债表的结构

根据会计制度,资产和负债均从易流动向固定排列,并将资产排列在前,负债和所有者权益排列在后。资产主要包括:流动资产(货币资金、应收账款、预付账款、存货、其他)、在建工程、固定资产净值、无形及其他资产净值;负债主要有:流动负债(短期借款、应付账款、预收账款、其他)、建设投资借款、流动资金借款;所有者权益主要是资本金、盈余公积金、未分配利润。

资产负债表根据建设期利息估算表、流动资金估算表、总成本费用估算表、固定资产折旧费估算表、无形资产和其他资产摊销估算表等计算填写。

5. 借款还本付息计划表

1)借款还本付息计划表的概念与作用

借款还本付息计划表是反映项目借款偿还期内借款本金偿还和利息支付情况,用于计算偿债备付率和利息备付率指标,进行偿债能力分析的表格。

按现行财务制度规定,归还建设投资借款的资金来源主要是当年可用于还本的折旧费和摊销费、当年可用于还本的未分配利润、以前年度结余可用于还本资金和可用于还本的其他资金等。

由于流动资金借款本金在项目计算期期末一次性回收,因此不必考虑流动资金的偿还问题。

2)借款还本付息计划表的结构

借款还本付息计划表的结构包括两大部分(见表9-7),即借款和债券。每一部分又分期初余额、当期还本付息和期末余额三项内容。

表9-7　借款还本付息计划表　(单位:万元)

序号	项目	合计	计算期					
1	借款1		1	2	3	4	…	n
1.1	期初借款余额							
1.2	当期还本付息							
	其中:还本							
	付息							
1.3	期末借款余额							
2	借款2							
2.1	期初借款余额							
2.2	当期还本付息							
	其中:还本							
	付息							
2.3	期末借款余额							

续表 9-7

序号	项目	合计	计算期					
3	债券		1	2	3	4	…	*n*
3.1	期初债务余额							
3.2	当期还本付息							
	其中:还本							
	付息							
3.3	期末债务余额							
4	借款和债券合计							
4.1	期初余额							
4.2	当期还本付息							
	其中:还本							
	付息							
4.3	期末余额							
计算指标	利息备付率(%)							
	偿债备付率(%)							

(1)借款。在项目的建设期,年初借款本息累计等于上年借款本金和建设期利息之和,在项目的生产期,年初借款本息累计等于上年尚未还清的借款本金,本年借款和建设期本年应计利息应根据“建设期利息估算表”、“项目总投资使用计划与资金筹措表”填列;生产期本年应计利息为当年的年初借款本息累计与借款年利率的乘积;本年还本可以根据当年偿还借款本金的资金来源填列;年末本息余额为年初本息余额与本年还本付息数额的差。

(2)债券。债券是指通过发行债券来筹措建设资金,因此债券的性质应当等同借款。两者的区别是,通过债券筹集建设资金的项目,项目是向债权人支付利息和偿还本金,而不是向贷款的金融机构支付利息和偿还本金。

(二)财务评价指标计算与分析

1.财务评价指标体系

投资项目财务评价的结果,一方面取决于基础数据的可靠性,另一方面取决于所选取的指标体系的合理性。只有选取正确的指标体系,项目的财务分析结果才能与客观实际情况相吻合,才具有实际意义。一般来讲,投资人的投资目标不止一个,因此项目财务指标体系也不是唯一的。

根据不同的评价深度要求和可获得资料的多少,以及项目本身所处条件与性质的不同,可选用不同指标,财务评价指标体系根据不同的分类标准,可有不同的分类。

1)按是否考虑资金的时间价值因素进行分类

按是否考虑资金的时间价值因素,财务评价指标可分为静态指标和动态指标,如表9-8所示。

表9-8 静态指标和动态指标体系表

财务评价指标	静态指标	总投资收益率 资本金净利润率 静态投资回收期 借款偿还期 利息备付率 偿债备付率
	动态指标	项目投资财务内部收益率 资本金内部收益率 财务净现值 动态投资回收期

2)按指标的性质进行分类

按指标的性质,财务评价指标可分为比率性指标、价值性指标和时间性指标,见表9-9。

表9-9 按性质分类的指标体系表

财务评价指标	比率性指标	项目投资财务内部收益率 资本金内部收益率 总投资收益率 资本金净利润率 利息备付率 偿债备付率 流动比率 速动比率
	价值性指标	财务净现值
	时间性指标	静态投资回收期 借款偿还期 动态投资回收期

3)按财务评价的目标进行分类

按财务评价的目标,财务评价指标可分为反映盈利能力的指标、反映偿债能力和财务生存能力的指标。

4）按融资与否分类

按融资与否，财务评价指标可分为融资前的财务分析指标和融资后的财务分析指标。

2. 财务评价指标计算与分析

1）财务评价指标计算

（1）项目投资财务净现值（*FNPV*）。指按设定的折现率 i_c 计算的项目计算期内各年净现金流量的现值之和。计算公式为

$$FNPV = \sum_{t=1}^{N}(CI - CO)_t(1 + i_c)^{-t} \tag{9-4}$$

式中　*CI*——现金流入；

CO——现金流出；

$(CI - CO)_t$——第 t 年的净现金流量；

N——计算期年数；

i_c——设定的折现率。

项目投资财务净现值是考察项目取得能力的绝对指标，它反映项目在满足按设定折现率要求的盈利之外所能获得的超额盈利现值。所以，从财务净现值指标判断项目可行与不可行的标准是：$FNPV \geqslant 0$，表明项目的盈利能力达到或超过了设定折现率所要求的盈利水平，项目在财务上是可行的。

（2）项目投资财务内部收益率（*FIRR*）。指能使项目在整个计算期内各年净现金流量现值累计等于0时的折现率。它是考察项目盈利能力的相对指标。其表达式为

$$\sum_{t=1}^{N}(CI - CO)_t(1 + FIRR)^{-t} = 0 \tag{9-5}$$

式中　*FIRR*——项目投资财务内部收益率；

其他符号含义同前。

采用项目投资财务内部收益率指标判断项目可行与否的标准通常是：$FIRR \geqslant i_c$。一般情况下，项目投资财务内部收益率大于等于基准折现率或设定折现率的，项目在财务上是可行的。

（3）项目投资回收期（P_t）。指以项目的净收益回收项目投资所需要的时间，一般以年为单位，并从项目建设开始年算起。若是从项目投产开始年算起的，应予以特别注明。

投资回收期有动态和静态两个，静态回收期的计算方法与动态相同，只是每年的净现金流量不需要贴现。其表达式为

$$\sum_{t=0}^{P_t}(CI - CO)_t(1 + i_c)^{-t} = 0 \qquad \text{动态}$$

$$\sum_{t=0}^{P_t}(CI - CO)_t = 0 \qquad \text{静态}$$

从上式可以看到，将项目各年财务净现金流量的现值累计，累计到 P_t 年时，现金流入

的现值之和等于现金流出的现值之和,此时的年份即为动态投资回收期。

由于各年的净现金流量的现值是一个一定数额的量,累计到某一年时正好为0的情况很少,所以在实际工作中,通常是利用列表的方法计算,使用公式如下

$$P_t = T - 1 + \frac{\left|\sum_{t=1}^{T-1}(CI - CO)_t\right|}{(CI - CO)_T} \tag{9-6}$$

式中　T——各年累计净现金流量首次为正值或0的年份。

投资回收期越短,表明项目的盈利能力和抗风险能力越强。投资回收期的判别标准是小于等于基准投资回收期,其取值可根据行业水平或者投资者的要求设定,越短越好。

(4)资本金财务内部收益率。为了全面考察盈利能力,除进行投资项目现金流量分析,考核项目融资前的盈利能力外,还要考核项目融资后的盈利能力,即进行项目资本金现金流量分析,分析资本金的盈利能力,为融资决策提供依据。

在市场经济条件下,项目资本金盈利能力指标是投资者最终决策的最重要的指标,是比较和取舍融资方案的重要依据。

(5)投资各方财务内部收益率。对于某些项目,为了考察投资各方的具体收益,根据编制的从投资各方角度出发的现金流量表,计算投资各方的内部收益率指标,该指标为融资后税后盈利能力分析指标。

依据投资各方现金流量表计算的投资各方财务内部收益率指标,其表达式和计算方法同项目投资财务内部收益率,只是所依据的表格和净现金流量内涵不同。

以上指标多为动态指标,还可以根据项目具体情况进行静态分析,选择计算一些静态指标。

(6)总投资收益率(ROI)。指建设项目达到设计生产能力后的一个正常生产年份的年息税前利润总额或运营期内年平均息税前利润($EBIT$)与项目总投资额(TI)的比率,它是考察项目融资后单位投资盈利能力的静态指标。

对于生产期内各年的利润总额变化幅度较大的项目应计算生产期年平均息税前利润总额,并通过年平均息税前利润总额与总投资额比来求得总投资收益率。

(7)项目资本金净利润率(ROE)。指项目达到设计生产能力后的一个正常生产年份的年净利润或项目运营期内年平均净利润(NP)与项目资本金(EC)的比率,它反映投入项目的资本金的盈利能力。

总投资收益率、资本金净利润率两个静态指标主要是根据利润及利润分配表,借助现金流量表相关数据计算的。其计算方法比较简单,经济意义比较直观,但它们没有考虑资金的时间价值,只考虑了年总收益、年净利润和投资的影响,忽视了其他经济数据。因此,在项目盈利能力分析中,它们只作为辅助指标。

2)偿债能力分析

偿债能力分析主要是通过编制借款还本付息计划表,计算相关指标,考察项目的偿还能力。反映项目偿债能力的指标包括借款偿还期、利息备付率和偿债备付率等。

(1)利息备付率(ICR)。指项目在借款偿还期内,各年可用于支付利息的息税前利润($EBIT$)与当期应付利息费用(PI)的比值。

当期应付利息指计入总成本费用的全部利息费用。

(2)偿债备付率($DSCR$)。指项目在借款偿还期内,各年可用于还本付息资金与当期应还本付息金额的比值。

(3)借款偿还期。指在有关财税规定及项目具体财务条件下,项目投产后以可用做还款的利润、折旧、摊销及其他收益偿还建设投资借款本金(含未付建设期利息)所需要的时间,一般以年为单位表示。该指标可由借款还本付息计划表推算。不足整年的部分可用线性插值法计算。计算出的借款偿还期越短,说明偿债能力越强。

(4)资产负债率($LOAR$)。指各期末负债总额(TL)同资产总额(TA)的比率。

(5)流动比率。指流动资产总额与流动负债总额的比,是反映项目各年偿付流动负债能力的评价指标。

(6)速动比率。指速动资产总额与流动负债总额的比,是反映企业快速偿付流动负债能力的指标。

在项目评价中,通过资产负债表可逐年计算项目的资产负债率、流动比率和速动比率。一般情况下,生产期的资产负债率将逐年下降,流动比率和速动比率将逐年上升,根据这三率达到基本要求所需要的时间来综合判定项目的贷款偿还风险程度。

3)财务生存能力分析

在项目运营期间,确保从各项经济活动中得到足够的净现金流量是项目能够持续生存的条件。财务分析中应根据财务计划现金流量表,综合考察项目计算期内各年的投资活动、融资活动和经营活动所产生的各项现金流入和流出,计算净现金流量和累计盈余资金,分析项目是否有足够的净现金流量维持正常运营。为此,财务生存能力分析亦可称为资金平衡分析。

财务分析应结合偿债能力分析进行,如果拟安排的还款期过短,致使还本付息负担过重,导致为维持资金平衡必须筹借的短期借款过多,可以调整还款期,减轻各年还款负担。

财务生存能力可通过以下相辅相成的两个方面具体判断:

(1)拥有足够的经营净现金流量是财务可持续的基本条件,特别是在运营初期。一个项目具有较大的经营净现金流量,说明项目方案比较合理,实现自身资金平衡的可能性大,不会过分依赖短期融资来维持运营。反之,一个项目不能产生足够的经营净现金流量,或经营净现金流量为负值,说明维持项目正常运行会遇到财务上的困难,项目方案缺乏合理性,实现自身资金平衡的可能性小,有可能要靠短期融资来维持运营;或者是此经营项目本身无能力实现自身资金平衡,提示要靠政府补贴。

(2)各年累计盈余资金不出现负值是财务生存的必要条件,在整个运营期间,允许个别年份的净现金流量出现负值,但不能容许任一年份的累计盈余资金出现负值。

一旦出现负值,应适时进行短期融资,该短期融资应体现在财务计划现金流量表中,同时短期融资的利息也应纳入成本费用和其后的计算中。

习　题

9-1　投资项目财务评价的内容、方法和基本财务报表是什么？

9-2　项目财务盈利能力分析的内容是什么？运用哪些主要指标？如何运用这些指标进行投资决策？

9-3　试分析项目财务评价税前与税后的评价指标在计算与评价标准上的差异。

9-4　如何进行项目财务生存能力的分析？

第十章 建设项目的国民经济评价

第一节 概 述

随着我国经济改革的不断深入,国民经济评价工作不断取得新的进展。为了适应社会主义市场经济的发展,进一步加强建设项目经济评价工作,根据《国务院关于投资体制改革的决定》精神,国家发展和改革委员会与建设部于2006年7月3日批准发布了《关于建设项目经济评价工作的若干规定》、《建设项目评价方法》和《建设项目经济评价参数》三个文件,要求在开展投资建设项目经济评价工作中使用。

一、建设项目国民经济评价的概念

建设项目国民经济评价是指在合理配置社会资源的前提下,从国家经济整体利益的角度出发,根据建设项目经济评价方法,应用建设项目经济评价参数,计算建设项目对国民经济的贡献,分析建设项目的经济效率、经济效果和对社会的影响,评价建设项目在宏观经济上的合理性。

二、建设项目国民经济评价的作用

(1)建设项目国民经济评价是真实反映建设项目对国民经济净贡献的需要。

在许多国家,特别是发展中国家,产业结构不合理、市场体系不健全以及过度保护民族工业等,导致国内的价格体系产生较为严重的扭曲和失真,不少商品的价格不能反映其价值,也不能反映其供求关系。在这种情况下,按现行价格计算项目的投入和产出,无法正确反映项目对国民经济的影响。

只有通过国民经济评价,运用能反映商品真实价值的价格来计算项目的费用和效益,才能真实反映建设项目对国民经济的净贡献,从而判断该项目的建设是否对国民经济总目标有利。

任何项目的费用和效益不仅体现在它的直接投入物和产出物中,还会体现在国民经济相邻部门及整个社会中,这就是项目的间接费用和间接效益,通常称为“外部效果”。因此,只有通过国民经济评价,才能全面权衡项目的“内部效果”和“外部效果”,即项目对国民经济整体的净贡献。

(2)建设项目国民经济评价是宏观上合理配置有限资源的需要。

对于一个国家来说,用于发展的资源(资金、劳动力、土地及其他自然资源)都是有限的,资源的稀缺与需要的增长存在着较大的矛盾。只有通过优化资源配置,使资源得到最佳利用,才能有效促进国民经济发展。而仅仅通过财务评价,是无法正确反映资源的有效利用的,只有通过国民经济评价,才能从宏观上引导国家有限的资源进行合理配置,鼓励和促进那些对国民经济有正面影响的项目的发展，抑制和淘汰那些对国民经济有负面影响的项目。

(3)建设项目国民经济评价是投资决策科学化的需要。

通过国民经济评价，合理运用评价指标和评价参数，可以有效地引导投资方向，控制投资规模，避免不必要的投资，提高计划质量，实现企业利益、地区利益与全社会及国家整体利益的有机结合和平衡。这些是财务评价所不具备的，因此投资必须在财务评价的基础上，再进行国民经济评价，保证投资决策科学化。

三、建设项目国民经济评价的内容

(一)国民经济评价费用与效益的识别与处理

国民经济评价中的费用与效益同财务评价中的费用与效益的划分范围是不同的。国民经济评价以工程项目耗费资源的多少，以及项目给国民经济带来的收益来界定项目的费用与效益，无论最终由谁支付和获取，都视为该项目的费用与效益，而不仅仅是考察项目账面上直接显现的收支。

因此，在国民经济评价中，需要对这些直接或间接的费用与效益，逐一加以识别、归类和处理。

(二)影子价格的确定和基础数据的调整

在绝大多数发展中国家，现行价格体系一般都存在着较为严重的扭曲和失真现象，使用现行市场价格无法进行国民经济评价。只有采用那些通过现行市场价格调整计算而获得的，并能够反映资源真实价值和市场供求关系的价格，被称为影子价格，来进行国民经济评价，才能保证评价的科学性。这是因为与项目有关的各项基础数据，都必须以影子价格为基础进行调整，才能正确计算出项目的各项国民经济费用与效益。

(三)国民经济效果分析

根据所确定的各项国民经济费用与效益，结合相关经济参数，计算建设项目的国民经济评价指标并进行方案比选，编制国民经济评价报表，对建设项目的国民经济效果进行分析，做出建设项目经济上是否合理的结论。

四、建设项目国民经济评价的方法

由于经济评价的目的在于保证决策的正确性，减小投资的风险性，最大限度提高项目的经济效益，因此正确选择经济评价方法是十分重要的。其评价的方法有如下一些类型。

(一)根据是否考虑不确定性因素划分

(1)确定性评价方法。

(2)不确定性评价方法。

对于同一个项目，必须同时进行确定性评价和不确定性评价。

(二)根据是否考虑时间因素划分

(1)静态评价方法。

(2)动态评价方法。

建设项目国民经济评价，要坚持以定量分析为主、定量分析与定性分析相结合，以动态分析为主、动态分析与静态分析相结合的原则。应充分利用信息技术,开发和完善评价软件和项目信息数据库,提高建设项目国民经济评价工作的效率和评价的质量。

五、建设项目国民经济评价的步骤

建设项目国民经济评价可以在财务评价的基础上进行。

(一)一般建设项目国民经济评价的主要步骤

(1)效益和费用范围的调整。剔除已记入财务评价的效益与费用中的国民经济内部转移支付,识别项目的间接效益和间接费用,尽量对其进行定量计算,对不能进行定量计算的做出定性说明。

(2)效益和费用值的调整。主要是对固定资产投资、流动资金、经营费用、销售收入和外汇借款等各项数据进行调整。

(3)分析项目的国民经济盈利能力。编制国民经济效益和费用流量表,并据此计算全部投资的经济内部收益率和经济净现值等指标。对于使用国外贷款的项目,还应编制国内投资国民经济效益费用表,并据此计算国内投资的经济内部收益率和经济净现值等指标。

(4)分析项目的外汇效果。对于产出物出口或替代进口的建设项目,编制经济外汇流量表,并据此计算经济外汇净现值、经济换汇成本或经济节汇成本等指标。

(二)社会公益等建设项目国民经济评价的主要步骤

(1)识别和估算项目的直接效益。

(2)运用相关参数直接估算项目的投资。

(3)估算流动资金。

(4)依据相关参数估算经营费用。

(5)识别项目的间接效益和间接费用。

(6)编制有关报表,计算相应的评价指标。

六、建设项目国民经济评价与财务评价的关系

建设项目国民经济评价由财务评价和国民经济评价两部分组成,评价所得到的结论是项目决策的主要依据;财务评价是国民经济评价的基础,国民经济评价则是财务评价的深化,二者既有联系,又有区别。

(一)国民经济评价与财务评价的联系

(1)评价目的相同。二者都以寻求经济效益最好的项目为目的,追求以最小的投入获得最大的产出。

(2)评价基础相同。二者都是在完成项目的市场预测、方案构思、投资估算、资金筹措等可行性研究的基础上进行评价的。

(3)评价计算期相同。二者都使用相同的计算寿命期。

(4)评价方法相似。二者都采用现金流量法,通过基本报表来计算相关指标。

(5)评价指标相似。二者都采用净现值和内部收益率来评价项目的经济效果。

（二）国民经济评价与财务评价的区别

1. 评价角度不同

财务评价是站在企业的立场上，从项目的微观角度，按照现行的财税制度去分析项目的盈利能力和贷款偿还能力，以判断项目是否有财务上的生存能力。

国民经济评价是站在国家的立场上，从国民经济综合平衡的角度，分析项目对国民经济发展和国家资源配置等方面的影响，以考察投资行为的经济合理性。

2. 跟踪对象不同

财务评价跟踪的是与项目直接相关的货币流动，由项目之外流入到项目之内的货币为财务收益，由项目之内流出到项目之外的货币为财务费用。

国民经济评价跟踪的是围绕项目发生的资源流动，减少社会资源的项目投入为国民经济费用，增加社会资源的项目产出为国民经济收益。

3. 费用与效益的划分不同

财务评价根据项目的实际收支来计算项目的效益与费用，凡是项目的收入都计为效益，凡是项目的支出均计为费用。

国民经济评价根据项目实际消耗的有用社会资源以及项目向社会贡献的有用产品或服务来计算项目的效益与费用。

在财务评价中作为费用或效益的税金、国内借款利息和财政补贴等，在国民经济评价中被视为国民经济内部转移支付，不作为项目的费用或效益；在财务评价中环境污染和降低劳动强度等不计为费用或效益，在国民经济评价中则需计为费用或效益。

4. 采用的价格体系不同

财务评价要求评价结果反映投资项目实际发生的情况，采用的是以现行市场价格体系为基础的预算价格。

国民经济评价要考虑国内市场价格的失真情况，采用的是对现行市场价格进行调整所得到的影子价格。

5. 采用的评价参数不同

在进行项目的外币折算时，财务评价采用的是特定时期的官方汇率，而国民经济评价采用的是国家统一测定的相对稳定的影子汇率；在计算净现值等指标或用内部收益率进行评价时，财务评价采用行业财务基准收益率，而国民经济评价则采用国家统一测定的社会折现率。

6. 评价的内容不同

财务评价的主要内容是盈利能力分析和清偿能力分析，必要时还应进行外汇平衡分析。

国民经济评价的主要内容是盈利能力分析和外汇效果分析，不必进行清偿能力分析。

（三）国民经济评价结论与财务评价结论的关系

对费用与效益计算比较简单，建设期和运营期比较短，不涉及进出口平衡等一般项目，如果财务评价的结论能够满足投资决策需要，可不进行国民经济评价；对于关系公共利益、国家安全以及市场不能有效配置资源的经济和社会发展项目，除应进行财务评价外，还应进行国民经济评价；对于特别重大的建设项目，还应辅以区域经济与宏观经济影响分析方法进行国民经济评价。

依据国民经济评价结论和财务评价结论，对一项建设项目的取舍原则如下：

(1)两项评价的结论均认为可行的项目，应予以通过。

(2)两项评价的结论均认为不可行的项目，应予以否定。

(3)财务评价的结论认为可行，而国民经济评价的结论认为不可行的项目，应给予否定，或者重新考虑方案。

(4)对某些国计民生急需的项目，财务评价的结论认为不可行，而国民经济评价的结论认为可行，应予以通过，但国家和主管部门应采取相应的优惠政策，如财政补贴、减免税等，使项目在财务上具有生命力。

第二节　建设项目国民经济评价的效益与费用

效益与费用分析是发达国家广泛采用的用于对建设项目进行国民经济评价的方法，也是联合国向发展中国家推荐的国民经济评价方法。它是从国家和社会的宏观利益出发，通过对工程项目的经济效益和经济费用进行系统、全面的识别和分析，求得项目的经济净收益，并以此来评价工程项目可行性的一种方法。

效益与费用分析的核心是通过比较各种备选方案的全部预期效益和全部预计费用的现值来评价这些备选方案，并以此作为决策的参考依据。

一、效益与费用的识别

在项目的财务评价中，项目可视为一个相对独立的封闭系统，货币在这一系统的流入和流出容易识别，且大都可以从相应的会计核算科目中找到答案。在项目的国民经济评价中，效益和费用的划分与财务评价相比发生了质的变化。

正确地识别效益与费用，是保证国民经济评价正确性的重要前提条件。其识别的基本原则是：凡是国民经济所作的贡献，均计为项目的收益，凡是国民经济为项目所付出的代价，均计为项目的费用。

项目的国民经济效益，包括项目的直接效益和间接效益；项目的国民经济费用，包括项目的直接费用和间接费用。

通常将项目对国民经济产生的影响视为效果，分为直接效果(也叫内部效果)和间接效果(也叫外部效果)。内部效果是项目的直接效益和直接费用的统称；外部效果是项目的间接效益和间接费用的统称。

二、直接效益与直接费用

(一)直接效益

直接效益是由项目产出物直接产生，并在项目范围内计算的经济效益。一般包括以下内容：

(1)增加项目产出物(或服务)的数量，以增加国内市场的供应量，其效益就是满足国内需求。

(2)项目产出物(或服务)代替相同或类似企业的产出物(或服务),使被替代企业减产,从而减少国家有用资源的耗用(或损失),其效益就是被替代企业释放出来的资源。

(3)项目产出物(或服务)减少了进口量,即替代了进口货物,其效益为所节约的外汇支出。

(二)直接费用

直接费用是指项目使用投入物所产生的,并在项目范围内计算的经济费用,一般包括以下内容:

(1)国内其他部门为本部门项目提供投入物,而扩大了该部门的生产规模,其费用为该部门增加生产所消耗的资源。

(2)项目投入物本来用于其他项目,由于用于建设该项目而减少了对其他项目(或最终消费)投入物的供应,其费用为其他项目(或最终消费)因此而放弃的消费。

(3)项目的投入物来自国外,即增加进口,其费用为增加的外汇支出。

(4)项目的投入物本来首先用于出口,为了满足项目需求而减少了出口,其费用为减少出口所减少的外汇收入。

三、间接效益与间接费用

(一)间接效益与间接费用的概念

(1)间接效益。指由项目引起而在直接效益中没有得到反映的效益。

(2)间接费用。指由项目引起而在直接费用中没有得到反映的费用。

(二)间接效益与间接费用应具备的条件

在进行项目评价时,只有同时具备以下两个条件的效益或费用,才能称做间接效益或间接费用。

(1)项目将对其无直接关联的其他项目或消费者产生影响。

(2)该效益或费用在财务报表中并没有得到反映,或者没有将其量化。

(三)间接效益与间接费用所涉及的内容

1. 环境影响效果

项目对自然环境造成的污染和对生态平衡产生的破坏,是一种间接费用,这种费用一般较难定量计算,可按同类项目所造成的损失或按恢复环境质量所需的费用来近似估算。无法定量计算的应作定性说明,某些建设项目属于环境治理项目,或含有环境治理工程,对环境会产生好的影响,在国民经济评价中应估算其间接效益。

2. 价格影响效果

若项目的产出物品是增加了国内市场的供应量,导致产品的市场价格下跌,使消费者受益,这种益处只是将生产商减少的收益转移给了产品的消费者,对整个国民经济而言,效益并未改变,由此消费者得到的收益不能计为该项目的间接效益;若项目的产出物大量出口,导致国内同类产品出口价格下跌,由此造成的外汇收入减少,应计为该项目的间接费用。

3. 技术扩散效果

一个技术先进项目的实施,会培养和造就大量的工程技术人员、管理人员或技术较强的操作人员,也会产生或发明一些先进技术。由于人员的流动和技术外流,使整个社会经济的发展受益,这种效益通常是隐蔽的、滞后的,难以识别和计量,一般只作定性描述。

4.产业关联效果

这一效果包括纵向的相邻效果和横向的相乘效果(也叫乘数效果)。

1)相邻效果

项目的相邻效果是指由于项目的实施而给上游企业和下游企业带来的辐射效果。

上游企业是指为该项目提供原材料或半成品的企业。项目的实施可能会刺激这些上游企业得到发展,使新增加的生产能力或原有的生产能力得到充分的利用。

下游企业是指使用项目的产出物作为原材料或半成品的企业。项目的产品可能对下游企业的经济效益产生影响,使其闲置的生产能力得到充分利用,或使其在生产上节约成本。

在大多数情况下,项目的相邻效果可以在项目的投入物和产出物的影子价格中得到体现,不应再计算间接效果。在某些特殊情况下,当间接效果难以在影子价格中反映时,需要作为项目的外部效果计算。

2)乘数效果

乘数效果是指由于项目的实施而使与该项目相关的产业部门的闲置资源得到有效利用,进而产生一系列的连锁反应,带动某一行业、地区或全国的经济发展,所带来的外部效果。一般情况下乘数效果不能连续扩展计算,只需计算一次相关效果。

四、转移支付

在项目效益与费用的识别过程中,经常会遇到项目与各种社会实体之间的货币转移,如税金、补贴、利息、折旧等问题的处理。这些都是财务评价中的实际支出,从国民经济角度来看,它们并不影响社会最终产品的增减,都未造成资源的实际耗用和增加,仅仅是资源的使用权在不同的社会实体之间的一种转移。这种并不伴随着资源增减的纯粹货币性质的转移称为转移支付。

在国民经济评价中,转移支付不能计入项目的效益或费用,但关键是对转移支付的识别和处理。如果以项目的财务评价为基础进行国民经济评价,应从财务效益与费用中剔除在国民经济评价中计做转移支付的部分。

常见的转移支付有以下内容:

(1)税金。税金在财务评价中显然是建设项目的一种费用。但在国民经济评价中,从国民经济整体来看,税金作为国家财政收入的主要来源,使国家进入国民收入二次分配的重要手段,缴税只不过表明税收代表的那部分资源的使用权从纳税人那里转移到了国家。也就是说,税金只是一种转移支付,不能计为国民经济评价中的效益或费用。

(2)补贴。补贴是一种货币流动方向与税收相反的转移支付,包括价格补贴和出口补贴等。补贴虽然使工程项目的财务收益增加,但同时也使国家财政收入减少。实质上仍然是国民经济中不同实体之间的货币转移,整个国民经济并没有因此发生变化。因此,国家给予的各种形式的补贴都不应计入国民经济评价中的效益或费用。

(3)国内贷款利息。国内贷款利息在企业财务评价中的资本金财务现金流量表中是一项费用。对国民经济评价而言,它表示项目对国民经济的贡献有一部分转移到了政府或国内贷款机构。项目对国民经济所作贡献的大小,与所支付的国内贷款利息的多少无关。因此,它也不是国民经济评价中的效益或费用。

(4)国外贷款与还本付息。在国民经济评价中,国外贷款和还本付息,根据分析角度不同,有两种不同的处理原则。

①在全部投资国民经济评价中的处理。全部投资国民经济评价,把国外贷款也看做国内投资,此项目的全部投资作为计算基础,对拟建项目使用的全部资源的使用效果进行评价。由于随着国外贷款的发放,国外相应的实际资源的支配权利也同时转移到了国内,因此国外贷款资源与国内资源一样,也存在着合理配置的问题。在全部投资国民经济评价中,国外贷款和还本付息与国内贷款和还本付息一样,不能作为效益或费用。

②在国内投资国民经济评价中的处理。全部投资国民经济评价效果好的项目,并不一定使国内受益。为考察项目对本国国民经济的实际贡献,应以国内投资作为计算基础,进行国内投资国民经济评价,把国外贷款还本付息视为费用。

(5)折旧。折旧是会计意义上的生产费用要素,是从收益中提取的部分资金,与实际资源的耗用无关。因为在经济分析时,已将固定资产投资所耗用的资源视为项目的投资费用,而折旧无非是投资形成的固定资产在再生产过程中价值转移的一种方式而已。因此,不能将折旧视为国民经济评价中的效益或费用,否则就是重复计算。

第三节　建设项目国民经济评价参数

建设项目决策需要经过技术、经济、环境、社会等方面的分析论证,需要大量数据的支持,科学、合理、可用的参数是建设项目经济评价过程中不可缺少的工具之一。

为适应社会主义市场经济的发展,加强和规范建设项目经济评价工作,满足政府和其他各投资主体投资决策的需要,保证经济评价的质量,引导和促进各类资源的合理有效配置,发挥投资效益,提高项目决策的科学化水平,应制定取值合理的参数。

经济评价参数由国家有关部门统一组织测定,并实行阶段性调整。

1987 年,国家计划委员会发布《建设项目经济评价方法与参数》,对我国建设项目的科学决策起了巨大的推动作用,举世瞩目的长江三峡工程就是照此进行了详细的经济评价。

1993 年,国家计划委员会和建设部联合批准发布《建设项目经济评价方法与参数》(第 2 版),推动了我国投资决策科学化进程。

2006 年 7 月 3 日,国家发展和改革委员会与建设部发布了《建设项目经济评价方法与参数》(第 3 版),包括建设项目经济评价工作的若干规定、建设项目经济评价方法和建设项目经济评价参数三个部分,要求在开展投资项目经济评价工作时借鉴和使用。

这对于加强固定资产投资宏观调控,提高投资决策的科学化水平,引导和促进各类资源合理配置,优化投资结构,减少和规避投资风险,充分发挥投资效益,具有重要作用。

国家有关行政主管部门根据国家与行业的发展战略与发展规划、国家的经济状况、资源供给状况、市场需求状况、各行业投资经济效益、投资风险、资金成本及项目投资者的实际需要,组织测定和发布的建设项目评价参数有利于促进社会资源的合理配置,有利于实现政府利用信息引导经济,有利于社会信息资源的共享,有利于充分利用各行业专家资源,有利于避免参数测算中的盲目、主观、片面、局部、狭隘、短视、静止等弊端。

建设项目评价结论是在大量计算分析的基础上得出的,结论正确与否直接影响项目决策,而在评价中采用的参数是否合理、准确,决定了评价结论的正确与否,因此必须重视项目评价采用参数的质量。在选用项目评价参数时,要注意以下一些特点:

(1)周期性。在项目评价时,对不同种类参数均使用同一时段的数据,以保证计算结论的合理性与可比性。

(2)有效性。项目评价时要使用在有效期内的参数,每个参数均有其自身的有效期,都需要适当进行调整,使用过期的参数不能得出合理的评价结论,而且很可能对项目决策者产生误导。

(3)稳妥性。建设项目经济评价工作要在大量预测的基础上进行,存在着各种不确定性;在不能准确估计项目效益时宁可低估效益,在不能准确估计项目成本时宁可高估成本。

(4)时效性。由于社会经济状况处于不断的发展变化中,不同时期的参数反映不同时期的社会经济状况,因此项目经济评价参数在使用过程中一定要注意其时效性。综合考虑我国目前参数使用与测算两方面的基本情况,国家有关部门规定最终确定参数的测算发布周期为一年。社会有关方面每年都有必要进行参数的适应性检查,借助参数定期更新的机会,落实国家及行业规划,落实国家有关政策。

建设项目经济评价参数,按照使用范围分为财务评价参数和国民经济评价参数。国民经济评价参数包括计算、衡量项目的经济费用与效益的各类计算参数和判定项目经济合理性的参数。

常用的建设项目国民经济评价参数有社会折现率、影子汇率、影子工资、土地影子价格等。

一、社会折现率

(一)社会折现率的概念

建设项目的国民经济评价,采用费用效益分析方法或者费用效果分析方法。在费用效益分析方法中,主要采用动态计算方法,计算经济净现值或者经济内部收益率指标。

计算经济净现值指标时,需要使用一个事先确定的折现率。在使用经济内部收益率指标时,需要一个用事先确定的基准收益率作对比,以判定项目的经济效益是否达到了标准。通常将经济净现值计算中的折现率和作为经济内部收益率判据的基准收益率统一起来,规定为社会折现率。

社会折现率也叫影子利率或计算利率,规定为社会折现率,它是建设项目国民经济评价中衡量经济内部收益率的基准值,也是从社会经济整体出发评价项目经济合理性用之计算经济净现值的折现率。社会折现率表示从国家角度对资金机会成本和资金的时间价值的估量,社会折现率在项目国民经济评价中具有双重职能。

(1)作为项目费用与效益不同时间价值之间的折算率。

社会折现率作为项目费用与效益不同时间价值之间的折算率，它反映了对于社会费用与效益价值的时间偏好，社会费用与效益的时间偏好，代表人们对于现在的社会价值与未来社会价值之间的权衡。

社会费用与效益的时间偏好在一定程度上受到社会经济增长的影响，但并非完全由经济增长所决定，而经济增长也并不是完全由社会投资所带来的。

(2)作为项目经济效益要求的最低经济收益率。

社会折现率作为项目经济效益要求的最低经济收益率，代表着社会投资所要求的最低收益率水平。项目投资产生的社会收益率如果还不到这一最低水平，项目不应当被接受。社会投资所要求的最低收益率，理论上认为应当由社会投资的机会成本决定，也就是由社会投资的边际收益率决定。

在上述两种职能中，由社会资本投资的机会成本所决定的社会折现率，并不一定会等于由社会时间偏好所决定的社会折现率。一般认为，社会时间偏好率应当低于社会资本投资的机会成本。由于这种偏差的存在，以及由于社会折现率在项目国民经济评价中的双重职能，评价结果不可避免地存在一定的偏差。

(二)社会折现率的作用

(1)社会折现率是项目经济可行性的主要判据。

社会折现率作为基准收益率，其取值高低直接影响项目经济可行性的判断结果。社会折现率的取值，实质上反映的是国家希望投资项目获得的最低期望收益率，一个项目是否可行，首先要看其是否能达到或超过这一期望收益水平。

社会折现率如果取值过低，将会使得一些经济效益不好的项目投资得以通过，经济评价起不到应有的作用。社会折现率取值提高，会使一部分本来可以通过评价的项目因达不到判别标准而被舍弃，从而间接起到调控投资规模的作用。

(2)社会折现率是项目方案比选的主要判据。

社会折现率在项目方案比选中，其取值高低会影响比选的结果。取值较高会使远期收益在折算为现值时发生较高的折减，因此有利于社会效益产生在近期，而社会效益产生在远期的项目被淘汰，这可能会导致对评价结果的误导。

国家根据宏观调控意图和现实经济状况，制定发布统一的社会折现率，有利于统一评价标准，避免参数选择的随意性。采用适当的社会折现率进行项目评价，有利于正确引导投资，控制建设规模，调节资金供求平衡，促进资金在短期与长期项目之间的合理配置。

(三)社会折现率的测定

社会折现率是根据国家的社会经济发展目标、发展战略、发展优先顺序、发展水平、宏观调控意图、社会投资收益水平、资金供给状况、资金机会成本等因素进行综合分析，由国家相关部门统一测定和发布。

2006 年 7 月 3 日，国家发展和改革委员会与建设部公布的社会折现率取值是以资金的机会成本与费用及效益的时间偏好率为基础进行测算的结果。在项目评价中，社会折现率既代表了资金的机会成本，也是不同年份之间费用与效益的折算率。

在理论上，如果社会资源供求在最优状态平衡，资金的机会成本应当等于不同年份之间的折算率。在实际中，社会投资资金总是表现出一定的短缺，资金的机会成本总是高于不同年份之间的费用与效益折算率。

同时，由于投资风险的存在，资本投资所要求的收益率总是要高于不同年份的折算率。因此，按照资金机会成本原则确定的社会折现率总是高于按照费用与效益的时间偏好率原则确定的数值。

（四）社会折现率的取值

我国相关部门根据数量经济学原理，依据经济发展统计数据，在不同时期确定了不同的社会折现率数值。

1987 年，国家计划委员会发布的《建设项目经济评价方案与参数》规定：社会折现率为 10%；1993 年，国家计划委员会和建设部联合批准发布的《建设项目经济评价方法与参数》（第 2 版）中规定，社会折现率为 12%；2006 年，国家发展和改革委员会与建设部联合批准和发布的《建设项目经济评价方法与参数》（第 3 版）对社会折现率又作了新的规定。

《建设项目经济评价方法与参数》（第 3 版）根据影响社会折现率的各主要因素，结合当前经济发展的实际情况规定社会折现率为 8%，并对一些具体情况做出了相应规定和说明。对于一些持殊的项目，主要是水利工程、环境改良工程、某些稀缺资源的开发利用项目，采取较低的社会折现率，可能会有利于项目的优选和方案的优化。对于受益期长的建设项目，如果远期效益较大，效益实现的风险较小，社会折现率可适当降低，但不应低于 6%。对于永久性工程或者受益期超长的项目，如水利设施等大型基础设施和具有长远环境保护效益的项目，宜采用低于 8% 的社会折现率。对于超长期项目，社会折现率可按时间分段递减的方法取值。

二、影子汇率

（一）影子汇率的概念

影子汇率是指能正确反映国家外汇经济价值的汇率。影子汇率是项目国民经济评价的重要参数，它体现了从国民经济角度对外汇价值的估量，在项目国民经济评价中使用影子汇率，是为了正确计算外汇的真实经济价值。

影子汇率在项目的国民经济评价中，除用于外汇与本国货币之间的换算外，还是经济换汇和经济节汇成本的判据。

国家可以利用影子汇率作为经济杠杆来影响项目方案的选择和项目的取舍。比如某项目的投入物既可以使用国产设备也可以使用进口设备，当影子汇率较高时，就有利于前一种方案。

（二）影子汇率的发布

影子汇率由国家统一测定发布，并定期调整，其发布的形式有两种：一种是直接发布影子汇率；另一种则是将影子汇率与国家外汇牌价挂钩，发布影子汇率换算系数。

（三）影子汇率换算系数的取值

影子汇率是国民经济评价的重要参数，它的取值对于项目决策有着重要的影响。影子汇率取值较高，反映外汇的影子价格较高，表明项目使用外汇时的社会成本较高，而项目为国家创造外汇收入时的社会评价较高。

影子汇率换算系数是国家相关部门根据国家现阶段的外汇收支、外汇供求、进出口结构、进出口关税、进出口增值税及出口退税补贴等综合因素统一测算和发布的。

2006年,国家发展和改革委员会与建设部发行的《建设项目经济评价方法与参数》(第3版)中的影子汇率换算系数确定为1.08。

三、影子工资

(一)影子工资的概念

在大多数国家中,出于经济的、社会的和传统的原因,劳动者的货币工资常常偏离竞争性劳动市场所决定的工资水平,从而不能真实地反映单位劳动的边际产品价值,因而产生了劳动市场供求失衡问题。在这种情况下,对建设项目进行国民经济评价,就不能简单地把项目的货币工资支付直接视为该项目的劳动成本,而是要通过所谓的影子工资来对此劳动成本进行必要的调整。影子工资是指建设项目使用劳动力资源而使社会付出的代价。

建设项目国民经济评价中以影子工资计算劳动力费用。

在项目的财务评价中,职工工资作为成本的构成内容被看做财务费用。在项目的国民经济评价中,职工工资作为新创造的价值,而被看做经济效益,只是在考虑项目招收职工对国民经济其余部分带来的损失时,才使用影子工资这一费用概念。

(二)影子工资的构成

影子工资即劳动力的影子价格,是指由于建设项目使用劳动力而使国民经济所付出的真实代价。影子工资由劳动力机会成本和新增资源消耗两部分组成。

(1)劳动力机会成本。指劳动力在本项目被使用,而不能在其他项目中使用而被迫放弃的劳动收益。或者说,是指劳动力如果不就业于该项目而从事于其他生产经营活动所能创造的最大效益。劳动力的机会成本与劳动力的技术熟练程度和供求状况有关,技术越熟练,需求程度越高,其机会成本越高,反之越低。

(2)新增资源消耗。指劳动力在本项目就业或由其他就业岗位转移来本项目而发生的社会资源消耗,这些资源消耗并没有提高劳动力的生活水平,在分析中应根据劳动力就业的转移成本测算。

(三)影子工资确定的原则

影子工资的确定,应符合下列规定:

(1)影子工资应根据项目所在地的劳动力就业状况、劳动力就业或转移成本测定。

(2)技术劳动力的工资报酬一般可由市场供求决定,即影子工资一般可用财务实际支付工资计算。

(3)对于非技术劳动力,其影子工资根据我国非技术劳动力就业状况确定,具体可根据当地的非技术劳动力供求状况确定。

(四)影子工资换算系数的取值

2006年,国家发展和改革委员会与建设部联合发布的《建设项目经济评价方法与参数》(第3版),在对影子工资测算的分类方式上作了改动。采用了技术与非技术劳动力的分类方式,来分别测算劳动力影子价格的推荐取值。对于技术劳动力,采取影子工资等于财务工资,即影子工资换算系数为1;对于非技术劳动力,其影子工资换算系数为

0.25 ~0.8。

四、土地影子价格

(一)土地影子价格的概念

土地影子价格是指建设项目使用土地资源而使社会付出的代价,土地是重要的经济资源,项目使用了土地,对国家来说就造成了费用。国家对建设项目使用土地实行政府管制,土地使用价格受到土地管制的影响,不一定能反映土地的真实价值。在项目国民经济评价中要以土地影子价格计算土地费用。

(二)土地影子价格的组成

土地影子价格由两部分组成,一是土地机会成本,二是新增资源消耗。

土地机会成本按拟建项目占用土地而使国民经济为此放弃的该土地"最佳替代选用"的净效益计算。

新增资源消耗,即土地改变用途而发生的新增资源消耗,主要包括拆迁补偿费、劳动力安置补助费、养老保险费等。

第四节　国民经济评价指标及报表

国民经济评价和财务评价相似,也是通过评价指标的计算,编制相关报表来反映项目的国民经济效果。国民经济评价指标计算和财务评价指标的计算在形式上相同。为明确起见,在国民经济评价指标前冠以"经济"二字,如经济内部收益率、经济外汇净现值等。

项目的国民经济评价包括国民经济盈利能力分析和外汇效果分析,因此其评价指标相应的包括国民经济盈利能力分析指标和外汇效果分析指标两大类。

一、国民经济盈利能力分析指标

项目国民经济盈利能力分析的主要指标有经济净现值、经济内部收益率、经济效益费用比等。《建设项目经济评价方法与参数》(第3版)删除了在理论上争议较大的经济净现值率这一指标。

(一)经济净现值

经济净现值是指项目按照社会折现率将计算期内各年的经济净效益流量折现到建设初期的现值之和。

在项目国民经济评价中,如果经济净现值等于或大于0,则表明项目可以达到符合社会折现率的效益水平,认为该项目从经济资源配置的角度可以被接受。

(二)经济内部收益率

经济内部收益率是指项目在计算期内经济净效益流量的现值累计等于0时的折现率,如果经济内部收益率等于或者大于社会折现率,则表明项目资源配置的经济效率达到了可以被接受的水平。

(三)经济效益费用比

经济效益费用比是指项目在计算期内效益流量的现值与费用流量的现值之比,如果经济效益费用的比大于1，则表明项目资源配置的经济效率达到可以被接受的水平。

二、外汇效果分析指标

外汇作为一种重要的经济资源，对国民经济的发展具有特殊的价值，外汇平衡对一个国家的经济形势有着特殊的影响。因此，对产品出口创汇及替代进口节汇的项目，应进行外汇效果分析。项目的外汇效果指标主要有经济外汇净现值、经济换汇成本和经济节汇成本。

（一）经济外汇净现值

经济外汇净现值是反映项目实施后对国家外汇收支直接或间接影响的重要指标，用来衡量项目对国家外汇的净贡献（创汇）或净消耗（用汇）。经济外汇净现值是项目计算期内各年的净外汇流量用社会折现率折算到建设期期初的现值之和。

经济外汇净现值一般应按项目的实际外汇经收支来计算，但折现率应使用社会折现率，而不应使用外汇借款利率。

如果项目的经济外汇净现值等于0，则表明项目对国家的外汇收支没有消耗；如果项目的经济外汇净现值大于0，则表明项目对国家的外汇收支有净贡献。从外汇获取或节约的角度看，这两种情况的项目是可以被接受的。

（二）经济换汇成本

当项目有产品直接出口时，应计算经济换汇成本，以分析这种产品出口对于国民经济是否真正有益。

经济换汇成本是指用货物的影子价格、影子工资和社会折现率计算的为生产出口产品而投入的国内资源现值（以人民币表示）与生产出口产品的经济外汇净现值（通常以美元表示）的比值，即换取1美元外汇（现值）所要投入多少价值的国内资源（现值）。

经济换汇成本是分析项目产品出口的国际竞争能力，判断项目产品是否应当出口的指标。当经济换汇成本小于或等于影子汇率时，表明项目生产出口品是有利的；当经济换汇成本大于影子汇率时，则是不利的。

当项目产出只有部分为外贸品时，应将生产外贸品部分所耗费的国内资源价值从国内资源总生产耗费中分离出来。

（三）经济节汇成本

经济节汇成本，是指项目计算期内生产替代进口产品所投入的国内资源的现值与生产替代进口品的经济外汇净现值的比值，即节约1美元外汇所需投入的国内资源。对于有产品替代进口的项目，应计算其经济节汇成本。

如果经济节汇成本小于或等于影子汇率，则表明项目的产品替代进口是有利的；否则，替代进口是不利的。

三、国民经济评价报表

建设项目进行国民经济评价，需要编制国民经济评价报表，这是一项基础工作。经济评价报表包括基本报表和辅助报表。

(一)国民经济评价基本报表

国民经济评价基本报表包括国民经济效益费用流量表、经济外汇流量表、国内资源流量表等。

1. 国民经济效益费用流量表

国民经济效益费用流量表用于分析国民经济盈利能力。它是国民经济评价的主要基本报表,包括项目国民经济效益费用流量表和国内投资国民经济效益费用流量表两种。

国民经济效益费用流量表以全部投资(包括国内投资和国外投资)作为分析对象,计算项目全部投资的经济内部收益率和经济净现值,考察项目全部投资的盈利能力,以此判别项目的经济合理性。国内投资国民经济效益费用流量表以国内投资作为分析对象,将国外借款本金和利息作为费用流出,计算国内投资的经济内部收益率和经济净现值,考察国内投资的盈利能力,以此作为利用外资项目经济评价和方案比较的依据。

2. 经济外汇流量表

设计产品出口及替代进口的项目,需要编制经济外汇流量表,用以计算外汇效果指标。经济外汇流量表集中显示项目建设期内每年各项外汇收入和支出流量及产品替代进口使国家节汇的数量,显示项目对国民经济的净外汇效果,反映项目对国家外汇收支的直接影响和间接影响。

3. 国内资源流量表

涉及产品出口创汇或替代进口节汇的项目,除要编制经济外汇流量表外,还要编制出口(进口替代)产品国内资源流量表,供计算国内资源流量现值和出口产品中国内投入现值指标时使用。

(二)国民经济评价辅助报表

1. 国民经济评价投资调整表

国民经济评价投资调整表是在财务评价的基础上,采用影子价格、影子汇率等参数对项目投入总资金进行调整,以计算出国民经济评价项目投入的总资金。

2. 国民经济评价经营费用调整表

国民经济评价经营费用调整表是在财务评价的基础上,采用影子价格等参数对经营费用进行调整,以计算出国民经济评价不同负荷下项目的经营费用。

3. 国民经济评价销售收入调整表

国民经济评价销售收入调整表是在财务评价的基础上,采用影子价格、影子汇率等参数对销售收入进行调整,以计算出国民经济评价不同负荷下项目的销售收入。

第十一章　建设项目后评价

第一节　概　述

一、我国项目后评价的发展过程

我国的投资项目后评价，始于 20 世纪 80 年代，1988 年国家计划委员会委托中国国际工程咨询公司，进行了首批国家重点投资建设项目的后评价，标志着项目后评价工作在我国应用正式开始。20 世纪 90 年代中期，建设项目后评价工作在全国普遍推广，1996 年交通部颁发《公路建设项目后评价工作管理办法》，并确定沈大、沪嘉、西三、广佛四条高速公路为国内首批高速公路后评价项目，标志着我国建设项目后评价管理水平已经上升到了一个新的高度。

进入 21 世纪以来，建设项目后评价工作又有了新的进展，自 2001 年起国家开发银行全面实行了项目贷款后评价，建立了比较完整的后评价体系，形成了自己的特色。

2002 年 5 月，国家对广东已建成运营的深汕西高速公路开展了环境影响后评价试点工作，这是我国开展的第一个公路项目的环境影响后评价。

2002 年 10 月 28 日，国家颁布了《环境影响评价法》，于 2003 年 9 月 1 日施行，首次对规划、建设项目的环境影响提出了后评价的要求，这对加强我国规划、建设项目环境影响评价管理，健全环境影响评估体系具有十分重要的作用。

2004 年 7 月，国务院做出了《关于投资体制改革的决定》，提出了加强和改进投资的监督管理，建立政府投资责任追究制度的要求，进一步有力推动了项目后评价工作。

2005 年 5 月，国家国有资源监督管理委员会下发了《中央企业固定资产投资项目后评价工作指南》，对加强中央企业固定资产投资项目管理，提高企业投资决策水平和投资效益，完善投资决策机制，建立投资项目后评价制度有着重要意义。

二、建设项目后评价的概念

建设项目后评价是指项目投资完成以后，对项目的立项目的、实施过程、取得效益、产生作用、造成影响进行系统及客观的分析，从而判断建设项目预期目标实现程度的一种评价方法。

根据项目的寿命周期，项目评价按照试点划分为前评价（也称项目前评估）、中评价（也称中间评价或跟踪评价）和后评价。这三个阶段的评价，在评价方法上都是采取定性与定量相结合的方法，但在评价的内容和作用等方面存在较大差别。

（1）建设项目前评估。是在建设开工前依据行业资料和经验性资料，以及国家有关部门颁布的定额、方法和参数,通过项目的实施条件、设计方案、实施计划及经济效益,来评价项目的必要性、可行性和合理性,为项目的投资决策提供依据。

(2)建设项目中评价。是在项目从开工到竣工验收期间对项目所进行的评价,其作用是及时发现项目建设过程中存在的问题,分析问题的原因,针对项目的目标提出相应的对策和措施,对方案进行调整和完善,确保项目顺利完成。中评价可以是全面、系统地对项目进行评价,也可以是对项目的某项内容评价。

(3)建设项目后评价。是在项目建成投产后,依据现实资料,将项目的现实情况与项目前评估的预测情况及国内外同类项目情况进行比较,从中找出差距,提出改进措施,并将信息反馈到投资决策部门,间接作用于未来项目的投资决策,提高决策的科学化水平。

三、建设项目后评价的特点和原则

(一)建设项目后评价的主要特点

(1)现实性。建设项目后评价是以实际情况为基础,对项目建设、运营现实存在的情况、产生的数据进行评价,具有现实性。

(2)客观性。建设项目后评价是以实事求是的态度,发现问题,分析原因,做出结论,客观、负责地对项目做出评价。

(3)全面性。建设项目后评价是对项目立项决策、设计施工、生产运营等全过程进行全面的系统评价,不仅包含项目寿命周期的各个阶段,而且涉及项目的经济效益、社会影响、环境效应、综合管理等方面。

(4)指导性。建设项目后评价的结果需要反馈到决策部门,作为新项目的立项和评估的基础以及调整投资计划和政策的依据。

(二)建设项目后评价的基本原则

(1)公正性。公正性原则表示在评价时,应采取实事求是的态度,在发现问题、分析原因和做出结论时避免主观臆断,应始终保持以客观、公正的态度进行评价工作。公正性标志着建设项目后评价及评价者的信誉。

(2)独立性。独立性原则是指建设项目后评价不受项目决策者、管理者和执行者的干扰,要从评价机构、评价人员、评价程序以及监督机制等方面加以落实和保证,并且要自始至终贯穿于整个项目后评价过程,包括评价内容确定、指标选择、调查范围、报告编审等都应独立完成。

(3)科学性。科学性原则是指建设项目后评价所采用的理论、方法和手段是公认和经过实践验证为正确的,评价结果既要反映项目的成功经验,也要反映失败的教训。建设项目后评价所采用的资料信息也要具有完整性和可靠性。

(4)实用性。实用性原则强调建设项目后评价结果能对未来的类似项目提供借鉴和指导,对被评价项目本身的后期运行也具有指导作用。建设项目后评价报告提出的结论和建议要具体、实用和可行。

(5)反馈性。反馈包括两方面的含义:一是用于建设项目后评价的信息资料是从项目竣工后，由实施过程中反馈回来的；二是后评价结果要及时反馈给相关决策和实施部门，建设项目后评价是这两级反馈的中间加工过程，它将工程项目运行的复杂信息通过分析、处理、归纳，成为具体的结论和建议，供相关部门和类似项目的立项评估使用。

四、建设项目后评价的目的和作用

（一）建设项目后评价的目的

通过对项目实施过程结果及其影响进行调查研究和全面系统回顾，与项目决策时确定的目标以及技术、经济、环境、社会指标进行对比，找出差别与变化，分析成败的原因，总结经验，汲取教训，得到启示。并通过及时有效的信息反馈，对项目实施运营中出现的问题提出对策，为未来新项目的决策和投资决策管理水平的完善和提高提出建议，进而达到提高投资效益的目的。

（二）建设项目后评价的作用

建设项目后评价在提高项目决策水平、改进项目管理、降低投资风险和提高投资效益等方面都有着极其重要的作用，具体表现在以下几个方面。

（1）提高项目管理水平。

投资项目管理是一项十分复杂的活动，它涉及政府主管部门、业主、设计、施工、监理、物资、银行等多个部门，通过对项目全面系统分析，总结经验教训，使项目的决策者、管理者和建设者学习更加科学合理的方法和策略，提高项目管理水平。

（2）提高项目投资决策的科学水平。

建设项目前评价是建设项目投资决策的依据，但建设项目前评价所作的预测和结论是否正确，需要通过建设项目后评价来检验。通过建立项目后评价制度，完善后评价的体系，一方面可以加强对前评价人员的事后监督，增强其责任感，促使前评价人员努力做好前评价工作，提高项目预测的准确性；另一方面可以通过建设项目后评价的反馈信息，及时纠正项目决策中存在的问题，从而提高未来类似建设项目的决策科学化水平。

（3）为国家制定投资计划、产业政策和技术参数提供依据。

通过建设项目后评价，能够发现宏观投资管理中存在的问题，从而使国家及时修正某些不适合经济发展的技术政策，修订某些已经过时的指标参数。同时，国家还可以根据建设项目后评价反馈的信息，合理确定投资规模和投资流向，协调各产业、各部门之间及其内部的各种比例关系。

此外，国家还可以根据建设项目后评价反馈信息，充分运用法律、行政、经济手段，建立必要的法规、制度和机构，促进投资管理的良性循环。

（4）对项目本身正常运营的监督与促进。

建设项目后评价是在项目运营阶段进行的，通过分析项目运营状况，比较实际情况与预测情况的偏离程度，探究产生偏差的原因，提出切实可行的纠偏措施，从而促进项目运营正常化，充分发挥项目的经济效益、社会效益和环境效益。

（5）为银行部门及时调整信贷政策提供依据。

第二节 建设项目后评价内容

一、纵向全程评价内容

(一)建设项目前期工作的后评价

建设项目的前期工作是项目从酝酿决策到开工建设前所进行的各项工作,它对项目的成败起着决定性的作用。这一阶段的工作又分为项目立项决策阶段和项目准备阶段,其后评价的主要内容如下。

1.项目立项决策阶段后评价的主要内容

(1)项目立项条件后评价。这一部分主要是从实际情况出发,对当初认可的立项条件和决策目标是否正确,项目的产品方案、设备选择、工艺流程、资源状况、建设条件、建设方案等是否适应项目需要,产品是否符合市场需要等进行评价分析。

(2)项目决策程序和方法后评价。这一部分主要是检查和分析当初项目决策的程序和方法是否科学,是否符合国家现行有关制度和规定的要求,项目的审定是否规范、客观。

(3)项目决策阶段的经济和环境后评价。这一部分主要包括两个方面:一是项目决策前是否对项目的经济方面进行了科学的可行性研究,实际的资金需求的到位情况与前期的预测是否一致,从而检验前期经济评价结论的正确程度;二是前期决策是否全面深入地对项目的环境影响进行了客观、科学的估测和评价,是否提出了降低不利影响、避免风险损失的措施,从而根据环境的实际影响来分析当初的环境评价是否科学。

2.项目准备阶段后评价的主要内容

(1)项目技术准备工作后评价。这一部分主要是分析承担项目勘察设计的单位是否经过招标选定,勘察、设计工作的质量加何,涉及的依据、标准、规程、规范、定额、费率是否符合国家有关规定,并根据施工实践和项目的生产使用情况,检验设计方案在技术上的可行性和经济上的合理性。

(2)项目作业准备工作后评价。这一部分主要是对分析项目的筹建、征地、拆迁、安置、补偿、投标、“三通一平”等工作是否满足工程实施要求,项目的总进度计划是否能够控制工程建设进度和保证工程按期竣工等方面进行后评价。

(二)建设项目中期工作的后评价

建设项目中期即建设项目实施阶段,是指项目从开工到竣工的全过程,是项目建设程序中耗时较长的一个阶段,也是建设投资最为集中的一个时期。这一阶段能集中反映出项目前期的深度,工程质量、工程造价、资金到位情况以及影响项目投资等各方面的问题,其后评价的主要内容如下。

(1)项目施工和监理工作后评价。这一部分主要是对项目施工、施工单位和监理单位的招标和资质审查工作进行回顾和检查,对工程质量、工程进度、工程造价、施工安全、施工合同等工作进行评价,重点是对工程实施过程中发生的超工期、超概算、质量差等原因进行分析。

(2)项目投产准备工作后评价。这一部分主要是检查工程项目投产前生产人员和技术人员的培训工作是否及时到位，投产后所需要原材料、燃料、动力条件是否在竣工验收前已经落实，是否组建了合理的生产管理机构以及制定了相关的管理制度等。

(3)项目竣工验收工作后评价。这一部分主要是回顾、检查项目竣工验收是否及时，辅助设施及配套工程是否与主体工程同时建成使用，工程质量是否达到设计要求，能否达到综合生产能力，验收时遗留问题是否妥善处理，竣工决算是否及时编制，技术资料是否完整移交等。并在此基础上，对项目造价、质量、工期等方面存在的问题进行研究分析。

（三）建设项目后期工作的后评价

建设项目后期，即建设项目运营阶段，这一时期是项目投资建设阶段的延续，是实现项目投资经济效益和投资回收的关键阶段，这一阶段的后评价是项目评价的关键环节，其主要内容如下。

(1)项目经营管理后评价。这一部分主要包括项目生产条件及达产情况后评价：项目生产经营和市场情况，以及产品的品种、数量和质量是否与当初预测相符；生产技术和经营管理系统能否保证生产的正常进行和经济效益的提高；项目的资源投入和产出情况后评价等。

(2)项目经济效益后评价。这一部分是建设项目后评价的主要内容。它是用项目投产或交付使用后的实际数据（实际投资额、资金筹集和使用、实际生产成本、销售收入、税金和利润等数据）来重新计算项目各有关经济效益指标，并将其与当初预测的投资效益情况进行比较分析，从中发现问题，分析原因，提出提高投资经济效益的具体建议和措施。

(3)项目对社会经济和自然环境影响后评价。这一部分主要是将投资项目对社会经济和自然环境的实际影响与当初预测的情况进行对比分析，找出差异及产生差异的原因，对在社会经济和自然环境方面存在不利影响的项目，提出解决和防范措施；对项目与社会经济和自然环境的相互适应性及项目的可持续性进行分析，论证项目的可持续发挥投资效益。

二、横向全面评价内容

项目横向全面评价，即项目绩效和影响评价，主要包括以下几个方面。

（一）项目技术评价

这一部分内容主要包括：工艺、技术和装备的先进性、适应性、经济性、安全性，建筑质量及安全，资源和能源合型利用等。

（二）项目效益评价

项目效益评价是指对项目竣工后的实际经济效果所进行的财务评价和国民经济评价。其评价指标主要包括内部收益率、净现值及贷款偿还期等反映项目盈利和清偿能力的指标；评价方式是以项目建成运营后的实际数据为依据，重新计算项目的各项经济指标，并与项目评估时预测的经济指标进行对比，分析二者间的偏差及产生偏差的原因，总结经验教训。

评价内容主要包括项目总投资和负债状况，重新预算项目的财务评价指标、经济评价指标和偿还能力等。

项目效益分析应通过投资增量效益的分析，突出项目对企业效益的作用和影响。

(三)项目管理评价

项目管理评价的目的是通过项目实施过程中的管理行为及管理效果的分析,全面总结项目管理经验,为类似项目的管理提供指导。

项目管理评价的主要内容包括项目实施相关者管理、项目管理体制与机制、项目管理者水平,以及企业项目管理、投资监管状况、体制机制创新等。

(四)项目影响评价

项目影响评价包括环境影响评价和社会影响评价两个方面。

项目环境影响评价内容主要包括项目污染控制、地区环境生态影响、环境治理与保护等。项目社会影响评价内容主要包括增加就业机会、征地拆迁补偿和移民安置、带动区域经济社会发展,推动产业技术进步等,必要时还应进行项目的利益群体分析。

除上述建设项目的纵、横评价外,还应对项目持续能力进行评价,主要是对影响项目持续能力的内部因素和外部条件进行分析。持续能力的内部因素包括财务状况、技术水平、污染控制、企业管理体制与激励机制等,核心是产品竞争能力;持续能力的外部条件包括资源、环境、生态、物流条件、政策环境、市场变化及其趋势。

三、建设项目后评价指标

建设项目在后评价过程中,除运用一些定性指标进行定性分析评价外,更重要的是要尽量把定性指标转化成定量指标,形成一整套项目后评价指标体系。由于评价一个工程项目要从项目的建设水平、项目的效益水平以及项目对社会和环境的影响程度等方面进行评价,并且要与项目前评估时所预测的水平相比较,所以项目评价指标体系要能够全面地描述和反映项目的整体功能和效果。

(一)建设项目后评价指标体系的设置

根据建设项目后评价的目的和特点,建设项目后评价指标体系的设置应遵循以下原则。

(1)目的性与全面性相结合。

建设项目后评价的指标既要围绕后评价项目的目的而体现一定的针对性,又要全面反映项目全过程的情况。

(2)独特性与关联性相结合。

建设项目后评价指标虽具有自身的独特性,但应与前评估指标、行业指标有着关联性,增强其可比性。

(3)综合指标与单项指标相结合。综合指标能反映项目的整体情况,弥补单项指标的片面性与松散性,但综合指标受多种因素的影响,可能会掩盖某些方面的不足,需要用单项指标来进一步补充说明。

(4)动态指标与静态指标相结合。

建设项目后评价与建设项目前评价一样,也采取动态评价指标与静态评价指标相结合的方式。

(5)微观投资效果指标与宏观投资效果指标相结合。

由于整个国民经济和各行业、各地区、各企业的根本利益是一致的,因此建设项目后评价指标既要反映项目给企业或部门带来的微观投资效果，也要反映给整个国民经济带来的宏观投资效果。

（二）建设项目后评价指标体系的构成

建设项目后评价的参考指标众多，涉及项目目标、投资环境、社会环境、工程技术、费用效果、安全生产、组织管理、财务与经济、采购与支付、环境与生态、卫生与健康、监督和信息等方面的指标。

1. 项目前期和中期效果的后评价指标

（1）实际设计周期变化率。实际设计周期是指从设计合同生效到设计完成并提交给建设单位所经历的时间。

实际设计周期变化率用实际设计周期与预计设计周期的偏差相对于预计设计周期的百分比率来表示。该指标反映了项目实际设计周期与预计设计周期相比的变化程度。

（2）实际建设工期变化率。该指标用实际建设工期与预计（或定额）建设工期的偏差相对于预计（或定额）建设工期的百分比来表示。它反映了实际建设工期与计划安排工期（或国家统一制定的合理工期）的偏离程度。

（3）实际工程合格率或优良率。这两个指标分别用合格或优良的单位工程数占验收鉴定的单位工程总数的百分比来表示。它们反映了工程的整体质量。

（4）实际返工损失率。该指标是指因项目质量事故停工或返工而增加的项目投资额占项目累计完成投资额的万分比。

（5）实际总投资变化率。该指标用实际静态或动态总投资与预计静态或动态总投资的偏差相对于预计相应状态总投资的百分比表示。它反映了项目实际总投资与前评估时的预计总投资的偏离程度。

（6）实际单位生产能力投资变化率。该指标用实际的单位生产能力投资与设计的单位生产能力投资的偏差相对于设计的单位生产能力投资的百分比表示。它反映了实际单位生产能力投资与设计单位生产能力投资的偏离程度。

2. 项目后期效果的后评价指标

（1）实际达产年限变化率。该指标用实际达产年限与设计达产年限的偏差相对于设计达产年限的百分比表示。它反映了实际达产年限与设计达产年限的偏离程度。

（2）实际产品成本变化率。该指标用产品的实际成本与预测成本的偏差相对于预测成本的百分比表示。它反映了产品实际成本与预测成本的偏离程度。

（3）实际产品价格变化率。该指标用该年实际产品价格与预测产品价格的偏差相对于预测产品价格的百分比表示。这项指标可用于衡量产品价格前评估的预测水平，也可以部分地解释实际投资效益与预期投资效益出现偏差的原因，还可以作为重新预测项目寿命周期内产品价格变化情况的依据。

（4）实际销售变化率。该指标用产品实际销售数量与预测销售数量的偏差相对于预测销售数量的百分比表示，它反映了产品实际销售情况与预测销售情况的偏差程度。

（5）实际投资利润率。该指标用实际年平均利润额占实际投资总额的百分比表示，它是反映建设项目投资效果的一个重要指标。

(6)实际投资利税率。该指标用实际年平均利税额占实际投资利税总额的百分比表示,它也是反映建设项目投资效果的重要指标。

3.项目全寿命周期效果的后评价指标

(1)实际净现值。该指标是根据项目投产后实际的年净现金流量以及根据实际情况重新预测的剩余寿命周期内各年的净现金流量按照重新选定的折现率计算出的建设期初的净现值。该指标值越大,说明项目实际投资效益越好。

(2)实际净现值率。该指标用实际净现值与建设期初投资现值的百分比表示。它反映了单位实际投资额的现值所带来的净现值的多少。

(3)实际投资回收期。它包括实际静态投资回收期和实际动态投资回收期两种指标。它反映了用项目实际净收益或重新预测的净收益来回收项目实际投资所需要的时间。

(4)实际内部收益率。是根据项目投产后实际的年净现金流量或重新预测的剩余寿命期内各年的净现金流量计算出的净现值等于0时的折现率。当该指标大于重新选定的基准收益率或行业基准收益率时,说明该项目实际效益较好。

(5)实际借款偿还期。指用项目投产后实际的或重新预测的可用做还款的资金数额来偿还项目投资实际借款本息所需要的时间。它反映了项目的实际清偿能力。

4.项目影响效果的后评价指标

反映项目影响效果的后评价指标包括社会效益后评价指标和环境效益后评价指标,它们有定性指标和定量指标两大类。

(1)定性指标。反映项目后评价的社会效益和环境效益的定性指标主要有对资源的有效利用、先进技术的扩散、生产力布局的改善、产业结构的调整、地区经济平衡发展的促进以及有利于生态平衡和环境保护等方面产生影响的描述。

(2)定量指标。反映项目后评价的社会效益和环境效益的主要定量指标有劳动就业效益后评价指标、收益分配效益后评价指标、综合能耗指标。

第三节 建设项目后评价方法及程序

建设项目后评价方法是基于现代系统工程与反馈控制的管理理论。由于建设项目具有复杂性,其影响因素众多,所以项目后评价的内容十分广泛,可用于项目评价的方法也特别多,总体上是采用定性分析和定量研究相结合的方式,具体的方法通常由对比分析法、逻辑框架法、成功度评价法及统计预测法等。

一、对比分析法

对比分析法是项目后评价的主要分析评价方法,它是采用现场调查和调查问卷等方式,获取项目实际情况,然后对照项目立项时所确定的直接目标和宏观目标,以及其他指标,找出偏差和变化,分析原因,得出结论,总结经验教训。它包括纵向对比(通常称前后对比)、横向对比和有无对比等方法。

二、逻辑框架法

逻辑框架法是美国国际开发署在1970年开发并使用的一种设计、计划和评价的工具。它是目前国际上广泛用于规划、项目、活动的策划、分析、管理、评价的基本方法。许多国际组织也把这种方法作为援助项目的计划、管理和后评价的主要方法。

逻辑框架法不是一种机械的方法或程序,而是一种综合、系统地研究问题的思维框架模式,有助于对关键因素和重要问题做出合乎逻辑的分析。为项目计划者和评价者提供一种分析框架,用以确定工作的范围和任务,并通过对项目目标和达到目标所需要的手段进行逻辑关系的分析。

逻辑框架法是一种概念化论述项目的方法。它用一张简单的框图来清晰地分析一个复杂项目的内涵和关系,使之更易理解。这种方法是将几个内容相关且必须同步考虑的动态因素组合起来,通过分析其间的逻辑关系,从设计、策划的目的、目标等方面来评价一项活动或一个项目。

逻辑框架法的核心概念是事物的因果逻辑关系,即"如果"提供了某种条件,"那么"就会产生某种结果,这些事件包括事物内在的因素和事物所需要的外部因素。

三、成功度评价法

成功度评价法即所谓的打分评价法,是以项目的目标和效益为核心所进行的全面系统评价,此方法是依靠评价专家或专家组的经验,根据项目各方面的执行情况,并通过系统准则或目标判断表来评价项目总体的成功程度。

四、统计预测法

建设项目后评价包括对项目已经发生事实的总结和对项目未来发展的预测。后评价时点前的统计数据是评价对比的基础,后评价时点的数据是评价对比的对象,后评价时点后的数据是预测分析的依据。

统计预测法就是通过有效的统计调查,得到大量可靠的统计数据,经过适当的处理分析,对项目未来发展的状况和趋势作出估计和推测。

(一)统计调查

统计调查是根据评价的目的和要求,采用科学的调查方法,有策划、有组织地收集被研究对象的相关资料的工作过程。统计调查是统计工作的基础,是统计整理和统计分析的前提。

统计调查是一项复杂、严肃和技术性较强的工作,每一项统计调查都应事先制订一个指导调查全过程的调查方案,包括确定调查目的、调查对象(被调查的单位或个人)、调查项目、调查事件,拟定调查表格,制订调查的组织实施计划等。

调查人员应保持实事求是的态度,力求做到所调查的资料真实、完整、准确。调查过程中应适当采用先进的技术和科学的方法。

统计调查可采用观察法、问询法(包括面谈、电话采访、问卷调查等方式)等各种方法。

(二)统计资料整理

统计资料整理是根据评价的任务,对统计调查所获得的大量资料进行加工汇总,使其系统化、条理化、科学化,以得出反映事物总体综合特征的工作过程。

统计资料整理工作由分组、汇总和编制统计表三个环节构成。分组是资料整理的前提,汇总是资料整理的中心,编制统计表是资料整理的结果。

(三)统计分析

统计分析是根据评价的目的和要求,采用各种分析方法,对评价的对象进行全面剖析和综合研究,以揭示事物内在联系和发展变化规律。

统计分析采用的主要方法有分组法、综合指标法、动态数列法、指数法、抽样和回归分析法、投入产出法等。

(四)效果预测

预测是对尚未发生或目前还不明确的事物进行预先的估计和推测,是在现存时点对事物将要发生的结果进行探索和研究。

五、建设项目后评价程序

(一)后评价项目选择

一般根据下列条件选择须开展后评价的项目:

(1)政府投资项目中规定需要进行后评价的项目。

(2)特殊项目(如大型项目、复杂项目和试验性的新项目等)。

(3)可为即将实施的国家预算、宏观战略和规划制定提供信息的项目。

(4)具有未来发展方向的有代表性的项目。

(5)对行业或地区的投资发展有重要意义的项目。

(6)竣工运营后与前评估的预测结果有重大变化的项目。

(7)其他需要了解项目的作用和效果的项目。

原则上讲,为使项目的运营、管理更加完善和本着对投资者负责的态度,大、中型投资项目有条件的都应进行项目后评价工作。

(二)项目后评价需提供的资料

项目后评价需提供的资料包含项目前期文件、项目实施文件。

(三)项目自我总结评价报告

1. 项目概况

(1)项目情况简述。

(2)项目决策目标和目的。

(3)项目主要建设内容。

(4)项目实施进度。

(5)项目总投资。

(6)项目资金来源及到位情况。

(7)项目运行及效益现状。

2. 项目实施过程总结

(1)项目前期决策总结。

(2)项目实施准备工作。

(3)项目建设实施总结。

(4)项目运营情况。

3. 项目效果和效益评价

(1)项目技术水平评价。

(2)项目财务经济效益评价。

(3)项目经营管理评价。

4. 项目环境效益和社会效益评价

(1)项目的环境效益评价。

(2)项目的社会效益评价。

5. 项目目标和可持续性评价

(1)项目目标评价。

(2)项目持续能力评价。

(3)项目存在的主要问题。

6. 项目主要经验教训、结论和相关建议

(略)

(四)建设项目后评价的一般程序

建设项目后评价的类型很多,各个建设项目后评价的要求也不同。因此,各个建设项目后评价的程序也是有所差异的,一般程序有如下几个环节。

1. 提出问题

明确建设项目后评价的具体对象、评价目的及具体要求。建设项目后评价的提出单位可以是国家计划部门、银行部门、各主管部门,也可以是企业(项目)自身。

2. 筹划准备

(1)组建评估机构。项目筹划阶段,建设项目后评价的提出单位可以自行组织实施后评价工作,也可以委托有相应资质的评估机构组成的评估小组进行评估。

(2)制订实施计划。评价小组负责制订建设项目后评价的详细实施计划,包括评价人员的配备、建立组织机构的设想、时间进度的安排、内容范围与深度的确定、预算安排、评价方法的制订等。

3. 采集资料

按照建设项目后评价实施计划规定的内容和要求,制订调查提纲,确定调查对象和调查方法,开展实际调查工作,收集建设项目后评价所需的各种资料,并将调查所得的资料进行有效整理,以供分析研究采用。这些资料主要有以下几个方面:

(1)项目的原始资料。主要包括项目可行性研究报告、立项审批书、项目变更资料、竣工验收资料、决算审计报告、各项设计文件、项目运营情况的原始记录以及项目自我总结评价报告等资料。

(2)项目的现场调查资料。主要包括项目实施情况、项目目标的实现情况、项目各项经济技术指标的合理性、项目产生的作用及影响等方面的资料。

(3)其他相关资料。主要指与后评价项目有关的国家经济政策、行业相关情况以及其他相关信息。

4.分析研究

按照建设项目后评价实施计划,利用所调查的资料和建设项目后评价指标,按照建设项目后评价程序,围绕建设项目后评价内容,运用建设项目后评价方法,进行分析,客观评价项目,找出存在的问题和欠缺,提出具体的改进措施和建议。

5.编制报告

根据建设项目后评价的分析研究结果,编写系统全面的建设项目后评价报告,提交委托单位和上级有关部门。项目的类型不同,后评价报告的内容和格式也不完全一致。一般包括以下几个方面:

(1)封面。

(2)后评价组织及人员分工。

(3)报告摘要。

(4)项目概况。

(5)后评价内容及方法。

(6)数据处理与分析。

(7)主要成果与存在问题。

(8)后评价结论与建议。

习　题

11-1　简述建设项目后评价与前评估的主要区别。

11-2　建设项目后评价具有哪些特点和原则?

11-3　建设项目后评价的作用是什么?

11-4　简述建设项目后评价的内容。

第十二章　水利工程经济评价分析

第一节　综合利用水利工程的投资费用分摊

一、概述

水利工程一般具有防洪、除涝、灌溉、城镇供水、水力发电、航道改善、水质改善、水库养殖和水利旅游等综合利用效益，有的水利工程具有上述一项效益，综合利用的水利工程则具有上述多项效益。

在过去一段时间内由于缺乏经济核算，整个综合利用水利工程的投资，往往由某一水利或水电部门负担，并不在各个受益部门之间进行投资费用分摊，结果常常发生以下几种情况：

(1)负担全部投资的部门认为，本部门的效益有限，而所需投资却较大，因而迟迟不下决心或者不愿意建设此项工程，使水利资源得不到应有的开发和利用，任其白白浪费。

(2)主办单位由于受到资金的限制，可能使综合利用水利工程的开发规模偏小，因而其综合利用效益得不到充分的发展。

(3)如果综合利用水利工程牵涉的部门较多，相互之间的关系较为复杂，有些不承担投资的部门往往提出过高的设计标准或设计要求，使工程投资不合理的增加，工期被迫拖延，不能以较少的工程投资在较短的时间内发挥较大的综合利用效益。

因此，综合利用水利工程的投资在各个受益部门之间进行合理分摊势在必行，对综合利用水利工程进行投资分摊的目的，主要是：

(1)合理分配国家资金，正确编制国民经济发展规划和建设计划，保证国民经济各部门有计划、按比例、协调地发展。

(2)充分合理地开发和利用水利资源和各种能源资源，在满足国民经济各部门要求的条件下，使国家的总投资和运行费用最少。

(3)协调国民经济各部门对综合利用水利工程的要求，选择经济合理的开发方式和发展规模，分析比较综合利用水利工程各部门的有关参数或技术经济指标。

(4)充分发挥投资的经济效果，只有对综合利用水利工程进行投资和运行费用分摊，才能正确计算防洪、灌溉、水电、航运等部门的效益与费用，以便加强经济核算，制订各种合理的价格，不断提高综合利用水利工程的经营和管理水平。

国外对综合利用水利工程(一般称多目标水利工程)的投资分摊问题曾作过较多的研究，提出很多计算方法。由于问题的复杂性，有些文献认为：到现在为止，还提不出一个可以普遍采用的、能够被各方面完全同意的河流多目标开发工程的投资分摊公式，我国过去对这方面问题研究较少，亦缺乏投资分摊的实践经验。下面将介绍比较通用的投资分析方法和有关部门建议的费用分摊方法，并对各种分摊方法进行讨论。

二、综合利用水利工程的投资费用构成

综合利用水利工程一般包括水库、大坝、溢洪道、泄水建筑物、引水建筑物、电厂、船闸等建筑物，其投资构成可以大致分为下列两大类：

(1)把综合利用水利工程的投资划分为共用建筑物投资和专用建筑物投资两大部分，水库和大坝等建筑物可以为各受益部门服务，其投资可列为共用投资；电厂、船闸、灌溉引水建筑物等由于专为某一部门服务，故其投资应列为专用投资。

(2)把综合利用水利工程的投资划分为可分投资和剩余投资两大部分，所谓某一部门的可分投资，是指水利工程中包括该部门与不包括该部门的总投资之差值。

显然，某一部门的可分投资比它的专用投资要大一些，例如水电部门的可分投资除电厂、调压室等专用投资外，还应包括为满足电力系统调峰等要求而增大压力引水管道的直径，为满足最低发电水头和事故备用库容的要求而必须保持一定死库容所需增加的那一部分投资。

所谓剩余投资，就是总投资减去各部门可分投资后的差值。

在投资分摊计算中，尚需考虑各个部门的最优替代工程方案。所谓最优替代工程方案，是指同等满足国民经济发展要求的具有同等效益的许多方案中，选择其中一个在技术上可行、经济上最有利的替代工程方案。

例如，水电站的最优替代工程方案，在一般情况下是火电站或者核电站；水库对下游地区防洪的最优替代工程方案，可能是在沿河两岸修筑堤防或在适当地区开辟蓄洪、滞洪区；地表水自流灌溉的最优替代工程方案，可能是在当地抽引地下水灌溉等。

在具体研究综合利用水利工程投资构成时，还会遇到许多复杂的情况，例如：

(1)天然河道原来是可以通航的，由于修建水利工程而被阻隔，为了恢复原有河道的通航能力而增加的投资，不应由航运部门负担，而应由其他受益部门共同承担，但是为了提高通航标准而专门修建的建筑物，其额外增加的费用则应由航运部门负担。

(2)溢洪道和泄洪建筑物及其附属设备的投资，占水利枢纽工程总投资相当大的比重。上述建筑物的任务包括两方面：一方面，保证工程本身的安全，当发生超大洪水时（如千年一遇或万年一遇洪水），依靠泄洪建筑物的巨大泄洪能力而确保水库及大坝的安全；另一方面，对于一般洪水（例如10年一遇或20年一遇洪水），依靠泄洪建筑物及泄洪设备一部分的控泄能力就能确保下游河道的防汛安全。前一部分任务所需的投资，应由各个受益部门共同负担；后一部分任务所需增加的投资，则应由下游防洪部门单独负担。

(3)灌溉、工业和城市生活用水，常常需修建专用的取水口和引水建筑物，其所需的投资应列为有关部门的专用投资。当这些部门所引用的水量与其他部门用水（如发电用水）结合时，则在此情况下投资分摊计算比较复杂。

不论在上述何种情况下，一般认为任一部门所负担的投资，不应超过该部门的最优替代工程方案所需的投资，也不应少于专为该部门服务的专用建筑物的投资。

综上所述，综合利用水利工程的投资构成，一般可用式(12-1)表示为

$$K_{总} = K_{共} + \sum_{j=1}^{n} K_{专,j} \quad (j = 1,2,\cdots,n) \tag{12-1}$$

式中　$K_{总}$——工程总投资；

$K_{共}$——几个部门共同建筑物的投资；

$K_{专,j}$——第 j 部门的专用建筑物的投资。

也可用式(12-2)表示为

$$K_{总} = K_{剩} + \sum_{j=1}^{n} K_{分,j} \quad (j = 1,2,\cdots,n) \tag{12-2}$$

式中　$K_{分,j}$——第 j 部门的可分离部分的投资，简称可分投资；

$K_{剩}$——工程总投资减去各部门可分投资后所剩余的投资。

三、现行投资费用的分摊方法

（一）按各部门的主次地位分摊

在综合利用水利工程中各部门所处的地位并不相同，往往某一部门占主导地位，要求水利工程的运行方式服从它的要求，其他次要部门的工程运行时间则处在从属地位。

在这种情况下，各个次要部门只负担为本身服务的专用建筑物的投资或可分投资。其余部分的投资则全部由主导部门承担，这种投资分摊方法适用于主导部门的地位十分明确的情况，工程的主要任务是满足该部门所提出的功能要求。

（二）按各部门的用水量分摊

综合利用水利工程中的各个部门，由水库引用的水量是各不相同的，但在一般情况下，某些部门的用水是完全结合的或者部分结合的，但也有不结合的。

例如，冬季电力系统负荷较高，水电站常承担较多的峰荷，而灌溉此时并不用水，城市生活用水亦稍减少些，即此时发电用水与灌溉用水是不结合的，与城市用水是部分结合的。

春季灌溉用水量较多，水库泄水发电后即把尾水引入灌溉渠道内，在此情况下两者用水是完全结合的。

总之，各部门用水量亦可分为两部分：一部分是共用水量（或称结合水量）；另一部分是专用水量。因此，可以根据各部门所需调节水量的多少，按比例分摊共用建筑物的投资。至于专用建筑物的投资，则应由受益部门单独负担。

（三）按各部门所需的库容分摊

与上法相似，根据各部门所需库容的大小分摊共用建筑物的投资，专用建筑物的投资则由受益部门单独负担。但防洪库容与兴利库容在一般情况下是能部分结合的，在某些情况下完全不能结合，也有个别情况两者完全结合，这要视洪水预报精度及汛后来水量与用水量等具体条件而定。

至于兴利库容，常为若干个兴利部门所共用，如按所需库容大小进行投资分摊，往往防洪部门所分摊的投资可能偏多，各个兴利部门所负担的投资可能偏小。实际上，防洪库容也是为各个兴利部门服务的，因此按所需库容大小进行投资分摊也不尽合理。

（四）可分费用剩余效益法（SCRB）

欧美、日本等国家一般采用所谓可分费用剩余效益法（The Seperable Costs-Remaining

Benefits Method,简称 SCRB 法),其要点与计算步骤如下:

(1)计算整个水利工程的投资、年费用和年平均效益,求出各部门的可分费用及其替代工程和专用工程的投资和年费用。

(2)确定本部门及其替代工程的投资年回收值。

(3)效益估算一般可从以下三条途径估算:①减免的损失。从可减免洪、涝、旱等自然灾害造成的损失估算效益,如防洪可减少洪灾损失,提供工业用水可减免因缺水而减产、停产的损失等。②增加的收益。从可给社会带来的收益估算,如由于发展航运和提供电力,促进社会经济发展的收益,由于灌溉而增加农业产量等。③节省的费用。从可减免替代措施节省的费用估算,如建设水电站,可节省火电、核电站的费用,发展灌溉,可节省进口农产品的费用等。

(4)有些做法在上述三者之中选择较小者作为本部门的选用年效益。

(5)各部门的选用年效益减去其可分年费用,即得剩余效益,然后求出分摊百分比。

(6)整个水利工程的年费用,减去各个部门的可分年费用,即得各部门的剩余年费用。

(7)各部门的年运行费的分摊,亦按上述步骤求得。

(8)按上述步骤对各部门进行投资分摊,各部门的可分投资加上所求得的剩余投资的分摊额,即得综合利用水利工程各部门应承担的投资额。

(五)合理替代费用分摊法

与 SCRB 法不同之处在于,合理替代费用分摊法用各部门专用工程的投资与年费用,代替上述的可分投资与可分年费用,其余计算方法与计算步骤与 SCRB 法基本相同。

合理替代费用分摊法与 SCRB 法的另一相似之处为:某一部门投资的最小分摊额,就是该部门的专用投资或可分投资;某一部门投资的最大分摊额,就是相应替代工程的投资。虽然合理替代费用分摊法的计算工作量较小些,但 SCRB 法用各部门的可分投资代替前者的专用投资,可以使投资分摊的误差尽可能减小至最低程度。

(六)有关部门常用的费用分摊方法

当设计的水利工程具有防洪、发电、灌溉、航运、供水等综合利用效益时,应在各有关部门之间进行费用分摊,建议根据具体情况按下列方法之一进行费用分摊:

(1)按各部门利用的水量或库容等指标分摊共用工程费用。

(2)按各部门获得效益现值的比例分摊共用工程费用。

(3)按各部门等效替代工程方案费用现值的比例分摊共用工程费用。

(4)按“可分离费用—剩余效益法”分摊剩余共用工程费用。

(5)按工程任务的主次关系分摊。当综合利用工程各部门之间的主次关系明显,主要部门的效益占工程总效益的比重较大时,可由主要受益部门承担大部分费用,次要部门只承担其可分离费用或专用工程费用。

下面重点介绍按各部门的效益比例分摊工程费用,各部门的效益一般用等效替代工程方案的费用表达,当不具备等效替代方案条件时,则可按各部门的效益现值的比例进行费用分摊。

替代工程方案的总费用(F),包括共用工程费用(F_0)、单独为某一部门使用而设置的

专用设施费用(F_j^{s})和与之相应的保证其正常受益的配套设施费用(F_j^{c})等三部分,即

$$F = F_0 + \sum_{j=1}^{x} F_j^{s} + \sum_{j=1}^{x} F_j^{c} \tag{12-3}$$

式中　j——第j个部门,$j=1,2,\cdots,x$;

x——综合利用部门的组成数。

建议根据工程具体条件与计算要求,选用下列三种方法之一进行费用分摊。

(1)按效益比例分摊总费用。

$$F_j = F \frac{F_j^{a}}{\sum_{j=1}^{x} F_j^{a}} \tag{12-4}$$

(2)按剩余效益分摊共用工程费用。

$$F_j = F_0 \frac{F_j^{a} - F_j^{s} - F_j^{c}}{\sum_{j=1}^{x} (F_j^{a} - F_j^{s} - F_j^{c})} + F_j^{s} + F_j^{c} \tag{12-5}$$

(3)按剩余效益分摊剩余费用(即总费用扣除可分离费用后的余额)。

$$F_j = \frac{F_j^{a} - \Delta F_j}{\sum_{j=1}^{x} (F_j^{a} - \Delta F_j)} (F - \sum_{j=1}^{x} \Delta F_j) + \Delta F_j \tag{12-6}$$

式中　F_j^{a}——替代工程方案满足第j部门效益所需的费用;

F——综合利用工程的总费用;

ΔF_j——某部门的可分离费用,指考虑第j部门受益与不受益时工程总费用的差值,也是第j部门至少应承担的费用。

$$\Delta F_j = F_{k+j} - F_k \tag{12-7}$$

式中,F_{k+j}和F_k分别为包括第j部门效益和不包括第j部门效益时的工程总费用。

最后须指出,当采用第(1)种方法进行费用分摊时,任一部门所承担的费用一般不应小于该部门的专用工程和配套设施费用之和,但也不得大于其替代工程的费用。当综合利用各部门的主次关系明显,次要部门的效益所占的比重很小时,可只承担其可分离费用,其余则由主要部门承担。

分摊后的费用,如投资和运行费的总和,其两者之间的分配,可采用各部门分摊的投资和运行费各占工程总投资和总运行费的同一比例,必要时可作适当调整。

四、对各种投资费用分摊方法的分析

采用各部门替代工程的费用作为本部门效益,然后按其比例进行费用分摊的原则,迄今仍为各国所普遍采用。用各部门的直接收益(如电费收入、农产品销售收入等)作为本部门的效益,然后按其比例进行费用分摊,在我国目前情况下是较难实行的,主要因为某些产品的价格与价值存在一定的背离现象,此外,工农业产品之间还存在剪刀差。

一般说来,我国某些主要农产品价格偏低,用货币表示的效益人为地被缩小;某些工业产品的价格偏高,用货币计算出来的效益偏大。但从理论上说,从发展方向上看,根据各部门的效益按比例进行费用分摊的原则,仍然是我们努力的方向。

综合利用水利工程各受益部门所分摊的费用，除应从分摊原则分析其是否公平合理外，还应从下列各方面进行合理性检查：

(1)任何部门所分摊的年费用(包括投资年回收值和年运行费两方面)不应大于本部门最优替代工程的年费用。

(2)各受益部门所分摊的费用，不应小于因满足该部门需要所需增加的工程费用，最少应承担为该部门服务的专用工程(包括配套工程)的费用。

如果检查分析时发现某部门分摊的投资和年运行费不尽合理，应在各部门之间进行适当调整。

在综合利用水利工程各部门之间进行投资费用分摊时，应该采用动态经济分析方法，即应该考虑资金的时间价值，根据实际情况，分别定出各部门及其替代工程的经济寿命 n(年)、折现率或基准收益率 i_c。

在初步设计阶段，对于重要的大型综合利用工程进行投资费用分摊时，尽可能采用按剩余效益分摊剩余费用法或 SCRB 法，虽然计算工作量稍大些，但此法使各部门必须分摊的剩余费用尽可能减少，有利于减小费用分摊的误差。

如果兴建水利枢纽而使某些部门受到损失，为此修建专用建筑物以恢复原有部门的效益，这部分工程所需的费用，应计入综合利用工程的总费用中，由各受益部门按其所得的效益进行费用分摊。

例如，在原来可以通航的天然河道上，由于修筑大坝而使航运遭受损失，为此需修建过船建筑物，这部分费用应由其他受益部门分摊。但为了提高航运标准而额外增加各种专用设施，其所需费用应由航运部门负担。

筏运、渔业、旅游等部门一般可不参加综合利用工程的费用分摊，因为在水库内虽然可以增加木筏的拖运量，但增加了过坝的困难。渔业、旅游业等在水库建设中多为附属性质，因此可不分摊综合利用工程的费用，只需负担其专用设施的费用即可。

应再次强调的是：为了保证国民经济各部门有计划按比例地发展，合理分配国家有限的资金，为了综合开发和利用各种水利资源，充分发挥其经济效益，为了不断提高综合利用工程的经营管理水平，进一步加强经济核算，对综合利用工程均须进行投资费用分摊，这是当前水利工程经济计算中要求解决的一个课题。

第二节　城镇水利工程供水价格及经济分析

一、概述

新中国成立以来，随着工业的迅速发展和城市人口的大量增加，近几年，全国约百余个城市先后发生了较为严重的缺水，北京、天津以及滨海城市大连、青岛均曾出现过供水十分紧张的局面，主要原因是我国北方地区水资源比较缺乏。

解决途径不外乎开源节流：一方面应大力采取各种节约用水措施，提高水的重复利用率；另一方面逐步建设跨流域调水工程，例如南水北调等工程。

城市用水主要包括生活用水(指广义生活用水)、工业用水、郊区农副业生产用水。

生活用水主要指家庭生活、环境、公共设施和商业用水；工业用水主要指工矿企业在生产过程中用于制造、加工、冷却、空调、净化等部门的用水。据统计，在现代化大城市用水中，生活用水占城市总用水量的30%～40%，工业用水占60%～70%，现着重分析生活用水和工业用水。

（一）生活用水

随着城市人口的增加、生活水平的提高，城市生活用水平均每年递增3%～5%。在城市生活用水中，家庭生活用水量约占50%，机关、医院、宾馆、学校、商业等部门的用水量约占50%。目前，我国城市生活用水量的标准还是比较低的，人均用水量为60～100 L/d，远远低于发达国家的人均用水量300～500 L/d。

今后城市生活用水量的预测，可以以现状为基础，适当考虑生活水平提高和人口增长等因素，拟定合理的用水标准进行估算。当缺乏资料时，可参照国家城建总局推荐的用水标准拟定，参见表12-1。

表12-1　不同发展阶段的城市生活用水标准　（单位：L/d）

城市人口	水平年		
	现状	近期	远期
小城市（10万～50万人）	60～70	70～90	90～120
中城市（50万～100万人）	70～80	80～100	100～150
大城市（100万人以上）	80～120	120～180	180～250

（二）工业用水

根据工业生产中的用水情况，工业用水大体上可分为四类。

1.冷却水

在工业生产过程中用来吸收多余的热量，以冷却生产设备的水称为冷却水。在火力发电、钢铁冶炼和化工等工业生产中的冷却用水量很大，在某些滨海城市大量采用海水作为冷却水，以弥补当地淡水资源的不足。在城市工业区，冷却水量一般占工业总用水量的70%左右。

2.空调水

空调水主要用以调节生产车间的温度和湿度。在纺织工业、电子仪表工业、精密机械工业生产中均需要较多的空调水。

3.产品用水

产品用水包括原料用水和洗涤用水。原料用水是把水作为产品的原料，成为产品的组成部分；洗涤用水是把水作为生产介质，参与生产过程，水用过后即被排放出来，水中往往有许多杂质，对于污染比较严重的工业废水，必须进行水质处理，以确保城市环境卫生。

4.其他用水

其他用水包括场地清洗用水、车间用水、职工生活用水等。

工业用水量是否合理的评价标准，一般有以下几种：

（1）单位产品的用水量。某些工厂单位产品的用水量常表示为m^3/t钢，m^3/t纸等。

国外先进工厂炼钢用水量一般为4～15 m^3/t钢,国内钢厂用水量一般为40～80 m^3/t钢,国内外吨钢用水量的差距还是比较大的。

(2)单位产值的用水量。这是一个综合用水量指标,我国广泛采用以万元产值的用水量(m^3/万元)表示,该指标与工业结构、生产工艺、技术水平等因素有关。据2002年全国水资源公报,万元国内生产总值用水量为537 m^3,万元工业产值的用水量为241 m^3,随着技术水平的提高,万元产值用水量将进一步降低。

(3)工业用水量重复利用率。提高工业用水的循环利用率,是节约用水和保护水源的有效措施。它比较科学地反映出各工厂、各行业用水的水平,又可以和别的部门、地区乃至与其他国家进行比较。应该指出,节约用水有着很大的经济效益、环境效益和社会效益,随着城市的发展,新增水源及其供水工程的费用越来越高,而节约用水、提高工业用水的重复利用率所需的投资,往往为新建供水工程投资的1/5～1/10。

此外,节约用水还可以减少工业废水量和生活污水量,减少对环境的污染,因而其环境效益也是十分明显的。我国工业用水量重复利用率一般为60%～80%,今后将进一步提高。

二、城镇水利工程供水经济效益估算

城市供水效益主要反映在提高工业产品的数量和质量以及提高居民的生活水平和健康水平上。没有水,非但工业生产不能进行,人类也无法赖以生存。城市供水效益不仅仅是经济效益,更重要的是具有难以估算的社会效益,目前尚无完善的计算方法。

根据《水利建设项目经济评价规范》(SL 72—94),城镇供水项目的效益是指有、无项目对比可为城镇居民增供生活用水和为工矿企业增供生产用水所获得的国民经济效益。其计算方法有以下几种。

(一)按举办最优等效替代工程或采取节水措施所需的年折算费用表示

为满足城镇居民生活用水和工业生产用水,往往在技术上有各种可能的供水方案,例如河湖地表水、当地地下水、由水库供水、从外流域调水或海水淡化等。该方法以节省可获得同等效益的替代措施中最优方案的年费用作为某供水工程的年效益。

(二)按曾因缺水使工业生产遭受的损失计算供水效益

在水资源贫乏地区,可按缺水曾使工矿企业生产遭受的损失计算新建供水工程的效益。在进行具体计算时,应使现有供水工程发挥最大的经济效益,尽可能使不足水量造成的损失最小,在由于供水不足造成减少的产值中,应扣除尚未消耗掉的原材料、燃料、动力等可变费用,这样因缺水所减少的净产值损失,才算作为新建供水工程的效益。

(三)根据供水在工矿企业生产中的地位采用工矿企业的净效益乘分摊系数计算

此法的关键问题在于如何确定分摊系数。一般采用供水工程的投资(或固定资金)与工矿企业(包括供水工程,下同)的投资(或固定资金)之比作为分摊系数,或者按供水工程占用的资金(包括固定资金和流动资金)与工矿企业占用的资金之比作为分摊系数。

本方法仅适用于供水方案已优选后对供水工程效益的近似计算,否则会形成哪个方案占用资金(或投资)愈多,其供水效益愈大的不合理现象。

（四）在已进行水资源影子价格分析研究的地区可按供水量和影子水价的乘积表示效益

根据国家计划委员会颁布的《建设项目经济评价方法与参数》，项目的效益是指项目对国民经济所作的贡献，其中直接效益是指项目产出物（商品水）用影子水价计算的经济价值。因此，用影子水价与供水量计算供水工程的经济效益是可行的，是有理论根据的。

存在的问题是由于商品水市场具有区域性、垄断性和无竞争性等特点，因此尚需研究相应的影子水价，当求出某地区的影子水价后即可根据供水工程的供水量估算其经济效益。

（五）各种供水效益计算方法探讨

（1）最优等效替代工程法，适用于具有多种供水方案的地区。该方法能够较好地反映替代工程的劳动消耗和劳动占用，避免了直接进行供水经济效益计算中的困难，替代工程的投资与年运行费是比较容易确定和计算的，因此本方法被国内外广泛采用。

（2）工业缺水损失法，认为缺水曾使工业生产遭受的损失，可由新建的供水工程弥补，以此作为新建工程的效益。关键问题在于如何估算损失值，由于缺水，工厂企业不得不停产、减产，因一部分原材料、燃料、动力并不需要投入，因此减产、停产的总损失值扣除这部分后的余额，才是缺水减产的损失值。

在水资源缺乏地区，当供水工程不能满足各部门的需水要求时，可按产品单位水量净产值的大小进行排队，以便进行水资源优化分配，使因缺水而使工业生产遭受的损失值最小。如可能，应找出缺水量与工矿企业净损失值的相关关系，求出不同供水保证率与工业净损失值的关系曲线，由此求得的期望损失值作为新建供水工程的年效益更为合理些。

（3）分摊系数法，即按供水在生产中的地位分摊总效益，求出供水效益。现在把供水工程作为整个工矿企业的有机组成部分之一，按各组成部分占用资金的大小比例确定效益的分摊系数。此法没有反映水在生产中的特殊重要性，没有体现水利是国民经济的基础产业，因此用此法求出的供水效益可能是偏低的。

由于上述计算供水效益的几种方法均存在一些问题，应根据当地水资源特点及生产情况与其他条件，选择其中比较适用的计算方法。

由于天然来水的随机性，丰水年供水量多，城市需水量并不一定随之增加，甚至有可能减少，枯水年情况可能恰好相反，因此应通过调研，根据统计资料求出供水效益频率曲线，由此求出各种保证率的供水量及其供水效益。

应说明的是，在国民经济评价阶段，应按影子价格计算供水工程的经济效益；在财务评价阶段，应按财务价格及有关规定计算供水工程实际财务收益。

三、水利工程供水价格的制定

2003 年 7 月，国家发展和改革委员会与水利部联合制定的《水利工程供水价格管理办法》（简称《水价办法》）明确规定，水利工程供水价格是指供水经营者通过拦、蓄、引、提等水利工程设施销售给用户的天然水价格，同时规范了水价构成，明确水价由供水生产成本费用、利润和税金构成。现分述如下。

(一)供水生产成本费用

供水生产成本费用如按经济用途分类,则包括供水生产成本和供水生产费用,即

$$供水生产成本费用 = 供水生产成本 + 供水生产费用 \tag{12-8}$$

供水生产成本费用如按经济性质分类,则包括固定资产的折旧费、无形资产及递延资产的摊销费、借贷款利息净支出以及年运行费。

供水生产成本是指正常供水生产过程中发生的直接工资、直接材料费、其他直接支出以及制造费用等,即

$$供水生产成本 = 直接工资 + 直接材料费 + 其他直接支出 + 制造费用 \tag{12-9}$$

式中,直接工资是指直接从事生产运行人员的工资、奖金、津贴、补贴以及社会保险支出等;直接材料费是指生产运行过程中实际消耗的原材料、辅助材料、备品配件、燃料、动力费等;其他直接支出是指直接从事生产运行人员的职工福利费以及供水工程的观测费、临时设施费等;制造费用包括固定资产的折旧费、保险费、维护修理费(包括工程维护费和库区维护费)、水资源费、办公费等。

(二)供水生产费用

供水生产费用是指为组织和管理供水生产、经营而发生的合理销售费用、管理费用和财务费用,统称期间费用。其构成如下

$$供水生产费用(期间费用) = 销售费用 + 管理费用 + 财务费用 \tag{12-10}$$

式中:销售费用是指在供水销售过程中发生的各项费用,包括运输费、包装费、保险费、广告费等;管理费用是指行政管理部门为组织和管理生产经营活动所发生的各项费用;财务费用是指为筹集生产经营所需资金而发生的费用,包括汇兑净损失、金融机构手续费以及筹资发生的其他财务费用。

(三)各类用水生产成本费用分摊系数计算

综合利用水利工程一般具有除害(如防洪等)、兴利(如供水、发电等)两大功能。工程投资及其生产成本费用,根据《水利工程管理单位财务制度》规定,可采用库容比例法在除害、兴利两大部门之间进行分摊。

四、税金

税金是指按国家税法规定应缴纳并可计入水价的税金。根据我国税收法规,供水经营者应缴纳行为税、流转税和所得税,但其中部分税种可以减免。现分述如下:

(1)行为税中的房产税、车船使用税、印花税等,均应缴纳,并应计入水价。

(2)流转税一般包括营业税和增值税。国家税务总局明确规定,“供应和开采未经加工的天然水,不征收增值税”,此外,规定农业的排泄水免征营业税。

(3)所得税按规定无论供水经营者的性质是企业还是事业,其供水生产实现的利润都应计算所得税,可将相应税金计入供水价格。

《水价办法》规定,利润是指供水经营者从事正常供水生产经营所应获得的合理收益。供水经营者的合理利润,是指缴纳所得税后的净利润。供水利润的基本计算公式为

$$供水利润 = 供水资金占有量 \times 资金利润率 \tag{12-11}$$

或

$$供水利润 = 供水净资产 \times 资金利润率 \tag{12-12}$$

式中:净资产包括实收资本(或者股本)、资本公积金、盈余公积金和未分配利润等;供水净资产是将工程净资产中非供水部分(包括防洪、发电等)分摊出去,剩下单独用于"供水"的净资产。

核定供水利润的方法有两种:一是按资本金(即资金占有量,包括固定资金与流动资金两部分)的利润率确定;二是按净资产利润率确定。《水价办法》规定,利润率按高于同期银行贷款利率2~3个百分点核定,例如当前银行长期贷款利率为6%,则供水资金的利润率为8%~9%。

五、供水价格核定

《水价办法》规定,水利工程供水价格按照补偿成本、合理收益、优质、优价、公平负担的原则制定,并根据供水成本费用和市场供求的变化情况适时调整。一般商品价格不能低于生产成本费用,否则就要赔本,再生产就难以为继。所以,商品价格必须高于生产成本费用,这样才能补偿物质消耗和劳动报酬支出,才能维持简单再生产。水利工程供水价格除考虑补偿生产成本费用外,还要计入税金和利润,即

$$\text{供水价格} = \text{供水成本费用} + \text{税金} + \text{利润} \tag{12-13}$$

在核定水价之前,要认真学习、领会《水价办法》对水价核定的原则和要求,收集有关资料,调阅、对比该供水工程各年的供水成本、费用、利润和税金。如均在正常生产情况下,在核定水价时可采用最近几年的发生数进行计算;然后核定农业、城镇生活和工业以及水力发电的定额用水量、供水保证率以及实际年平均用水量。如有多年资料(一般不少于10年),应尽量采用,否则按实测资料计算;如无实测资料,则按实际用水量和设计保证率计算。

第三节　防洪工程经济分析

一、洪水灾害的类型及防洪措施

洪水灾害是指洪水给人类生活、生产与生命财产带来的危害与损失。河流洪水泛滥成灾,淹没广大平原和城市,或者山区山洪暴发,冲毁和淹没土地村镇和矿山,或者由洪水引起的泥石流压田毁地以及冰凌灾害等,均属洪水灾害的范畴。在我国,比较广泛而又影响重大的是平原地区的洪灾,对我国经济发展影响很大,是防护的重点。

洪水灾害是我国发生频率高、危害范围广、对国民经济影响最为严重的自然灾害,亦是威胁人类生存的十大自然灾害之一。

如1975年8月上旬受3号台风影响,河南省西南部山区的驻马店、南阳、许昌等地区发生了我国大陆上罕见的特大暴雨,暴雨中心林庄最大24 h雨量1 060.3 mm,连续3天雨量1 605.3 mm,致使两座大型水库垮坝,下游7个县城遭到毁灭性灾害。

1981年7~8月,四川盆地受灾农作物100多万hm^2,倒塌房屋100多万间,死亡人数1 358人,受伤人数28 140人。

1982年6~8月中旬,江南及淮河流域农田受灾400多万 hm^2,倒塌、损坏房屋50万余间,死亡人数900多人,受伤人数6 000多人。

1983年6月中旬至7月中旬,长江中下游地区农田受灾约439万 hm^2,倒塌、损坏房屋164万余间,死亡人数920余人,受伤人数2 800人。

洪水灾害,按洪水特性可分为主要由洪峰造成的洪水灾害和主要由洪量造成的洪水灾害;按漫决堤成灾的影响,可分为洪水漫决后能自然归槽只危害本流域的洪水灾害,和不能归槽危害其他流域的洪水灾害;按洪水与涝水的关系,可分为纯洪水灾害和先涝后洪或洪涝交错的混合型洪水灾害。

防洪是指采取一定的工程措施或其他综合治理措施,防止或减轻洪水的灾害。在同自然的斗争中,早已掌握若干不同的防洪措施。但随着人类社会的发展和进步,这些工程措施现在更趋于完善和先进,效益更为显著,并由单纯除害发展为除害与兴利相结合的综合治理工程措施。

防治洪水的措施可分为两大类。第一类是治标性的措施,这类措施是在洪水发生以后设法将洪水安全排泄而减免其灾害,其措施主要包括堤防工程、分洪工程、防汛、抢险及河道整治等。第二类是治本性的措施,其中一类是在洪水发生前就地拦蓄径流的水土保持措施,另一类是修建具有调蓄洪水能力的综合利用水库等。

堤防工程是在河流两岸修筑堤防,进一步增加河道宣泄洪水的能力,保卫两岸低地,这种措施最古老,也最广泛采用,在现阶段仍不失为防御洪灾的一种重要措施。例如,我国黄河下游两岸大堤及长江中游的荆江大堤等。

分洪工程是在河流上(一般是在中、下游)适当地点修建分洪闸、引洪道等建筑物,将一部分洪水分往别处,以减轻干流负担。例如,黄河下游的北金堤分洪工程及长江中游的荆江分洪工程等。

河道整治也是增加河道泄洪能力的一种工程措施,内容包括:拓宽和疏浚河道,裁弯取直,消灭过水卡口,消除河道中障碍物以及开辟新河道等。

水土保持是防治山区水土流失,从根本上消除洪水灾害的一项措施。水土保持分为坡面和沟壑治理两方面,一般需要采取农、林、牧及工程等综合措施。水土保持不但能根治洪水,而且能蓄水保土,有利于农业生产,是发展山区经济的一种重要措施。

蓄洪工程是在干流及支流的上、中游兴建水库,以调蓄洪水,这种措施不但能从根本上控制下游洪水的灾害,而且与发电、灌溉、供水及航运发展等结合,是除害兴利、综合利用水资源的根本措施。

除上述各项工程措施外,亦可采取非工程防洪措施,这是指在受洪水威胁的地区,采取一水一麦、种植高秆作物、加高房基等防御洪水的措施,或者加强水文气象预报,及时疏散受洪水威胁地区的人口,甚至有计划采取人工决口等措施,尽可能减轻洪水灾害及其损失。

防洪措施,常常是上述若干措施的组合,包括治本和治标的措施、工程性和非工程性的措施,通过综合治理,联合运用,尽可能减免洪水灾害,并进一步达到除害兴利的目的。

二、防洪工程经济分析的特点及其内容

洪水灾害的最大特点，是洪水在时间出现上具有随机分布的特性。年内或年际间不同频率洪水的差别很大，相应的灾情变化亦很大。在大多数情况下，一般性的或较小的洪水虽然经常出现，但并不具有危害性或危害性较小，稀遇特大洪水则危害性很大，甚至影响本区域或全国的经济发展计划。

洪灾损失亦分直接损失和间接损失两方面，有的能用实物和货币表达，有的则不易用货币表达，且在能用实物或货币表达的损失中，不少也难以准确估计。因此，洪灾损失的计算，由于考虑的深度和广度不同，可能有很大差别。

在受洪水威胁的范围内，无论农、工、商业和其他各种企业的动产与不动产，无论是个人的、集体的和国家的财产，随着国民经济的发展均在逐年递增，其数量和质量均在不断变化。因此，即使同一频率的洪水，发生在不同年份其损失也不一样，有随时间变化的特性。

洪水灾害的大小，与暴雨大小、雨型分布、工程标准等因素有关。在洪灾损失中，有些可以直接估算出来，而另有一些损失如人民生命安全、对生产发展的影响等，一般难以用实物或货币直接估算。

能用实物或货币计算的损失，按受灾对象的特点和计算上的方便，一般可以考虑以下几个方面：

(1)农产品损失。洪水泛滥成灾，影响作物收成，农作物遭受自然灾害的面积称做受灾面积，减产30%以上的称做成灾面积。一般可将灾害程度分为四级：毁灭性灾害，作物荡然无存，损失100%；特重灾害，减产大于80%；重灾害，减产50%～80%；轻灾害，减产30%～50%。

在估算农作物损失时，为了反映其价值的损失，有人建议采用当地集市贸易的年平均价格计算；亦有人提出用国际市场价格计算，再加上运输费用及管理损耗等。在计算农作物损失时，秸秆的价值亦应考虑在内，可用农作物损失的某一百分数表示。

(2)房屋倒塌及牲畜损失。在计算这些损失时，要考虑到随着整个国民经济及农村经济的发展，房屋数量增多，质量提高，倒塌率降低，倒塌后残余值回收率增大等因素。

(3)人民财产损失。城乡人民群众的生产设施(如机具、肥料、农药、种子、林木等)，以及个人生活资料(如用具、粮食、衣物、燃料等)因水淹所造成的损失，一般可按某一损失率估算。20世纪50年代，在淮河流域规划时，曾拟定过损失率：长期浸水为25%～50%，短期浸水为5%～25%等。

(4)工矿、城市的财产损失。包括城市、工矿的厂房、设备、住宅、办公楼、社会福利设施等不动产损失，以及家具、衣物、商店百货、交通工具、可移动设备等动产损失。

在考虑损失时，对城市及工矿区的洪水位、水深、淹没历时等要详细调查核定，并要考虑设备的原有质量、更新程度、洪水来临时转移的可能性、水毁后复建性质等因素，以确定损失的种类、数量及其相应的损失率，不能笼统地全部按原价或新建价折算成为洪灾损失。

城市、工矿企业因水灾而停工停产的损失，亦不应单纯按产值计算，一般只估算停工

期间工资、管理、维修以及利润和税金等损失,而不计入原材料、动力、燃料等消耗。

(5)工程损失。洪水冲毁水利工程,如水库、水电站、堤防、涵闸、桥梁、码头、护岸、渠道、水井、排灌站等;冲毁交通运输工程,如公路、铁路、通信线路、航道船闸等;冲毁公用工程,如输电高压线、变电站、电视塔、自来水设施、排水设施以及淤积下水道等。所有上述各项工程损失,可用国家和地方拨付的工程修复专款来估算。

(6)交通运输中断损失。包括铁路、公路、航运、电信等因水毁中断,客、货运被迫停止运输所遭受的损失,特别是铁路中断,对国民经济影响甚大,这主要包括:

①线路修复费。在遭遇各种频率洪水时可按不同工程情况,估算铁路损坏长度,再以单位长度铁路造价的扩大指标进行估算。

②客、货运费的损失。估算不同频率洪水时运输中断的天数,设计水平年或计算基准年的客、货运量及加权运距等,再按运价、票价、运输成本等计算运输损失值。

③间接损失。关于铁路中断引起的间接损失,一种情况是工矿企业的原材料、产品不能及时运进、运出,对生产和消费产生一系列的连锁反应,但这样考虑的范围很广,任意性很大。另一种情况是工矿企业和其他行业所需的原材料、物资等商品,一般均有储备,当铁路中断时,可动用储备。目前,国外一般是用绕道运输的办法来完成同样的运输任务,以绕道增加的费用来计算铁路中断损失。也可以考虑按停掉那些占用运输量大、产值利润小的企业损失来计算。

(7)其他损失。包括水灾后国家和地方支付的生产救灾、医疗救护、病伤、抚恤等经费,洪水袭击时抗洪抢险费用,堤防决口、洪水泛滥、泥沙毁田、淤塞河道及排灌设施和土地地力恢复等损失费用。

三、防洪工程经济分析的内容和计算步骤

防洪的目的是要求采取一定的工程措施防止或减少洪水灾害,其所减少的灾害损失就是防洪工程的效益。

对一条河流或一个区域而言,防止或减少洪灾的措施常常有很多可能的方案可供选择,它们的投资、淹没占地、防洪能力、综合效益以及对环境的影响等均不尽相同。在一定的条件下,需要比较分析不同方案的可能性和合理性。

防洪工程经济分析的内容和任务,就是对技术上可能的各种措施方案及其规模进行投资、年运行费、年平均效益等经济分析计算,并综合考虑其他因素,确定最优防洪工程方案及其相应的技术经济参数和有关指标。

不同的防洪标准、不同的工程规模、不同的技术参数均可视为经济分析计算中的不同方案。

防洪工程经济分析的计算步骤如下:

(1)根据国民经济发展的需要与可能,结合当地的具体条件,拟订技术上可能的各种方案,并确定相应的工程指标。

(2)调查分析并计算各个方案的投资、年运行费、年平均效益等基本经济数据。分述如下:

①防洪工程投资。这主要指主体工程、附属工程、配套工程的移民安置费用以及环境

保护、维持生态平衡所需的投资。分洪滞洪工程淹没耕地和迁移居民,如果是若干年才遇到一次,且持续时间不长,则可根据实际损失情况给予赔偿,可不列入基建投资,而作为洪灾损失考虑。

②防洪工程的年运行费。这主要包括工程运行后每年需负担的岁修费、大修理费、防汛费等。一般,岁修费费率为防洪工程固定资产值的0.5% ~1.0%,大修理费费率为0.3% ~0.5%,两者合计为0.8% ~1.5%。防汛费是防洪工程的一项特有费用,与防洪水位、工程标准、防汛措施等许多因素有关,一般随工程防洪标准的提高而减少。此外,年运行费还包括库区及工程的其他维护费,材料、燃料及动力费,工资及福利费等。

③分析计算各个方案的主要经济效果指标及其他辅助指标,然后对各个方案进行经济分析和综合评价,确定比较合理的可行方案。

四、防洪工程的经济效益

防洪工程的效益与灌溉或发电工程的效益不同,它不是直接创造财富,而是把因修建防洪工程而减少的洪灾损失作为效益。因此,防洪工程效益只有当遇到原来不能防御的大洪水时才能体现出来。如果遇不上这类洪水,效益就体现不出来,有人称这种效益为“潜在效益”。

防洪工程从防御常遇洪水提高到防御稀遇洪水所需工程规模及其投资和年运行费等,均要相应大幅度地增加,虽然遇上稀遇洪水时一次防洪效益很大,但因其出现机会稀少,因此若按多年平均值计算,比起防御常遇洪水所增加的效益可能并不很大。但工程修建后,若很快遇上一次稀遇大洪水,其防洪效益可能比工程本身的投资大若干倍;若在很长时间内甚至在工程有效使用期内遇不到这种稀遇洪水,则长期得不到较大的防洪效益,就形成投资积压,每年还得支付防汛和运行管理费等。因此,防洪效益分析是一个随机问题,具有不确定性和不准确性。

洪灾损失与洪水淹没范围、淹没深度、淹没历时和淹没对象有关,还与决口流量、行洪流速等有关,这些因素是估计洪灾损失的基本资料。

不同频率洪水的各年损失不同,一般在经济分析中要求用年平均损失值衡量,因此需要计算工程修建前后不同频率洪水的灾害损失,求出工程修建前后的年平均损失差值。

洪灾损失一般可通过历史资料对比法和水文水利计算法确定,具体计算步骤和内容如下。

(一)洪水淹没范围

根据历史上几次典型洪水资料,通过水文水利计算,求出兴建防洪工程前后河道、分蓄洪区、淹没区的水位和流量,由地形图和有关淹没资料,查出防洪工程兴建前后的淹没范围、耕地面积、迁移人口以及淹没对象等。

在进行水文水利计算时,要考虑防护地区的具体条件,如河道、地形特点,拟定防洪工程(如水库、分蓄洪工程)的控制运用方式,堤防决口、分蓄洪区行洪的水力学条件等,作为计算依据。这种方法现已被广泛应用,其优点是能进行不同方案各种典型洪水的计算,同时能考虑各种具体条件;缺点是工作量大,有些假定可能与实际有较大的出入。

(二)水灾损失率

目前,此值都是通过在本地区或经济和地形地貌相似的其他地区对若干次已经发生过的大洪水进行典型调查分析后确定的。

(三)洪灾损失计算

洪灾损失包括农业、林业、工程设施、交通运输以及个人、集体、国家财产等损失,通常根据受淹地区典型调查材料,确定淹没损失指标,一般用每亩综合损失率表示,然后根据每亩综合损失率指标和淹没面积,确定洪灾损失值。

由于调查的是各种典型年的洪灾损失,防洪的年平均效益则为防洪措施实施前的年平均损失减去防洪措施实施后的年平均损失,一般采用频率曲线法计算。

洪水成灾面积及其损失,与暴雨洪水频率等有关,因此必须对不同频率的洪水进行调查计算,以便制作洪灾损失频率曲线,从而求算年平均损失值。

第四节 治涝工程经济分析

一、涝沥灾害

农作物在正常生长时,植物根部的土壤必须有相当的孔隙率,以便空气及养分流通,促使作物生长。地下水位过高或地面积水时间过长,土壤中的水分接近或达到饱和的时间超过了作物生长期所能忍耐的限度,必将造成作物的减产或萎缩死亡,这就是涝沥灾害。因此,搞好排水系统,提高土壤调蓄能力,也是保证农业增产的基本措施。

平原地区的灾害,常常是洪、涝、渍、旱、碱灾交替发生,当上游洪水流经平原,因超过河道宣泄能力而决堤引起洪灾。若暴雨后由于地势低洼平坦,排水不畅或因河道排泄能力有限,或受到外河(湖)水位顶托,致使地面长期积水,造成作物淹死,是为涝灾。

成灾程度的大小与降雨量多少、外河水位的高低及农作物耐淹程度、积水时间长短等因素有关,这类灾害可称为暴露性灾害,其相应的损失称为涝灾的直接损失。

有的由于长期阴雨和河湖长期高水位,致使地下水位抬高,抑制农作物生长而导致减产,是为渍灾,或称潜在性灾害,其相应损失称为涝灾的间接损失。在土壤受盐碱威胁的地区,当地下水位抬高至临界深度以上时,常易形成土壤盐碱化,造成农作物受灾减产,是为碱灾。

北方平原如黄淮海某些地区,由于地势平坦,夏伏之际暴雨集中,常易形成洪涝灾害;如久旱不雨,则易形成旱灾;有时洪、涝、旱、碱灾害伴随发生,或先洪后涝,或先涝后旱,或洪涝之后土壤发生盐碱化。因此,对其必须坚持洪、涝、旱、碱灾综合治理,才能保证农业高产稳产。

治涝必须采取一定的工程措施,当农田中由于暴雨产生多余的地面水和地下水时,可以通过排水网和出口枢纽排泄到容泄区(指承泄排水的江、河、湖泊或洼淀等),其目的为及时排除由于暴雨所产生的地面积水,减少淹水时间及淹水深度,不使农作物受涝,并及时降低地下水位,减少土壤中的过多水分,不使农作物受渍。

在盐碱化地区,要降低地下水位至土壤不返盐的临界深度以下,达到改良盐碱地和防止次生盐碱化。当条件允许时，还应发展井灌、井渠，可综合控制地下水位，在干旱季节则可保证必要的农田灌溉。

二、治理标准

修建治涝工程，减免涝、渍、碱灾害，首先要确定治理标准，现分述如下。

（一）治涝标准

治涝工程的设计，必须根据遇旱有水、遇涝排水、改良土壤，达到农业高产稳产的要求。考虑涝区的地形、土壤、水文气象、涝灾情况、现有治涝措施等因素，正确处理大中小、近远期、上下游、泄与蓄、自排与抽排以及工程措施与其他措施等关系，合理确定工程的治涝任务和选择治涝标准。

治涝设计标准一般应以涝区发生一定重现期的暴雨而不受灾为准，重现期一般采用5～10年。条件较好的地区或有特殊要求的棉粮基地和大城市郊区，可以适当提高标准。条件较差的地区，可采取分期提高的办法。

治涝设计中除应排除地面涝水外，还应考虑作物对降低地下水位的要求。

我国各地区降雨特性不同，应根据当地的自然条件、涝渍灾害、工程效益等情况进行经济分析，合理选择治涝标准。

（二）防渍标准

防渍标准是要求地下水位在降雨后一定时间内下降到作物的耐渍深度以下。作物耐渍的地下水深度，因气候、土壤、农作物品种、不同的生长期而不同，具体应根据试验资料而定。

（三）防碱标准

治碱措施可分为农业、水利、化学等。水利措施主要是建立良好的排水系统，控制地下水位。不使土壤返盐的地下水深度，常被称为地下水的临界深度。

三、治涝工程经济分析的特点

治涝工程具有除害的性质，工程效益主要表现在涝灾的减免程度上，即与工程有、无对比在修建工程后减少的那部分涝灾损失，即为治涝工程效益。在一般情况下，涝灾损失主要表现在农田减产方面。只有当遇到大涝年份，涝区长期大量积水时，才有可能发生房屋倒塌，工程或财产损毁等情况。涝灾的大小与暴雨发生的季节、雨量强度、积涝水深、历时、作物耐淹能力等许多因素有关。

计算治涝工程效益或估计工程实施后灾情减免程度时，均须作某些假定并采用简化方法，根据不同的假定和不同的计算方法，其计算结果可能差别很大。因此，在进行治涝经济分析时，应根据不同地区的涝灾成因、排水措施等具体条件，选择比较合理的计算分析方法。

治涝工程效益的大小，与涝区的自然条件、生产水平关系甚大。自然条件好、生产水平高的地区，农产品产值大，受灾时损失亦大，但治涝后效益也大；反之，原来条件比较差的地区，如治涝后生产仍然上不去，相应工程效益也就比较小。

此外，规划治涝工程时，应统筹考虑除涝、排渍、治碱、防旱等问题，只有综合治理，才能获得较大的综合效益。

四、治涝工程经济分析的任务与步骤

治涝工程经济分析的任务，就是对治涝规划区选择合理的治涝标准、工程规模和治涝措施。对于已建的治涝工程，亦可提出进一步提高经济效果的建议。

治涝工程经济分析的步骤：

(1)根据治涝任务，拟订技术上可行、经济上合理的若干个比较方案。

(2)收集历年的雨情、水情、灾情等基本资料，分析治涝区致涝的原因。

(3)计算各个方案的投资、年运行费和年效益以及其他经济指标。

(4)分析各个方案的经济效果指标、辅助指标及其他非经济因素；经济效果指标有效益费用比、内部收益率、经济净现值等；辅助指标有年平均减涝面积、工程占地面积、盐碱化地区的治碱面积等。

(5)对各个比较方案进行国民经济评价，并进行敏感性分析。

进行经济分析时，应注意各个方案的条件具有可比性，基本资料、计算原则、研究深度应具有一致性，并以国家有关的方针、政策、规程和规范作为准绳。

五、治涝工程的投资和年运行费

(一)投资计算

治涝工程的投资，应包括使工程能够发挥全部效益的主体工程和配套工程所需的投资。主体工程一般为国家基建工程，例如输水渠、排水河道、容泄区以及有关的工程设施和建筑物等。配套工程包括各级排水沟渠及田间工程等，一般为集体筹资，群众出劳力，应分别计算投资。对于支渠以下及田间配套工程的投资，一般有两种计算方法：

(1)根据主体工程设计资料及施工记录，对主体及附属工程进行投资估算；有较细项目的基建投资或各基层的用工、用料记录的，则可进行统计分析计算。

(2)通过典型区资料，按扩大指标估算投资。

(二)年运行费计算

治涝工程的年运行费，是指保证工程正常运行每年所需的经费开支，其中包括维护费(含定期大修费)、河道清淤维修费、燃料动力费、生产行政管理费、工作人员工资等。

由于排涝工程面广，加上历来的“重建轻管”思想，不少地方河渠失修，淤积严重，建筑物及设备维护不善，明显地降低了工程寿命，增加了大修费用，使年运行费大量增加，因此对除涝工程必须加强管理，做好经常性维修工作。

关于治涝工程的年运行费，可根据工程投资的一定费率进行估算，可参考有关规程的规定。

六、治涝工程的经济效益

治涝工程的效益，如上所述是以修建工程后可减少的涝灾损失值表示的。涝灾的损失主要是农作物的减产损失可通过内涝积水量法、合轴相关分析法、实际年系列法、暴雨笼罩面积法等计算求出。

七、治渍、治碱效益估算

治涝工程往往对排水河道采取开挖等治理措施，从而降低了地下水位，因此同时带来了治碱、治渍效益。当地下水埋深适宜时，作物的产量和质量都可以得到提高，从而达到增产效益，其估算方法如下：

(1)首先把治渍、治碱区划分成若干个分区，调查无工程各分区的地下水埋深、作物种植和产量产值收入等情况，然后分类计算各种作物的收入、全部农作物的总收入和单位面积的平均收入。

(2)拟订几个治渍、治碱方案，分区控制地下水埋深，计算各地下水埋深方案的农作物收入、全区总收入，其与无工程总收入的差值，即为治渍、治碱效益。

第五节　灌溉工程经济分析

一、灌溉工程类型

灌溉工程按照用水方式，可分为自流灌溉和提水灌溉；按照水源类型，可分为地表水灌溉和地下水灌溉；按照水源取水方式，又可分为无坝引水、低坝引水、抽水取水和由水库取水等。

当灌区附近水源丰富，河流水位、流量均能满足灌溉要求时，即可选择适宜地点作为取水口，修建进水闸引水自流灌溉。在丘陵山区，当灌区位置较高，当地河流水位不能满足灌溉要求时，可从河流上游水位较高处引水，借修筑较长的引水管渠以取得自流灌溉的水头，此时修建引水工程一般较为艰巨，通常在河流上筑低坝或闸，抬高水位，以便引水自流灌溉。与无坝引水比较，虽然增加了拦河闸坝工程，但可缩短引水管渠，经济上可能是合理的，应作方案比较，才能最终确定。

当河流水量丰富，但灌区位置较高时，则可考虑就近修建提灌站。这样，引水管渠工程量小，但增加了机电设备投资及其年运行费，一般适用于提水水头较大而所需提水灌溉流量较小的山区、丘陵区。

当河流来水与灌溉用水不相适应，即河流的水位及流量均不能满足灌溉要求时，必须在河流的适当地点修建水库提高水位并进行径流调节，以解决来水和用水之间的矛盾，并可综合利用河流的水利资源。采用水库取水，必须修建大坝、溢洪道、进水闸等建筑物，工程量较大，且常带来较大的水库淹没损失。

对于地下水丰富地区，应以井灌提水为主，或井渠结合相互补充供水灌溉。对某些灌区，可以综合各种取水方式，形成蓄、引、提相结合的灌溉系统。在灌溉工程规划设计中，究竟采用何种取水方式，应通过不同方案的技术经济分析比较，才能最终确定最优方案。

二、灌水方法

根据灌溉用水输送到田间的方法和湿润土壤的方式，灌溉方法大致可分为地面灌溉、渗灌和滴灌以及喷灌几大类。

(一)地面灌溉

这是目前应用最广泛的一种灌溉方式,水进入田间后,靠重力和毛细管作用浸润土壤,按湿润土壤方式的不同,又可分为畦灌、沟灌、淹灌和漫灌四种方式。

(1)畦灌:用田埂将灌溉土地分隔成一系列的小区,灌水时将水引入,使沿畦长方向流动,在流动过程中靠重力和毛细管作用湿润土壤。本法适用于密植作物。

(2)沟灌:在作物行距间开挖灌水沟,水在流动过程中靠毛细管作用湿润土壤,其优点为不破坏作物根部附近的土壤结构,不导致田面板结,能减少土壤蒸发损失。本法适用于宽行距的中耕作物。

(3)淹灌:用田埂将灌溉土地分成许多格田,灌水时使格田保持一定的水深,靠重力作用湿润土壤。本法主要用于水稻。

(4)漫灌:田间不做任何工程,灌水时任其在地面上漫流,借重力作用渗入土壤。漫灌均匀性差,水量浪费大。

(二)渗灌和滴灌

(1)渗灌:又称地下灌溉,是在地面下铺设管道系统,将灌溉水引入田间耕作层中,靠毛细管作用自下而上湿润土壤。优点是灌水质量好,蒸发损失少,少占耕地,便于机耕;缺点是造价高,检修困难。

(2)滴灌:利用一套低压塑料管道系统将水直接输送到每棵果树或作物的根部,水由滴头直接滴注在根部的地表土中,然后浸润作物根系。其主要优点是省水,自动化程度高,使土壤湿度保持在最优状态;缺点是需要大量塑料管,投资大。本法适用于果园。

(三)喷灌

利用专门设备将压力水喷射到空中散成细小水滴,像天然降雨般地进行灌溉。其优点是地形适应性强,灌水均匀,灌溉水利用系数高,尤其适合于透水性强的土壤;缺点是基建投资较高,喷灌时受风的影响大。

由于我国水资源短缺,应提倡采用节水灌溉,尽量提高水的利用率。

三、灌溉工程经济分析的任务

灌溉工程经济分析的任务,就是对技术上可能的各种灌溉工程方案及其规模进行效益、投资、年运行费等因素的综合分析,结合政治、社会等非经济因素,确定灌溉工程的最优开发方案,其中包括灌溉标准、灌区范围、灌溉面积、灌水方法等各种问题。

灌溉工程的经济效果,主要反映在有无灌溉或者现有灌溉土地经过工程改造后农作物产量和质量的提高以及产值的增加。由于农业生产有其自身的特点,因而进行灌溉工程经济分析时应注意以下几个问题:

(1)农作物产量与质量的提高,是水、肥料、种子、土壤改良以及其他农业技术和管理措施综合作用的结果。因此,不能把农业增产的效益全部算在灌溉的账上,应在水利部门与农业等其他部门之间进行合理的分摊,综合措施或综合利用工程的费用,也应在有关受益部门之间进行分摊。

(2)农作物对灌溉水量和灌水时间的要求以及灌溉水源本身,均直接受气候等因素变化的影响。由于水文气象因素每年均不相同,因此灌溉效益各年亦有差异,故不能用某一代表年来估算效益。例如,在干旱年份,农作物需要灌溉,其增产效益十分显著,因此在干旱年份灌溉的效益很大;在风调雨顺年份,即使没有灌溉也可获得丰收,这一年的灌溉效益就很小;在丰水多雨年份,某些作物根本不需要灌溉,因而这一年可能没有灌溉效益。由上述可知,估算灌溉效益时不能采用某一保证率的代表年作为灌溉工程的年效益,必须用某一代表时段(例如15年以上,其中包括各种不同典型水文年)逐年估算灌溉效益,求出其多年平均值作为灌溉的年效益。为了全面反映灌溉工程的增产情况,还应计算特大干旱年的效益。

(3)过去有些单位只计算灌溉骨干工程的投资,不考虑配套工程所需的投资,这样就少算了投资项目,结果夸大了灌溉工程的效益。不管是国家投资的骨干工程,还是集体和群众出工出料的配套工程,都是整个灌溉系统不可缺少的组成部分,只有考虑这两部分所需的投资与年运行费后,才能与相应灌溉效益比较。此外,集体与群众所出的材料和劳务支出,必须按规定的价格和标准工资计算,使各部分投资与年运行费均在相同基础上进行核算。

(4)要考虑投资和效益的时间因素,尤其是大型灌溉工程,投资大,工期长,为了减少资金的积压损失,应该考虑分期投资,分期配套,施工一片,完成一片,生效一片,尽快提前发挥工程效益。

四、灌溉工程的投资与年运行费

上面已提到,灌溉工程的投资与年运行费是指全部工程费用的总和,其中包括渠道工程、渠系建筑物和设备、各级固定渠道以及田间工程等部分。进行投资估计时,应分别计算各部分的工程量、材料量以及用工量,然后根据各种工程的单价及工资、施工设备租用费、施工管理费、土地征收费、移民费以及其他不可预见费,确定灌溉工程的总投资。

在规划阶段,由于尚未进行详细的工程设计,常用扩大指标法进行投资估算。

灌溉工程的投资构成,一般包括国家及地方的基本建设投资、农田水利事业补助费、群众自筹资金和劳务投资。过去在大中型灌溉工程规划设计中,国家及地方的基建投资一般只包括斗渠口以上部分。进行灌溉工程经济分析时,尚应考虑以下几个部分的费用:

(1)斗渠口以下配套工程(包括渠道及建筑物)的全部费用。过去曾按面积大小及工程难易程度,由国家适当补助一些农田水利事业费,实际上远远不足配套工程所需,群众投资及投工都很大。今后应通过典型调查,求得每亩实际折款数。

(2)土地平整费用。灌区开发后,一种情况是把旱作物改为水稻,土地平整要求高,工程量大;另一种情况是原为旱作物,为适应畦灌、沟灌需要平整地形,可平整为缓坡地形,因而工程量较小。平整土地所需的单位投资,亦可通过典型调查确定。

(3)工程占地补偿费。通过调查,求出工程占地亩数。补偿费用有两种计算方式:一是造田,按所需费用赔偿;二是按工程使用年限内农作物产值扣除农业成本费后求出赔偿费。

关于灌溉工程的年运行费,主要包括:①维护费,一般以投资的百分数计,土建工程为0.5%~1.0%,机电设备为3%~5%,金属结构为2%~3%;②管理费,包括建筑物和设备的经常管理费;③工资及福利费;④水费;⑤灌区作物的种子、肥料费等;⑥材料、燃料、动力费,当灌区采用提水灌溉或喷灌方法时,必须计入该项费用,该值随灌溉用水量的多少与扬程的高低等因素而定。

关于灌溉工程的流动资金,是指工程为维持正常运行所需的周转资金,一般按年运行费的某一百分数取值。

五、灌溉工程的经济效益

灌溉工程的国民经济效益,是指灌溉和未灌溉相比所增加的农、林、牧产品按影子价格计算的产值。前面已经提到,灌区开发后农作物的增产效益是水利和农业两种措施综合作用的结果,应该对其效益在水利和农业之间进行合理的分摊。

一般说来,有两大类计算方法:

一类是对灌溉后的增产量进行合理分摊,从而计算出水利灌溉分摊的增产量,常用分摊系数表示部门间的分摊比例。

另一类是从产值中扣除农业生产费用,求得灌溉后增加的净产值作为水利灌溉分摊的效益。

由于我国幅员辽阔,各地气象、水文、土壤、作物构成及其他农业生产条件相差甚大,因此灌溉效益也不尽相同。我国南方及沿海地区,雨量充沛,平均年降雨量一般在 1 200 mm 以上,旱作物一般不需要进行灌溉,这类地区灌溉工程的效益主要表现为:

(1)提高灌区原有水稻种植面积的灌溉保证率。

(2)作物的改制,如旱地改水田等。

(3)由于水利条件的改善以及农业技术措施的提高,可能引起新的作物品种的推广等。

在西北地区,由于雨量少,蒸发量大,平均年降雨量一般仅为 200 mm 左右。干旱是这类地区的主要威胁,因此发展灌溉是保证农作物高产、稳产的基础条件。

第六节 水力发电工程经济分析

一、概述

一般电力系统是把若干座不同类型的发电站(如水电站、火电站、核电站、抽水蓄能电站等)用输电线、变电站、供电线路联络起来成为一个电网,统一向许多不同性质的用户供电,满足各种负荷要求。

电源规划主要是根据各种发电方式的特性和资源条件,决定增加何种形式的电站(如水电、火电、核电等),以及发电机组的容量与台数。承担基荷为主的电站,因其利用率较高,宜选用适合长期运行的高效率机组,如核电机组和大容量、高参数的火电机组等,以降低燃料费用。承担峰荷为主的电站,因其年利用率低,宜选用启动时间短、能适应负荷变化而投资较低的机组,如燃汽轮机组等。

对于水电机组,在丰水期应尽量满发,承担系统基荷;在枯水期因水量有限而带峰荷。由于水电机组的造价仅占水电站总投资的一小部分,近年来多倾向于在水电站中适当增加超过保证出力的装机容量(即加大装机容量的逾量),以避免弃水或减少弃水。对有条件的水电站,世界各国均致力于发展抽水蓄能机组,即系统低谷负荷时,利用火电厂的多余电能进行抽水蓄能;当系统高峰负荷时,再利用抽蓄的水能发电。尽管抽水—蓄能—发电的总效率仅 2/3,但从总体考虑,安装抽水蓄能机组比建造调峰机组经济,尤其对调峰容量不足的系统更是如此。

由于各种电站的动能经济特性不同,不同类型电站在统一的电力系统中运行,可以使各种能源得到更充分合理的利用,电力供应更加安全可靠,供电费用更加节省。现简要介绍水电站、火电站的主要经济特性。

二、水电站的投资

水电站是将水能转换为电能的综合工程设施,又称水电厂。它包括为利用水能生产电能而兴建的一系列水电站建筑物及装设的各种水电站设备。利用这些建筑物集中天然水流的落差形成水头,汇集、调节天然水流的流量,并将它输向水轮机,经水轮机与发电机的联合运转,将集中的水能转换为电能,再经变压器、开关站和输电线路等将电能输入电网。

有些水电站除发电所需的建筑物外,还常有为防洪、灌溉、航运、过鱼等综合利用目的服务的其他建筑物。这些建筑物的综合体称水电站枢纽或水利枢纽。

将水能转换为电能的综合工程设施,一般包括由挡水、泄水建筑物形成的水库和水电站引水系统、发电厂房、机电设备等。水库的高水位水经引水系统流入厂房推动水轮发电机组发出电能,再经升压变压器、开关站和输电线路输入电网。水电站枢纽的组成建筑物有以下几种。

(一)挡水建筑物

挡水建筑物指用以截断水流,集中落差,形成水库的拦河坝、闸或河床式水电站的厂房等水工建筑物,如混凝土重力坝、拱坝、土石坝、堆石坝及拦河闸等。

(二)泄水建筑物

泄水建筑物指用以宣泄洪水或放空水库的建筑物,如开敞式河岸溢洪道、溢流坝、泄洪洞及放水底孔等。

(三)进水建筑物

进水建筑物指从河道或水库按发电要求引进发电流量的引水道首部建筑物,如有压、无压进水口等。

(四)引水建筑物

引水建筑物指向水电站输送发电流量的明渠及其渠系建筑物、压力隧洞、压力管道等。

(五)平水建筑物

平水建筑物指在水电站负荷变化时用以平稳引水建筑物中流量和压力的变化,保证水电站调节稳定的建筑物,对有压引水式水电站为调压井或调压塔,对无压引水式电站为渠道末端的压力前池。

（六）厂房枢纽建筑物

水电站厂房枢纽建筑物主要是指水电站的主厂房、副厂房、变压器场、高压开关站、交通道路及尾水渠等建筑物。这些建筑物一般集中布置在同一局部区域形成厂区，厂区是发电、变电、配电、送电的中心，是电能生产的中枢。

水电站的投资，一般包括永久性建筑工程（如大坝、溢洪道、输水隧洞、发电厂房等）、机电设备的购置和安装、施工临时工程及库区移民安置等费用。从水电工程基本投资的构成比例看，永久性建筑工程投资占 32% ~45%，主要与当地地形、地质、建筑材料和施工方法等因素有关；机电设备购置和安装费用占 18% ~25%，其中主要为水轮发电机组和升压变电站，其单位（千瓦）投资与机组类型、单机容量大小和设计水头等因素有关；施工临时工程投资占 15% ~20%，其中主要为施工队伍的房建投资和施工机械的购置费等；库区移民安置费用和水库淹没损失补偿费以及其他费用共占 10% ~35%，这与库区移民的安置数量、水库淹没的具体情况及补偿标准等因素有关。

关于远距离输变电工程投资，一般并不包括在电站投资内，而是单独列为一个工程项目。由于水电站一般远离负荷中心地区，输变电工程的投资有时可能达到水电站本身投资的 30% 以上，当与火电站进行经济比较时，应考虑输变电工程费用。

水电站单位（千瓦）投资与电站建设条件关系很大，20 世纪 50 年代平均单位（千瓦）投资约为 1 000 元，后来由于水电站开发条件逐渐困难，库区移民安置标准适当提高，施工机械化程度不断提高，加上物价水平不断上升等原因，水电站平均单位（千瓦）投资 60 年代约为 2 000 元，70 年代约为 3 000 元，80 年代约为 4 000 元，90 年代为 5 000 元左右，进入 21 世纪后水电站单位（千瓦）投资已达 10 000 元左右。

举世闻名的长江三峡水利工程，其静态投资（包括输变电工程，以 1993 年 5 月价格计算）为 1 150 亿元，水电站装机容量为 1 820 万 kW（共有机组 26 台，单机容量 70 万 kW），折合单位千瓦投资 6 320 元（投资尚未在防洪、发电、航运等受益部门之间分摊），其中库区移民安置费用及远距离高压输变电工程投资分别约占工程总投资的 35% 及 21%。

三、水电站的年运行费

水电站为了维持正常运行每年所需要的各种费用，统称为水电站的年运行费，其中包括下列各个部分。

（一）维护费（包括大修理费）

为了恢复固定资产原有的物质形态和生产能力，对遭到耗损的主要组成部件进行周期性的更换与修理，统称为大修理。为了使水电站主要建筑物和机电设备经常处于完好状态，一般每隔两三年需进行一次大修理。由于大修理所需费用较多，因此每年从电费收入中提存一部分费用作为基金供大修理时集中使用。

$$\text{大修理费} = \text{固定资产原值} \times \text{大修理费费率} \tag{12-14}$$

此外，尚需对水库和水电站建筑物及机电设备进行经常性的检查、维护与保养，包括对一些小零件进行修理或更换所需的费用。

（二）材料、燃料及动力费

水电站材料费是指库存材料和加工材料的费用，其中包括各种辅助材料及其他生产用的原材料费用。燃料及动力费是指水电站本身运行所需的燃料及厂用电等动力费。

(三)工资

包括工资和福利费以及各种津贴和奖金等,可按电厂职工编制计算。

(四)水费

水电厂与水库管理处往往隶属于不同的行政管理系统,由于近来强调进行企业管理,因此电厂发电所用的水量应向水库管理处或其主管单位缴付水费。发电专用水的水价应与诸部门(发电、灌溉、航运等)综合利用水量的水价有所不同。

(五)其他费用

包括保险费、行政管理费、办公费、差旅费等。

以上各种年运行费,可根据电力工业有关统计资料结合本电站的具体情况计算求出。当缺乏资料时,水电站年运行费可按其投资或造价的1% ~2%估算,大型电站取较低值,中小型电站取较高值。

四、水电站的年费用

为了综合反映水电站所需费用(包括一次性投资和经常性年运行费)的大小,常用年费用表示。

(1)当进行静态经济分析时,根据现行财税制度,水电站发电成本主要包括年折旧费与年运行费两大部分,此即为水电站的年费用。

其中

$$年折旧费 = 固定资产原值 \times 年综合折旧费费率 \tag{12-15}$$

根据资本保全原则,当项目建成投入运行时,其总投资形成固定资产、无形资产、递延资产和流动资产四部分,因此从水电站总投资中扣除后三部分后即得固定资产原值。关于年综合折旧费费率,一般采用直线折旧法并不计其残值时,则

$$年综合折旧费费率 = 1/固定资产综合折旧年限 \tag{12-16}$$

式中,折旧年限一般采用经济使用年限(即经济寿命)。

(2)当进行动态经济分析时,水电站年费用为资金年分摊值(资金年回收值)与年运行费之和,即

$$年费用 = 水电站固定资产原值 \times [A/P,i,n] + 年运行费 \tag{12-17}$$

五、火电厂的年运行费

火电厂的年运行费包括固定年运行费和燃料费两大部分。固定年运行费主要与装机容量的大小有关,燃料费主要与该年发电量的多少有关。现分述如下:

(1)固定年运行费。主要包括火电厂的大修理费、维修费、材料费、工资及福利费、水费(冷却用水等)以及行政管理费等。

以上各种固定年运行费可以根据电力工业有关统计资料结合本电站的具体情况计算求出。由于火电厂汽轮发电机组、锅炉、煤炭运输、传动、粉碎、燃烧及除灰系统比较复杂,设备较多,因而运行管理人员亦比同等装机容量的水电站要增加若干倍。当缺乏资料时,火电厂固定年运行费可按其投资的6%左右估算。

(2)燃料费。火电厂的燃料费主要与年发电量、单位发电量的标准煤耗及折合标准

煤的到厂煤价等因素有关。

必须说明，如果火电站的投资中包括了煤矿及铁路等部门所分摊的投资，则燃料费应该只计算到燃煤所分摊的年运行费；如果火电站的投资中并不考虑煤矿及铁路等部门的投资，仅指火电厂本身的投资，则燃料费应按照当地影子煤价（国民经济评价时）或财务煤价（财务评价时）计算。

六、水电站的国民经济效益

在水电建设项目国民经济评价中，水电站工程效益可以用下列两种方法之一表示其国民经济效益。

(1)用同等程度满足电力系统需要的替代电站的影子费用，作为水电站的国民经济效益。

在目前情况下，水电站的替代方案应是具有调峰、调频能力并可担任电力系统事故备用容量的火力发电站。一般认为，为了满足设计水平年电力系统的负荷要求，如果不修建某水电站，则必须修建其替代电站，两者必选其中之一。换句话说，如果修建某水电站，则可不修建其替代电站，所节省的替代电站的影子费用（包括投资、燃料费与运行费），可以认为这就是修建水电站的国民经济效益。

(2)用水电站的影子电费收入作为水电站的国民经济效益。

用此法计算水电站的国民经济效益比较直截了当，容易令人理解，但困难在于如何确定不同类电量（峰荷电量、基荷电量、季节性电量等）的影子电价。在有关部门制定出各种影子电价之前，可参照国家发展和改革委员会颁布的《建设项目经济评价方法与参数》中的有关规定，结合电力系统和电站的具体条件，分析确定影子电价。

对于具有综合利用效益的水电建设项目，应以具有同等效益的替代建设项目的影子费用作为该水电建设项目的效益，或者采用影子价格直接计算该水电建设项目的综合利用效益。

附　录

附录一　已成防洪工程经济效益分析计算及评价规范

(SL 206—98)

前　言

《已成防洪工程经济效益分析计算及评价规范》(SL 206—98)主要依据国家计划委员会、建设部1993年4月发布的《建设项目经济评价方法与参数》(计投资[1993]530号文)、水利部1994年3月发布的《水利建设项目经济评价规范》(SL 72—94)和《水利水电技术标准编写规定》(SL 01—97)规定的原则、方法,结合已成防洪工程经济效益分析计算及评价的特点编制。

《已成防洪工程经济效益分析计算及评价规范》(SL 206—98)主要包括以下内容:

——已成防洪工程防洪经济效益分析计算的内容、原则和方法;

——当年(或一次)洪水的洪灾损失和防洪经济效益的计算原则和方法;

——洪灾损失基本资料调查分析的内容和方法;

——假定无防洪工程情况下洪水还原的计算方法;

——投入费用的分析计算和经济评价的方法;

——流域(地区)防洪工程体系经济效益分析计算方法及其中单个防洪工程经济效益的分配原则;

——防洪效益综合分析的内容和方法。

本规范的解释单位:水利部水利管理司

本规范的主编单位:水利部水利管理司,水利部长江水利委员会长江勘测规划设计研究院

本规范主要起草人:邱忠恩　谭培伦　谈昌莉　彭登模　赵　义

目　次

1　总　则

1.0.1　为了适应已成防洪工程经济效益分析计算及评价的需要，统一分析计算及评价的原则和方法，正确反映已成防洪工程实际产生的经济效益和作用，特制定本规范。

注：本规范除特指外，“已成防洪工程”指已经投入运行的单项防洪工程（堤防、蓄滞洪区、水库工程、水闸工程、河道整治工程等）或一个流域（地区）由各类工程组成的防洪工程体系。

1.0.2　本规范主要适用于已成防洪工程某洪水年或一段时期实际产生的经济效益的分析计算及评价。

1.0.3　已成防洪工程经济效益分析计算及评价应根据本工程在建设期和运行期内实际发生的洪水和实际投入的费用进行。

1.0.4　进行已成防洪工程经济效益分析计算及评价，必须十分重视基本资料的调查，搜集整理，综合分析和合理性检查。引用调查、搜集的社会经济资料时，应分析其历史背景，并根据各时期的社会经济状况和价格水平进行调整、换算。

1.0.5　进行已成防洪工程经济效益分析计算及评价时，除应符合本规范外，尚应符合国家现行的有关标准的规定。

2　经济效益分析计算

2.0.1　已成防洪工程产生的经济效益应采用实际发生年法，按假定无本防洪工程情况下可能造成的洪灾损失与有本防洪工程情况下实际的洪灾损失的差值计算。

2.0.2　已成防洪工程产生的经济效益应包括直接经济效益和间接经济效益；因兴建防洪工程给国民经济带来的负效益亦应进行分析计算。

2.0.3　直接经济效益与间接经济效益计算应在洪灾损失基本资料调查与分析的基础上进行。

洪灾损失基本资料调查分析的内容和方法见附录 A。

2.0.4　有本防洪工程的实际直接洪灾损失，应只计入本工程保护范围内那些确因堤防决口、计划分洪或无堤地区因洪水位超过地面高程所造成的淹没损失。

直接洪灾损失的实物指标应根据洪水发生年的实际洪水情况调查分析确定；对过去发生的洪灾损失应逐年根据洪灾统计资料，参照水文资料进行核实后确定。

当年洪灾的报灾资料，应严格按照国家有关部门规定的表格，在对主要受灾地区进行实际调查的基础上如实填报，并附洪灾范围示意图及计算依据。洪灾损失数字应经过有关部门核实。

直接洪灾损失可按以下方法计算：

1　如具有实际洪灾损失实物量数据，将其乘以计算标准年相应实物的单价求得；

2　如仅有洪灾淹没农田亩数或受灾人口数，将其乘以计算标准年价格水平的单位综合损失指标求得。单位综合损失指标农村可采用亩均指标（元/亩）表示，城镇可采用人均指标（元/人）表示。

2.0.5　假定无本防洪工程情况下可能造成的直接洪灾损失，应首先通过无本防洪工程情况下的洪水还原分析计算，将已受到防洪工程调控或分洪溃口影响的实测水文数据，还原到无本防洪工程调控或分洪溃口影响的水文数据，据以分析确定各致灾洪水年洪水淹没范围，调查计算各致灾洪水年的淹没损失。当洪水淹没范围大，普查洪灾损失工作量很大时，直接洪灾损失可以采用各致灾洪水年淹没耕地或人口数，乘以对应年份的单位综合损失指标求得。不同淹没区不同情况下的单位综合损失指标应根据淹没水深、淹没历时、转移条件等因素分析确定。

确定无本防洪工程情况下洪水淹没范围及淹没耕地和受淹人口数，应结合本工程保护范围内河段堤防标准及被保护地区重要性，按有计划分洪的原则，先运用低标准堤段和洪灾损失小的地区计算。

洪水还原计算的方法见附录 B。

2.0.6　有、无本防洪工程情况下的间接洪灾损失可根据典型调查资料按其相当于直接洪灾损失的比例计算。

2.0.7　借用邻近地区的洪灾单位综合损失指标计算本地区防洪工程经济效益时，应分析、论证其合理性。

2.0.8　计算非调查年份的防洪经济效益，采用某调查年份的单位综合损失指标时，应进行洪灾淹没损失实物指标和价格水平的换算。

1　洪灾淹没损失实物指标应以洪灾损失增长率为依据换算，洪灾损失增长率宜根据各防洪保护区经济发展情况分时段确定；

2　价格水平一般可以物价上涨指数为依据换算；

3　所采用的单位综合损失指标宜考虑受淹没程度的因素。

2.0.9　计算某洪水年（或某一次洪水）防洪经济效益宜采用当年价格水平。计算洪水系列内总防洪经济效益时，宜将各洪水年按当年价格水平计算的经济效益按较近期的某一不变价格水平换算后再相加。

2.0.10　已成防洪工程在运行期内的多年平均防洪经济效益可按算术平均法计算。

2.0.11　已成防洪工程在实际运行期内遭遇特大洪水，应对该特大洪水年防洪工程取得的防洪经济效益进行较详细的分析计算。

3　费用分析计算

3.0.1　已成防洪工程的费用应包括建设期和运行期内各年实际投入工程的固定资产投资、年运行费和流动资金。

1　固定资产投资应包括由国家（中央与地方）、集体、个人以各种方式投入工程的全部费用。除建设期投资外，还应包括工程运行期进行加固和改、扩建的投资。

2　年运行费应包括防洪工程在运行期内各年所支出的职工工资及福利费、防汛抢险费、工程维护费、材料、燃料及动力费、管理费及其他直接费用。

3　流动资金应包括防洪工程维持正常运行购买燃料、材料、备品、备件和支付职工工资及防汛物资储备等所需的周转资金。

3.0.2　已成防洪工程的费用应按各年实际投入的费用分析确定；当缺乏实际资料，采用类似工程资料估算本工程的固定资产投资、年运行费和流动资金时，应分析、论证其合理性。

3.0.3 进行防洪工程经济评价时,应对已投入工程的各项费用按拟定的计算标准年的价格水平进行调整计算。

1 固定资产一般应采用重置成本法进行估算。对中小型防洪工程,当资料不全时,可作简化调整计算。

2 年运行费用宜按该工程的实际年运行费和工程正常运行需要的年运行费两种情况计算。实际年运行费可以采用物价指数法将各年实际年运行费换算成计算标准年价格水平的费用,亦可将实际年运行费占原固定资产投资的比例乘以换算后的固定资产投资求得。工程正常运行需要的年运行费用可参考水利部颁布的水利工程年运行费费率标准计算。

3.0.4 具有综合利用效益的防洪工程,其投资和年运行费应在防洪与其他受益部门之间进行分摊。进行已成防洪工程防洪部分经济评价时,只计入防洪部分应分摊的投资和年运行费。投资费用分摊可采用下述方法:

1 按防洪与其他受益部门占用的实物量指标(如库容等)的比例分摊;

2 按防洪与其他受益部门获得的经济效益的比例分摊;

3 按适合本工程情况的其他合理可行的方法分摊。

4 经济评价

4.0.1 已成防洪工程经济评价应以国民经济评价为主,同时,也对工程财务运行状况进行分析。

4.0.2 已成防洪工程经济评价应遵循费用和效益计算口径对应一致的原则,计算工程的直接经济效益和直接费用及间接经济效益和间接费用,并防止遗漏和避免重复。

4.0.3 已成防洪工程经济评价应采用计及资金时间价值的动态分析方法,辅以静态分析,并对工程实际经济指标与设计(预测)经济指标进行对比,分析其偏离的情况及其产生的原因,总结经验教训。

4.0.4 已成防洪工程经济评价采用的费用和效益值应是经过价格水平换算后按同一计算标准年价格水平计算的数值。计算标准年可根据不同情况选定:

1 对工程建设时已做过全面经济评价的工程,计算标准年一般可采用建设前进行经济评价所采用的价格水平年;

2 对工程建设时未做过全面经济评价的工程,计算标准年一般可选择在工程运行期内较近期的某一代表年份。

4.0.5 已成防洪工程经济评价可采用以下计算参数:

1 社会折现率。应采用国家统一规定的社会折现率12%;同时采用7%进行计算,供评价参考。

2 计算价格。宜采用影子价格。当测算影子价格有困难时,可采用国内市场价格。

3 计算期。包括实际建设期(含运行初期)和实际运行期。

4 计算基准年和基准点。资金时间价值的计算基准年宜选在计算期第一年,并以第一年年初作为折现计算的基准点。投入的费用和产出的效益均按年末发生和结算。

4.0.6 已成防洪工程国民经济评价应计算经济内部收益率、经济净现值、经济效益费用比等国民经济评价指标,并根据国家规定标准判别其经济合理性。

国民经济评价指标按水利部1994年颁布的《水利建设项目经济评价规范》(SL 72—94)的方法和公式计算。

4.0.7 进行已成防洪工程财务分析应调查研究本工程在运行期内各年实际的运行费用情况及存在问题,按国家有关规定研究提出工程正常运行需要的各项费用数额及运行费来源的建议。

4.0.8 已成防洪工程经济评价除分析计算上述经济指标和财务费用外,必要时还应分析水文现象的随机性和计算期长短对国民经济评价指标的影响,合理评价其经济合理性。

5 流域(地区)防洪工程体系经济效益分析计算

5.0.1 流域(含地区,下同)防洪工程体系经济效益计算应根据已出现的洪水系列,计算流域内的防洪工程系统实际产生的经济效益及相应投入的费用,评价本流域防洪工程的作用及其经济合理性。

5.0.2 流域防洪工程体系经济效益分析计算的范围应包括本流域内建成防洪工程的各受益地区,重点分析计算兴建防洪工程前防洪标准较低、洪灾频繁且严重、兴建防洪工程后防洪标准有较大提高的地区。

5.0.3 流域防洪工程体系经济效益分析计算的计算期,应包括计算起始年至运行期末的年数。计算起始年可根据流域内防洪工程建设情况和防洪效益分析计算的要求确定,一般可取1949年,亦可取本流域大规模防洪工程开始建设的某年。运行期末年可根据流域防洪工程经济效益分析计算的目的要求选定。当年发生致灾洪水时,亦可对该年的防洪经济效益单独进行分析计算。

5.0.4 流域防洪工程体系计算起点的防洪能力,应根据历史水文资料及防洪工程状况和洪灾损失调查及有关统计资料考证确定,划分出致灾与不致灾的水文参数。

5.0.5 对流域内的洪灾统计资料,应根据水文资料、分洪溃口的具体位置、溃口水量及可能淹没范围核实。对当年的报灾资料应按2.0.4条要求进行核实。实际受淹面积中既有洪灾又有涝灾时,应进行合理的划分。

5.0.6 假定无本防洪工程体系情况下流域洪灾损失计算可参照2.0.5条要求进行。简化计算时可按假定无本防洪工程体系时可能被淹没的面积乘相应年单位综合损失指标计算。

5.0.7 对于多沙河流,在计算无本防洪工程体系情况下的可能受淹面积时,除应考虑一般的漫堤决口受淹外,还应考虑大洪水时因河床冲淤急剧变化造成的险工处溃堤决口,即大溜顶冲堤身形成横河造成的决口洪水淹没。

5.0.8 对较大江河防洪工程体系的防洪经济效益分析计算,应统一考虑上游地区的分洪决口对下游水情的影响,避免重复计算。

5.0.9 流域防洪工程体系经济效益计算,应同时进行负效益的计算分析。负效益一般包括以下方面:

1 因兴建防洪工程而淹没及挖压土地的损失,可按失去土地利用可能减少的收益(可以农业的净产值表示)及新增土地资源所需费用估算;

2 因兴建防洪工程而引起的各方面的派生损失,可根据实际情况合理估算。

5.0.10 流域防洪工程经济效益一般应按防洪工程系统整体进行计算,其中单个防洪工程的经济效益可按下列原则分配:

1 在几个水库之间分配时,可根据当年实际蓄水量,当年实际入、出库洪峰流量或水量,当年上游的洪峰流量及区间流量组成等情况,综合分析确定分配比例;

2 在不同的防洪工程之间分配时,可根据工程建设的先后、实际抗御的洪峰流量及在此洪峰流量情况下可能造成的洪灾经济损失分析确定其分配比例。

6 防洪效益的综合分析

6.0.1 进行已成防洪工程效益分析计算,除以上经济效益分析计算和评价的内容外,还应对防洪工程实际产生的社会效益、环境效益和促进地区经济发展以及不利影响方面进行综合分析。

6.0.2 防洪工程的社会效益,可以从以下方面进行分析:

1 避免大量人口伤亡及对其亲友造成的精神痛苦;

2 避免大量灾民流离失所给社会带来的动荡;

3 避免或减轻大洪水防汛抢险救灾给社会正常生产、生活造成的影响;

4 避免或减少上下游、左右岸水事矛盾,保障社会安定团结;

5 避免交通中断对社会经济发展的影响;

6 对社会就业的稳定保障作用;

7 减少贫困人口;

8 对促进人民安居乐业和文化、教育、科学事业的发展及推进精神文明建设的作用;

9 对促进社会各行各业均衡持续发展的作用。

6.0.3 防洪工程的环境效益,可从以下方面进行分析:

1 减轻或免除洪灾,为人民提供能稳定生产、生活的环境;

2 避免洪水泛滥可能产生的瘟疫流行、水质恶化、生存环境恶化的严重危害;

3 防洪工程本身对环境的改善效益。

6.0.4 防洪工程对促进地区经济发展的作用,可从以下方面进行分析:

1 提高防洪标准,改善投资环境,加快地区经济发展;

2 促进地区生产力的合理布局和产业结构的合理调整;

3 促进新的城镇和经济区的形成和发展;

4 为地区经济持续发展提供保障;

5 为当地劳动力就业提供机遇;

6 增加房地产价值。

6.0.5 防洪工程建设对地区经济的不利影响可从以下方面进行分析:

1 水库淹没和其他防洪工程建设占地对当地农业经济发展和环境容质的影响;

2 对水库淹没和建设占地所造成的移民的生活水平的影响。

6.0.6 防洪效益的综合分析可采用定量分析与定性分析相结合的方法,凡能用货币和实物指标定量表示的,均应尽可能用货币指标和实物指标定量表示;确实难以定量的,可定性描述。

附录A 洪灾损失基本资料的调查分析

A.1 基本原则和方法

A.1.1 洪灾损失基本资料调查分析应包括洪灾直接损失、洪灾间接损失及洪灾损失增长率的调查分析。洪灾损失基本资料调查分析应以洪灾经济损失为主,对于洪灾非经济损失也应作调查,以作为防洪效益综合分析的依据。

A.1.2 洪灾损失基本资料的调查一般应在本工程防洪受益区内进行。当涉及范围不大时,一般应进行全面调查;当涉及范围很大,难以进行全面调查时,可选择具有代表性的地区作典型调查,然后据以进行扩大计算。

A.1.3 洪灾损失基本资料调查应根据中华人民共和国成立以来,特别是近年来在本流域或邻近流域类似地区实际出现洪水时的受淹情况,结合本地区的具体情况进行调查测算。

A.1.4 洪灾损失基本资料调查可采用全面调查与典型调查相结合的方法进行,并应尽量利用国家统计部门的有关统计资料。进行典型调查的地区和项目应用科学方法选好典型,所选典型应具有较好的代表性。

A.1.5 在进行洪灾损失基本资料调查的同时,应对防洪受益区和影响地区内的社会经济基本资料按分区(或按典型单元)进行调查、分析和整理,为分析防洪工程的效益和作用提供基本依据。社会经济基本资料调查内容和基本方法为:

1 已有详细统计表的社会经济资料,如人口、耕地、工矿企业和事业单位固定资产和流动资产、各类工程设施、过境铁路、公路、管道、电网等;主要工农业产品产量;国内生产总值,工农业总产值,国民收入,实现利润;主要工农业产品和建筑材料的市场价格等,可在各单位、各部门统计报表的基础上,分别归类整理。

2 对尚未纳入统计项目或统计资料不能满足洪灾损失基本资料调查分析要求的社会经济资料项目,如城乡居民家庭财产等,应进行专门调查确定。城乡居民家庭财产一般可通过典型调查,推求各行政区或不同经济水平区的扩大指标(人均值或户均值),再据以进行扩大计算。各经济水平区的典型单元和典型户应有足够的比重和数量。

A.2 洪灾直接经济损失的调查分析

A.2.1 洪灾直接经济损失应是由洪水直接造成的经济损失。一般可按受洪水直接淹没对象的价值乘其洪灾损失率求得;不便于用洪灾损失率计算的洪灾直接经济损失,则应进行专门调查计算。

A.2.2 洪灾直接经济损失调查内容一般应包括以下十类:

1 农作物(包括粮食、经济作物及秸秆等农副产品)损失;

2 林业(包括用材林、防护林、薪炭林、果木林等)损失;

3 水产业(个人所有的计入私人财产)损失;

4 畜牧业(个人所有的计入私人财产)损失;

5 工程设施(包括农田水利、公路桥涵、供电设施、通信线路、市政设施)和过境骨干运输线(包括铁路、公路、输油输气管道等)损失;

6 居民财产(包括房屋、生产和交通工具、家具、家用电器、衣被、畜禽、粮草柴等)损失;

7　企、事业财产(包括固定资产和流动资产)损失;

8　工矿企业、商业停产停业的损失;

9　骨干运输线(包括铁路、公路、输油输气管道、电力通信线路等)中断的营运损失;

10　其他损失,包括医疗救灾、救护居民、转移安置受灾者的费用等。

如调查范围内除以上所列的十类洪灾直接经济损失外,还有其他较明显的洪灾直接经济损失,应增列。

A.2.3　洪灾损失率是财产受洪灾的损失值与灾前财产原有价值之比。洪灾损失率应根据近年实际出现的洪水受淹情况按洪灾损失的种类,分别进行调查、统计、计算分析确定。当洪水淹没范围的地形高差较大时,应分析建立洪灾损失率与淹没水深、淹没历时等主要影响因素的关系,据以确定洪水淹没范围内不同地区的洪灾损失率。

A.2.4　各类财产的洪灾损失率可按以下方法调查计算和分析确定:

1　农作物的洪灾损失率应根据减产值(包括秸秆等副产品),扣除因灾少开支的生产费用后的损失值,与正常年份(或前三年平均)产值之比计算。如灾后能补种者,其减产值和生产费用,应按补种或改种的情况分析;如灾害系洪涝遭遇所致,洪灾减产值应从总减产值中扣除涝灾损失;如洪淹有肥田或补充水资源的效益,损失中应扣除这些效益。

2　林业洪灾损失率,应按林种根据其受灾损失值与灾前原有价值分别调查计算。

果、茶等经济林洪灾损失率按经济林受淹使当年减产者,以减少的产值扣除尚未支出或能节省的经营费用后与正常年份的产值之比计算;受淹后不再结果需要伐掉更新者,属多年损失,需另作专门调查分析,见A.2.5。

3　水产业、畜牧业洪灾损失率可根据其受灾的损失值扣除因灾少支出的费用后与当年计划产值之比计算。

4　工程设施洪灾损失率,分别按各类工程设施的受损部分恢复到原来情况所需要的修补费或重建费与灾前工程设施价值之比计算。若工程恢复中提高了原有设施标准,应在恢复费中扣除提高标准多花的费用。

5　城乡居民家庭财产洪灾损失率,按其性质、耐水程度、抢救难易等的差别,分别计算。其中房屋,如主体结构损失不大者,按所需修理费用与灾前房屋价值之比计算;已倒塌或主体结构不能用者,按其灾前价值扣除可用物料残值与灾前房屋价值之比计算。其他财产,按灾前价值扣除尚存物品价值与灾前价值之比计算。

6　企、事业财产洪灾损失率,按各行业的固定资产与流动资产分别计算。其调查分析方法与家庭财产损失率的调查分析方法相类似。一般可参考企、事业前后的财产统计数或保险公司的保险额和实际赔偿额计算。

7　工矿企业、商业停产停业损失率,按受灾前一年的净产值扣除受灾年实际净产值所得的损失值,与受灾前一年净产值之比计算,亦可按受灾年计划的净产值扣除当年实际净产值所得的损失,与灾年计划的净产值之比计算。工矿企业、商业停产停业损失也可按停产停业天数和日均净产值计算。

A.2.5　洪灾直接经济损失调查分析中的下列损失应专门调查计算:

1　沙压、水冲地及经济林的多年损失,应按改变经营方向或更新后达到灾前净产值水平时各年减少的净产值计算。

2　骨干运输线中断停业的损失，应按停业影响天数、每日平均运量及单位运量的净收入计算。

3　其他损失，可据实际调查分析确定。

A.2.6　对于洪水淹没范围大而淹没水深变化不大、全面调查洪灾损失有困难的，可在通过典型调查后，推求单位综合损失指标，用于进行扩大计算。对淹没水深变化相差大的地区，单位综合损失指标应根据淹没区内不同地区、不同淹没水深分别调查确定。农村单位综合损失指标以典型调查总损失（即 A.2.2 条所包括的全部损失）除以典型区全部受淹农田亩数求得，简称亩均损失；城镇单位综合损失指标以典型调查总损失除以典型区全部受灾人口数求得，简称人均损失，见表 A.2.6-1 和表 A.2.6-2。

A.3　洪灾间接经济损失的分析确定

A.3.1　洪灾间接经济损失应是因洪灾造成的直接损失给洪灾区内外带来影响而间接造成的经济损失。洪灾间接经济损失调查内容应包括：

1　地域性波及损失，即由于洪水淹没造成淹没区内工矿企业停产、商业停业、农业减产、交通运输受阻或中断，致使其他地区因原材料供应不足而造成的经济损失，以及在洪水发生期间，淹没区外的工厂企业为解决原材料不足，采用其他途径所增加的费用等经济损失。

2　时间后效性波及损失，即灾后淹没区内外在恢复期内少创造的净产值损失，如由于洪水的破坏，农田土壤成分发生变化，农业基础设施遭到毁坏，在恢复期内农业少创造的净产值损失；工厂设备受到破坏，流动资金受到影响、生产力受到限制，在恢复期内减少的工业净产值和多增加的年运行费用等经济损失。

A.3.2　地域性波及损失应调查计算到洪灾直接经济损失的一级相关影响较明显的范围；时间后效性波及损失应调查计算到各行业恢复到正常生产年份，其恢复期应根据其受灾程度及恢复能力合理确定，恢复期超过 10 年的，可按 10 年恢复期计算。

A.3.3　在分析确定洪灾间接经济损失时应充分考虑和认真研究洪水大小的淹没对象性质对洪灾间接经济损失的影响，通过综合分析，合理确定洪灾间接损失。一般情况下，大洪水的间接经济损失大于小洪水的间接经济损失；对工矿企业、商业、交通运输所造成的间接经济损失大于对农业的间接经济损失。

A.3.4　洪灾间接损失可采用下列方法分析计算：

1　统计计算法，即根据受灾区及影响区的调查统计资料，通过数理统计和时序分析，计算洪灾间接经济损失。

2　经验系数法，即假定洪灾给不同部门或事业所造成的间接经济损失与所造成的直接经济损失成一定的比例关系——洪灾间接损失系数，以此系数乘以直接经济损失求得。间接经济损失系数可根据调查研究成果综合分析确定。在缺乏具体调查资料情况下，亦可根据直接经济损失的构成参考国内外有关资料分析确定。

A.4　洪灾损失增长率的分析确定

A.4.1　洪灾损失增长率是指洪灾经济损失随着社会经济的发展而增长的速度，应根据防洪保护区工农业生产和社会财产的增长和由于受淹对象的抗洪能力提高，洪灾损失率相应减小两个方面的变化分析确定。

表 A.2.6-1　洪灾直接损失调查综合表(19 ____年水平)

一、基本情况	
1.地区名称	
2.面积(km^2)	
3.耕地(万亩)	
4.人口(万人)	
其中:非农业人口(万人)	
农业人口(万人)	
5.平均地面高程(m)	
6.淹没水深(m)	
7.淹没历时(d)	
8.平均流速(m/s)	
9.转移条件	

二、洪灾直接损失分类

项目	单位	数量	价值(万元)	损失率(%)	损失值(万元)
1.农作物小计					
1.1 粮食(稻谷、小麦等)					
1.2 棉花					
1.3 油料					
1.4 麻					
1.5 杂粮					
1.6 蔬菜					
1.7 其他					
1.8 年净产值					
2.林业小计					
2.1 用材林					
2.2 防护林					
2.3 薪炭林					
2.4 经济林					
2.5 其他					
2.6 年净产值					

项目	单位	数量	价值(万元)	损失率(%)	损失值(万元)
3.水产业小计					
3.1 鱼					
3.2 精养水产品					
3.3 其他水产品					
3.4 年净产值					
4.畜牧业小计					
4.1 牛					
4.2 马、骡、驴					
4.3 猪					
4.4 羊					
4.5 鸡、鸭、鹅、兔					
4.6 其他					
4.7 年净产值					
5.工程设施小计					
5.1 农田水利					
5.2 公路桥涵					
5.3 供电设施					
5.4 通信线路					
5.5 市政公用设施					
5.6 过境公路					
5.7 过境公路					
5.8 过境输油输气管道					
5.9 其他					
6.居民财产小计					
6.1 房屋					
6.2 生产和交通工具					
6.3 家电家具					
6.4 衣被					
6.5 家畜家禽					
6.6 粮草柴					
6.7 其他					

项目	单位	数量	价值(万元)	损失率(%)	损失值(万元)
7.企事业财产小计					
7.1 固定资产					
7.1.1 房屋					
7.1.2 设备					
7.1.3 其他					
7.2 流动资金					
8.工矿企业、商业停产停业小计					
8.1 工矿企业年净产值					
8.2 商业年利税					
9.骨干运输线路中断小计					
9.1 过境铁路营运净收入					
9.2 过境公路营运净收入					
9.3 过境输油输气管道净收入					
9.4 电力通信线路净收入					
10.其他小计					
10.1 防汛抢险					
10.2 救护灾民					
10.3 转移安置灾民					
10.4 其他					
11.总计					

洪灾直接损失综合指标:

亩均损失:　　元/亩;人均损失:　　元/人。

调查日期:　　　　调查人:

表 A.2.6-2　洪灾典型区居民家庭财产损失调查表（19　年水平）

户主姓名：

人口（人）：

淹没历时(d)：

住房内水深(m)：

院内水深(m)：

1. 建筑物类

类别	住房	杂舍	院墙	门楼	
建筑年份					
结构类别					
等级					
面积或数量					
新房单价					
折旧后单价					
折旧价值					
水淹损坏程度					
修理费					
残料价值					
损失值					

2. 大型生产交通工具

种类	拖拉机	汽车			
型号					
数量					
购置年份					
价值					
水淹损坏程度					
修理费					
残值					
损失值					

项目	单位	灾前原有		灾后尚存		损失或修理费
		数量	折价	数量	折价	
3. 家具类						
主要项目包括组合柜、立柜、高低柜、衣箱、床、写字桌、椅凳、沙发、缝纫机、缸、桶、炊餐具、卫生设备等						
4. 衣被类						
主要项目包括被帐毯、一般衣服、高档衣服、鞋帽、被单、棉花、布匹等						
5. 一般交通工具						
主要项目包括犁播耕具、锄锹镐、双胶轮车、自行车、摩托车、电动机、柴油机、脱粒机、磨面米机、水泵等						
6. 粮食肥料类						
主要项目包括稻谷、小麦、玉米、豆、油料、杂粮、草、柴、煤、柴油、化肥等						
7. 家电类						
主要项目包括钟表、收音机、收录机、电视机、电冰箱、洗衣机、录像机、电风扇等						
8. 畜禽类						
主要项目包括牛、马、骡、驴、猪、羊、鸡、鸭、鹅、兔等						
9. 专业户						

调查日期：　　　　　调查人：

A.4.2　洪灾损失增长率应结合防洪保护区的经济结构，预测、拟定各类财产的年增长率和洪灾损失率，分项求出各主要单项的损失增长率，再根据各单项损失在总损失中的比重，用加权平均的方法求出防洪保护区洪灾损失增长率。

A.4.3　当分析期长或在分析期内防洪保护区内的财产结构变化较大时，应分阶段（分期）分析确定洪灾损失增长率。

A.4.4　各单项损失增长率可根据防洪保护区的财产情况，在调查研究的基础上，结合下列增减趋势分析确定：

1　农业（包括林、牧、副、渔等）淹没损失和工矿企业、商业停产停业净产值损失的增长，可采用工农业生产的增长率。

2　工程设施的洪灾损失增长率，一般应小于工程设施资产的增长率，亦小于工农业生产的增长率。

3　房屋损失的增长率，一般应小于房屋的固定资产增长速度，并且呈逐年下降趋势。

4　居民家庭其他财产损失的增长率，一般应小于家庭财产的增长速度。

5　企事业财产损失的增长率，一般应小于企业产值、净产值的增长率。

A.4.5　当缺乏实际调查资料，难以进行各单项洪灾损失增长率计算时，洪灾损失增长率也可参照其他地区的成果，结合本地区的情况综合分析，合理确定。

附录B 洪水还原计算

B.1 计算原则和依据

B.1.1 洪水还原计算应在充分论证、合理确定河道的初始防洪能力——无本防洪工程情况下的防洪能力的基础上进行。

B.1.2 洪水还原计算应充分利用已有实测水文资料、江河(或洪泛区)地形资料和洪水淹没调查研究成果,根据计算有、无本防洪工程时洪水淹没损失的要求确定计算内容和方法。

B.1.3 洪水还原计算必要时应考虑河床淤积或冲刷后遇同样降雨、洪水使水位抬高或降低的影响。

B.1.4 洪水还原计算依据的基本资料应包括水文资料、河道资料、分洪溃口和洪泛区地形资料。

1 水文资料应尽量采用整编成果,欠缺部分可用调查分析成果。

2 江河水道资料应采用近期实测大断面图,或实测水道地形图;对洪泛区可用1/5万地形图。

3 分洪溃口资料应有溃口时间、口门发展过程、溃口洪水淹没范围及淹没水深,及可供溃口水量和分洪流量过程计算的观测成果或调查报告。

B.2 计算方法

B.2.1 受堤防工程影响的洪水还原计算,应分析所要求地点附近水文站在建堤防前后水位与流量关系曲线的变化规律,找出各种洪水情况下建堤对水位(包括相关河道水位)的抬高影响数据,据以改正实测最高水位作为还原后的水位。如要求地点附近无水文站,亦可进行建堤前后河道水面线的推算,求出建堤后对水位的影响抬高值。

B.2.2 受河道裁弯工程影响的洪水还原计算,应分析所要求地点附近水文站裁弯工程前后水位—流量关系曲线的变化规律,找出在各种洪水情况下裁弯对测站水位(包括相关河道水位)的改变数据,据以改正实测洪水的水位及流量过程。如要求地点附近无水文站,可采用水面线分析法推算。

B.2.3 受分洪道工程影响的洪水还原计算,应分析防护地点附近的水文站在开分洪道前后水位与流量关系及其变化,找出分洪道工程对测站水位的影响数据,并将分洪道实测流量过程的相应流量叠加回原河道作为还原洪水。与分洪道和原河道无实测流量资料仅有水位过程资料时,可采用水力学法建立水位—流量关系,求得相应流量过程,进行洪水还原计算。

B.2.4 受分洪区分洪(或溃口)影响的洪水还原计算,可采用以下方法:

1 根据基本不受分蓄洪影响的实际总入流过程进行不分洪,不溃口的河道洪水演进计算,求得所要求地点的还原洪水过程。

2 如要求计算的断面在分洪口下游不远处,可简化将各时段分洪溃口流量叠加在计算断面的实测流量过程上,求得所要求地点的还原洪水。

B.2.5 水库调洪影响的洪水还原计算,可采用以下方法:

1 入库洪水资料齐全的水库,将入库洪水过程加区间洪水过程,再进行无水库工程情况的河道洪水演进计算，求得所要求地点的还原洪水。

2　库水位及出库流量观测记载齐全的水库，可采用水量平衡法反算入库流量过程，并加入区间洪水过程后，再进行入库断面至坝址和坝址至所要求地点的洪水演进计算，求得所要求地点的还原洪水。

3　入库洪水及出库流量资料不全的水库，可用暴雨资料推算所要求地点的还原洪水。

B.2.6　对水土保持工程削减洪峰作用的洪水还原计算应慎重，一般只对水土保持重点区进行分析计算；当工程范围和所占区域比重都较大时，可根据试验对比的实际观测资料估算其削减洪峰作用，进行洪水还原计算。

附录二　牟山水库工程后评价实例分析

一、工程基本情况

牟山水库坐落在潍河支流——汶河中游的牟山脚下，控制流域面积 1 262 km^2，流域呈扇形，平均宽度 21 km。牟山水库工程是以防洪为主，兼有灌溉、水产养殖等综合利用的大(2)型水库，总库容 3.14 亿 m^3，兴利库容 1.205 亿 m^3，死库容 0.196 亿 m^3，兴利水位 78.00 m，死水位 71.85 m。在防洪方面，牟山水库工程保护范围包括安丘市区，206 国道，胶济铁路及安丘、昌邑、寒亭、坊子四市区的部分乡镇企业和 100 多万人口，120 多万亩耕地，一旦失事，将造成巨大的政治、经济损失。在灌溉方面，由于灌区总的气候特点是春旱秋涝、晚秋再涝、先旱后涝、旱涝交替，是干旱少雨尤为严重的地区，牟山水库工程的建成极大地缓解了该地区水资源的短缺，促进了当地农业和经济的发展。

二、经济后评价

(一)财务后评价

1. 财务后评价计算参数的确定

投入物和产出物均采用当年计价，并按 2005 年价格水平对其进行调整计算。资金的时间价值计算的基准年定在建设期的第一年(1959 年)，基准点为该年的年初，投入物和产出物均按年末发生和结算。计算期采用牟山水库的实际建设期和运行期(至 2005 年)，即自 1959 年至 2005 年共 47 年。财务基准收益率取 8%。

2. 投资费用

1) 固定资产重估

对牟山水库固定资产投资在调查研究的基础上，按照重置成本法和 2005 年价格水平进行调整计算。

牟山水库工程按 2005 年价格水平的重估投资为 122 527.34 万元，见附表 1。

由于缺乏详细的历年投资资料，对调整后的固定资产投资取其平均值作为历年投资，即各年投资均为 2 606.96 万元。

附表 1　牟山水库固定资产重估(2005 年价)　　(单位:万元)

项目	工程量	竣工决算(1975 年)		2005 年重估值	
		综合单价	投资(万元)	综合单价	投资(万元)
第一部分　永久性工程			32 049.99		106 526.27
第一项 水库淹没补偿			396.84	25 000 元/人	40 155
第二项 主要工程项目			31 584.15		65 656.32
一、拦河坝工程			30.33		517.82
土方	637.39 万 m^3	8.6 元/ m^3	5 481.55	17.12 元/ m^3	10 912.12

续附表 1

项目	工程量	竣工决算(1975 年)		2005 年重估值	
		综合单价	投资(万元)	综合单价	投资(万元)
石方	20.2 万 m^3	11.9 元/m^3	240.38	78.5 元/m^3	1 585.70
观测仪器埋设			8.4		20
二、溢洪闸工程			244.96		908.52
土方	15.9 万 m^3	8.6 元/m^3	136.74	17.12 元/m^3	272.21
浆砌石	0.598 万 m^3	44.48 元/m^3	26.60	234.98 元/m^3	140.52
混凝土	1.55 万 m^3	52.66 元/m^3	81.62	320 元/m^3	496
三、电站			53		244.94
(一)土石方工程			15.34		67.43
土方	0.48 万 m^3	8.6 元/m^3	4.13	17.12 元/m^3	8.22
浆砌石	0.252 万 m^3	44.48 元/m^3	11.21	234.98 元/m^3	59.21
(二)混凝土浇筑	0.082 8 万 m^3	50.00 元/m^3	4.14	320 元/m^3	26.50
(三)金属结构设备安装			5.20		22.78
(四)机电设备及安装			19.29		84.42
(五)变电站工程			10.00		43.81
四、灌溉工程			25 554.89		51 985.04
土方	2 942 万 m^3	8.6 元/m^3	25 301.20	17.12 元/m^3	50 367.04
石方	20 万 m^3	12.3 元/m^3	246	78.5 元/m^3	1 570
混凝土	0.15 万 m^3	51.25 元/m^3	7.69	320 元/m^3	48
第三项 运输及通信工程			69		715.45
公路	6 km	9 万元/km	54	90 元/km	540
通信工程			15		175.45
第二部分　施工临时工程			228.21		1 092
第三部分　其他工程费用			176.15		802.11
保安全工程 (1975～1984 年)			2 714.59		5 226.30
土方	297.8 万 m^3	9.0 元/m^3	2 680.2	17.12 元/m^3	5 098.34
石方	1.63 万 m^3	21.1 元/m^3	34.39	78.5 元/m^3	127.96
保安全工程(1985～1995 年)			1 487.66		2 094.86
土方	114.7 万 m^3	12.10 元/m^3	1 387.87	17.12 元/m^3	1 963.66
混凝土	0.41 万 m^3	243.4 元/m^3	99.79	320 元/m^3	131.20
坝基防渗工程(2005 年)					6 785.3
合计			43 441.9		122 527.34

2)年运行费

牟山水库工程年运行费按调整后固定资产价值的1%计算,为1 225.27万元。

灌溉专用工程年运行费按调整后固定资产价值的1%计算,为519.85万元。

发电专用工程年运行费参照山东省蒙阴县岸堤水库水电站进行计算,为10万元。

各受益部门的分摊年运行费按投资分摊比例计算。

3)投资分摊

就合理参与投资分摊的部门来说,牟山水库有三个方面的特点是需要考虑的:一是该工程的综合利用效益中,防洪、灌溉是主要的;二是发电、水产效益是次要的,尤其是发电,1979后电站基本报废;四是城镇及工业供水截至2005年还没有进行。所以,参与投资分摊的部门不考虑发电、水产和供水,只在防洪、灌溉之间进行分摊,以防洪为主。牟山水库工程投资分摊采用枢纽指标系数分摊法进行计算。通过计算,防洪投资分摊比例为61.6%,灌溉投资分摊比例为38.4%。

3. 财务收入

1)灌溉供水收入

牟山水库多年平均灌溉供水量为13 753万m^3,供水价格以山东省水利厅核定的0.056元/m^3进行计算,则多年平均灌溉供水收入为770.17万元。

2)水产收入

牟山水库可养鱼水面17 332亩,单产按14 kg/亩,2005年单价为4.5元/kg,水产效益分摊系数为0.5,则年均水产效益为54.60万元。

3)发电收入

牟山水库电站于1972年7月15日开工,1974年3月投产运行。总装机容量750 kW,安装6台125 kW水轮发电机组,设计年发电量129万kWh,实际年发电量为49.33万kWh,利用灌溉用水和弃水发电,于1979年报废。现状上网电价为0.28元/kWh,电站用电率和线损率分别取2%、7%,则多年平均发电收入为12.57万元。

4. 财务后评价指标

牟山水库工程财务后评价,采用财务内部收益率(*FIRR*)、财务净现值(*FNPV*)和投资回收期(P_t)三项指标进行评价,如附表2所示。

附表2 主要财务后评价指标

项目	综合系统	灌溉子系统	发电子系统
财务内部收益率	—	—	—
财务净现值(万元)	-38 626.40	-21 285.33	-72.22
投资回收期	—	—	—

牟山水库工程没有进行前评价,故本次后评价不对其进行财务效果对比。

(二)国民经济后评价

1. 国民经济后评价计算参数

牟山水库工程国民经济后评价中的费用和效益均应采用2005年价格水平及与之相

应的影子价格。在不影响评价结论的前提下，只对其价值在费用或效益中所占比重较大的部分采用影子价格，其余的采用财务价格。资金的时间价值计算的基准年定在建设期的第一年(1959 年)，基准点为该年的年初，投入物和产出物均按年末发生和结算。牟山水库工程计算期采用实际建设期和运行期(至 2005 年)，即自 1959 年至 2005 年共 47 年。社会折现率采用 12%，详见附表 3。

附表 3　经济后评价投资调整计算表　　（单位：万元）

项目	2005 年财务重估值	税金	影子价格换算系数	2005 年价格影子投资
第一部分　永久性工程				
第一项 水库淹没补偿	40 155	0.00	1.00	40 155
第二项 主要工程项目	65 656.32			74 747.94
一、拦河坝工程	12 517.82	375.54	1.20	14 570.74
二、溢洪闸工程	908.52	27.26	1.20	1 057.52
三、电站	244.94			255.83
(一)土石方工程	67.43	2.02	1.20	78.49
(二)混凝土浇筑	26.50	0.80	1.20	30.85
(三)金属结构设备安装	22.78	0.68	1.00	22.10
(四)机电设备及安装	84.42	2.53	1.00	81.89
(五)变电站工程	43.81	1.31	1.00	42.50
四、灌溉工程	51 985.04	1 559.55	1.20	60 510.59
第三项　运输及通信工程	715.45	21.46	0.907 8	630.00
第二部分　施工临时工程	1 092.00	32.76	1.20	1 271.09
第三部分　土地费用	0.00			13 608.79
第四部分　其他工程费用	802.11	24.06	1.00	778.05
保安全工程 (1984 年)	5 226.30	156.79	1.20	6 083.41
保安全工程(1995 年)	2 094.86	62.85	1.20	2 438.42
坝基防渗工程(2005 年)	6 785.3	203.56	1.20	7 898.09
合计	122 527.34			149 157.50

2. 投资费用

免缴投资方向调节税，需剔除的费用主要为营业税及附加等，在此基础上用影子价格换算系数对其调整。

由于缺乏历年投资资料，对调整后的固定资产投资取其平均值作为历年投资，即各年投资均为3 173.56元。

3. 年运行费调整计算

牟山水库工程国民经济后评价年运行费按影子投资的1%计算，为1 491.57万元。

灌溉专用工程年运行费按影子投资的1%计算，为588.66万元。

电站专用工程年运行费经济后评价为10万元，按3%计算税金，影子价格换算系数取1.00，则国民经济后评价年运行费为9.7万元。

各受益部门的分摊年运行费按投资分摊比例计算。

4. 经济效益

调查分析工程建成后实际获得的效益是进行经济效益评价的基础，牟山水库后评价过程中，首先对该工程的防洪、灌溉、水产、发电做了大量的调查研究，定量计算防洪、灌溉、水产、发电效益用货币表示的价值量，作为国民经济后评价的效益。

1）防洪效益

水利项目的防洪效益，是把因修建防洪工程而减免的洪涝损失作为其经济效益，一般用可减免的洪灾损失所求出的多年平均值表示。

A. 计算方法

按牟山水库工程建成投入运行后实际减免的洪灾损失计算，包括直接损失和间接损失。直接防洪效益按减淹面积乘以亩均综合损失值计算；间接防洪效益按直接洪灾损失乘间接洪灾损失与直接洪灾损失关系系数（一般用百分数K值表示）求得。

B. 基础数据

（1）亩均综合损失指标。

1982年，山东省水利厅刊印的《山东省洪水调查资料》中，曾对山东各地区的洪灾损失按1982年的生产水平和价格水平进行了调查和分析计算，求出不同地区亩均综合损失指标值（潍坊地区800元/亩）。本次评价在此调查值的基础上进行修正，2005年生产水平和价格水平的亩均综合损失指标值为2 580.08元/亩。

（2）减淹面积。

按1960～2005年的实际入库洪水流量和经过牟山水库拦蓄后的实际下泄流量，通过调查和洪水还原计算，求出有无牟山水库情况下的洪水淹没耕地面积，其差值即为牟山水库建成后的减淹面积，计算数据见附表4。

（3）间接防洪效益与直接防洪效益比值K。

根据假定无牟山水库情况下洪水直接淹没损失构成和参考国外资料，对不同淹没对象采用以下K值：①农业损失$K_{农}=10\%$；②工商业损失$K_{工}=40\%$；③交通运输损失$K_{交}=20\%$；④住宅损失$K_{住}=10\%$。据此求得$K_{综}=20\%$。

附表 4　伞山水库 1960 ~ 2005 年减淹面积

年份	无伞山水库情况		有伞山水库情况		年份	无伞山水库情况		有伞山水库情况	
	最大洪峰流量（m^3/s）	淹没耕地（万亩）	最大下泄流量（m^3/s）	淹没耕地（万亩）		最大洪峰流量（m^3/s）	淹没耕地（万亩）	最大下泄流量（m^3/s）	淹没耕地（万亩）
1960	138.6				1983	175.4		17.6	0
1961	98.5		46.3	0	1984	117.8		0	0
1962	1 362.5	7.0	124	0	1985	458.6		1.61	0
1963	3 797.4	18.6	6.4	0	1986	114.2		14.1	0
1964	1 624.3	8.7	528	0	1987	233.9		1.36	0
1965	1 589.1	8.1	360	0	1988	133.0		1.38	0
1966	846.0		79.6	0	1989	59.6		0.45	0
1967	615.4		210	0	1990	574.5		181	0
1968	646.6		33.2	0	1991	136.8		15.9	0
1969	582.8		17.7	0	1992	353.0		0.6	0
1970	3 482.3	17.8	2 000	1.7	1993	146.2		0	0
1971	897.5		161	0	1994	616.0		5.75	0
1972	1 350.4		22.5	0	1995	808.8		83.5	0
1973	678.0		35.6	0	1996	234.0		8.43	0
1974	6 857.3	34.9	2 340	11.9	1997	1 070.2		42	0
1975	594.1		130	0	1998	2 057.0	10.5	250	0
1976	772.8		555	0	1999	740		237.7	0
1977	195.3		31.2	0	2000	18.0		50	0
1978	938.0		23.1	0	2001	240.0		50	0
1979	553.0		22.8	0	2002	350.3		100	0
1980	201.2		25.6	0	2003	450.5		124	0
1981	207.5		23.8	0	2004	440.6		180	0
1982	262.5		7.94	0	2005	1 780.9	6.5	230	0
淹没耕地差值（万亩）			98.4						

C. 计算结果

根据上述计算方法和计算参数进行计算，伞山水库总防洪效益为 179 321.94 万元，多年平均防洪效益为 3 898.30 万元，见附表 5。

附表 5　牟山水库防洪效益计算

年份	直接效益			间接效益	年份	直接效益			间接效益
	减淹面积（万亩）	亩均损失值（元/亩）	总值（万元）			减淹面积（万亩）	亩均损失值（元/亩）	总值（万元）	
1960					1983				
1961					1984				
1962	7.0	944.28	6 609.95	1 321.81	1985				
1963	18.6	973.48	18 106.73	3 621.35	1986				
1964	8.7	1 003.59	8 731.23	1 746.25	1987				
1965	8.1	1 034.63	8 380.50	1 676.10	1988				
1966					1989				
1967					1990				
1968					1991				
1969					1992				
1970	17.8	1 204.79	21 445.26	5 489.05	1993				
1971					1994				
1972					1995				
1973					1996				
1974	34.9	1 360.94	47 496.81	9 499.36	1997				
1975					1998	10.5	2 084.66	21 888.93	4 377.79
1976					1999				
1977					2000				
1978					2001				
1979					2002				
1980					2003				
1981					2004				
1982					2005	6.5	2 580.08	16 770.52	516.02
效益合计	179 321.94 万元								
多年平均效益	3 898.30 万元								

2）灌溉效益

按有、无牟山水库工程对比和农业技术措施可获得的总产值乘以灌溉效益分摊系数计算。

A. 灌溉面积

牟山水库工程自建成起，多年平均灌溉面积为 39 万亩。

B. 亩增产量

粮食灌溉增产量以峡山水库灌区试验资料为依据。亩增产量：小麦 79.5 kg/亩，棉花 46 kg/亩，黄烟 55 kg/亩，玉米 131.5 kg/亩。

C. 灌溉效益分摊系数

考虑水利工程对农作物的灌溉作用以及有、无牟山水库工程这两种情况下农业技术措施的差别，经调查分析计算，灌溉效益分摊系数采用 0.4。

D. 农产品影子价格

小麦、棉花、黄烟、玉米均按外贸出口货物计算，2005 年影子价格分别为 1 886.80 元/t、12 478.36 元/t、11 686.33 元/t、1 296.30 元/t。

E. 农作物种植百分数

经调查，灌区内主要种植作物比例为小麦 75%、棉花 20%、玉米 60%、黄烟等经济作物 20%。

根据以上数据，灌溉效益计算结果见附表 6。

附表 6　灌溉效益计算

作物名称	灌溉增产量（kg/亩）	灌溉分摊系数	灌溉分摊增产量（kg/亩）	灌溉面积（万亩）	影子价格（元/t）	灌溉效益（万元）
小麦	79.5	0.4	31.8	29.25	1 886.80	1 755.01
棉花	46		18.4	7.8	12 478.36	1 790.89
黄烟	55		22	7.8	11 686.33	2 005.37
玉米	131.5		52.6	23.4	1 296.30	1 995.54
合计						7 546.81

3）水产效益

牟山水库可养鱼水面 17 332 亩，单产按 14 kg/亩，2005 年单价为 4.5 元/kg，水产效益分摊系数为 0.5，则年均水产效益为 54.60 万元。

4）发电效益

牟山水库电站于 1972 年 7 月 15 日开工，1973 年 3 月竣工，1974 年 3 月投产运行。总装机容量 750 kW，安装 6 台 125 kW 水轮发电机组，平均水头 5.45 m，设计流量 168 m^3/s，设计年发电量 129 万 kWh，实际年发电量为 49.33 万 kWh，利用灌溉用水和弃水发电，于 1979 年报废。

小水电影子电价，采用华东电网平均影子价格 0.317 3 元/kWh，电站用电率和线损率分别取 2%、7%，则年均发电效益为 14.24 万元。

5. 国民经济后评价指标

牟山水库工程国民经济后评价，采用经济内部收益率（*EIRR*）、经济净现值（*ENPV*）和经济效益费用比（*EBCR*）三项指标进行评价，如附表 7 所示。

附表 7　国民经济后评价指标

项目	综合系统	防洪子系统	灌溉子系统	发电子系统
国民经济内部收益率(%)	22.7	40.8	17.9	—
国民经济净现值	28 367.00	14 845.48	10 872.11	4 372
国民经济效益费用比	1.92	2.06	1.57	0.16

牟山水库工程没有进行前评价，故本次后评价不对其进行国民经济效果对比。

三、过程、移民安置及影响后评价

（一）过程后评价

1. 规划设计后评价

1）开发任务

根据潍河支流汶河的自然条件、地理位置和国民经济发展的要求，确定牟山水库工程近期任务为防洪、灌溉、小水电、水产养殖；远期任务为防洪、灌溉、城市供水和水产养殖。多年的实践表明，规划设计中确定的开发任务排序是合理的。规划设计中未曾考虑的促进地区经济发展的功能比较显著，对旅游产业也有一定的促进作用。

2）工程规模

牟山水库总库容 3.14 亿 m^3，兴利库容 1.205 亿 m^3，死库容 0.196 亿 m^3，兴利水位 78.00 m，死水位 71.85 m。从多年运行情况、经济效益和满足国民经济发展需要来看，牟山水库工程规模选择是合理的。

2. 立项决策后评价

1）决策依据

汶河历史上就是一条多灾河流。新中国成立后，多次进行了河道的疏浚和堤防加固，但并未从根本上解决洪涝灾害，在汛期决堤是经常发生的，致使附近村庄、农田、人畜受到严重威胁。为此，当时的昌潍专署决定兴建牟山水库，以期除害兴利。40 多年来的运行实践证明，昌潍专署兴建牟山水库工程的决策是正确的。

2）决策程序

在当时的历史条件下，牟山水库工程的兴建基本没有进行可行性研究报告、设计任务书、初步设计和开工报告等阶段。对照不同时期国家规定的大中型基建项目审批程序，牟山水库工程决策程序不满足要求。

3. 工程建设后评价

1959 年 10 月，组成牟山水库工程指挥部，边设计、边施工，1960 年 3 月，大坝合龙，6 月基本建成，汛期开始蓄水。限于当时的历史条件，坝基基岩以上的覆盖层没有彻底清除，并截断坝基强透水层。在河床砂砾石出露段，仅挖了深 1 m、宽 2 m 的齿墙回填土。右岸河漫滩表层的细砂全部清除，范围约长 80 m、深 4 m。左岸河漫滩段上长约 150 m、厚约 1 m 的淤泥层全部清除。桩号 1 + 850 ~ 1 + 900 金沟河表层 2 ~ 3 m 厚的黑色淤泥也进行了清除,但不彻底。两岸阶地段仅清除表层耕植土,深约 0.5 m。当年所采取的防渗措施,仅在主河段及金沟河向上游做 100 m 长的人工铺盖,前端厚 1 m,坝脚处厚 3 m,但施工质量不详。阶地段坝前 100 m 不取土,留做天然铺盖。这种基础处理与防渗的不彻底性为蓄水后连续出现渗流险情留下了严重的先天隐患。

据运行观察和近期地勘资料,大坝自早期的局部裂缝及时处理后未再发现有任何异常变形情况,无论是心墙坝还是均质坝的静力稳定性均满足规范要求,大坝总体质量合格。

牟山水库工程自建成投入运行以来,由于接连出现险情,不断追加投资,至 2005 年静态投资已达 122 527.34 万元,严重影响了经济效益的发挥。

4. 运行管理后评价

1) 管理机构

牟山水库管理机构的隶属关系明确,机构设置的层次、人员编制、岗位职责符合事企分离、养管分离及整编定岗等管理体制改革的要求。

2) 管理制度

工程投入运行以后,依照《水库工程管理通则》、《水闸管理通则》及有关法规文件,制定了切合本工程实际的各种管理规程和制度,包括基本管理制度、运行管理制度、调度管理制度、大坝安全检查观测制度、大坝安全巡视检查、观察细则、枢纽工程养护修理制度、闸门启闭机安全技术操作规程,并在实际工作中认真执行。1991 年后,根据《水库大坝安全管理条例》进一步加强了大坝的安全管理工作。

3) 水库调度

水库调度的总任务为:在确保大坝安全的前提下,充分发挥水库拦洪削峰、保护下游安全的作用,并尽可能最大限度地蓄水,满足农业灌溉、工业与城市供水及水产养殖、水力发电等兴利用水的要求。

防洪调度的原则为:坚决执行上级批准的水库度汛方案和调度命令,并根据工程情况及气象、水文、水情条件妥善调度,确保水库安全度汛。

灌溉调度运用的原则为:丰水年、丰水期加大用水,减少弃水,尽可能发挥水资源的效益;枯水年、枯水期以最大综合效益进行调度,保证重点,兼顾供水、养殖及发电。

4) 工程维修养护

工程维修养护工作由牟山水库管理局的维修养护队(15 人)负责,具体负责坝顶道路、坝前护坡、溢洪闸、放水洞等工程的维修养护。工程维修养护原则:经常养护、随时维修、养重于修、修重于抢。每年根据汛期检查发现的工程问题,编制岁修计划,重要项目报批后实施。做到坝面整洁,防止雨水对坝面的侵蚀。对溢洪道与放水洞,每年汛前组织进行杂物清除,确保其畅通。对闸门及启闭设备,每年汛前组织检查维护、擦油、除锈等。

5) 安全监测

大坝安全监测项目仅有大坝渗流压力及坝后渗流量观测,原有的沉降、位移观测标点早已报废。大坝渗流压力及渗流量观测工作开始于 1963 年,由工程科负责,实行人员、仪器、观测时间三固定。现有坝体、坝基渗流压力观测测压管为 1977 年重新埋设安装的,目前不少测压管已报废,且观测手段落后。坝后渗流量分别在石庙子、小河崖、金沟河、道口村前、汶河底等 5 处设有量水堰进行测量,现已基本报废。总体看来,牟山水库现有观测设施极不完善，不能满足《土石坝安全监测技术规范》（SL 60—94）及牟山水库大坝安全管理实际工作的需要，急需更新改造。

5. 移民安置后评价

牟山水库工程是以防洪为主，兼有灌溉、水产养殖等综合利用的大（2）型水库，搬迁移民近 2 万人。牟山水库工程采用外迁安置和后靠安置两种方式，但外迁安置不成功，近半数移民陆续返回，进行了重新安置。

尽管在 1960 年完成了牟山水库库区的移民工作，保证了工程的蓄水要求，使工程发挥了应有的效益。但是，由于当时的经济状况比较薄弱，同时水库移民迁移和安置缺乏经验，对其工作的艰巨性和复杂性认识不足，强迫移民限期搬出，安置区突击建房，质量差、标准低，部分安置区又缺少土地，资源不足，移民安置后的生活水平恢复缓慢，从而使移民安置工作的各种矛盾逐渐暴露出来。

6. 影响后评价

1）社会影响后评价

牟山水库工程的建设和运行保障了该地区人民的生命财产安全；促进了该地区经济的发展，加快了库区小城镇建设进程，推动了库区农田基本建设和基础设施建设；促进了多种经营和第二、三产业发展，使该地区居民生产和生活水平不断提高，推动了文教、卫生事业的发展；牟山水库工程的建设和运行管理吸纳了当地众多的劳动力，扩大了就业门路，促进了当地的就业。牟山水库蓄水后，库区林木茂密，四季郁郁葱葱，水面平坦宽阔，气候宜人，形成了一个绿树环绕、碧水相映的生态旅游景点。

2）主要环境影响后评价

牟山水库的建设和运行，对自然环境中的水温结构、水库水质、泥沙淤积等基本上没有影响，与建库前的状态相差不大；建库后由于水环境、生态环境的改变，对人群健康水平和生活水平的提高有良性影响；对水资源没有不利影响，相反，为渔业的发展提供了极为有利的条件。

牟山水库为多年调节水库，改变了径流在年际间和年内的分配过程，丰水年下泄水量减少，枯水年下泄水量增大；汛期下泄水量减少，非汛期下泄水量增大。

建库后，在每年 4～6 月最干旱季节里水库向下游灌区供水，两岸地下水得到较大补给。但在非灌溉季节，明显小于建库前天然流量，不能保证河道中有常流水，使两岸地下水位有所下降。

四、多目标综合评价

在第四章第二节中介绍了多目标综合评价方法，评价人员根据项目定量与定性分析指标的复杂程度，对矩阵分析法、层次分析法和模糊层次分析法可任选一种进行评价，但对于综合利用水利项目而言，由于指标多，内容复杂，定量与定性指标相互交叉，以采用模糊层次分析法为宜。该方法在很大程度上克服了评价过程中人的主观判断、选择、偏好对结果的影响。因此，牟山水库工程总体实施效果评价采用模糊层次分析法。

（一）模糊层次结构模型的建立

在评价指标已定的基础上，采用模糊层次分析法进行综合评价需建立模糊层次模型。

按照各评价指标的从属关系，建立如附图 1 所示的层次结构模型。

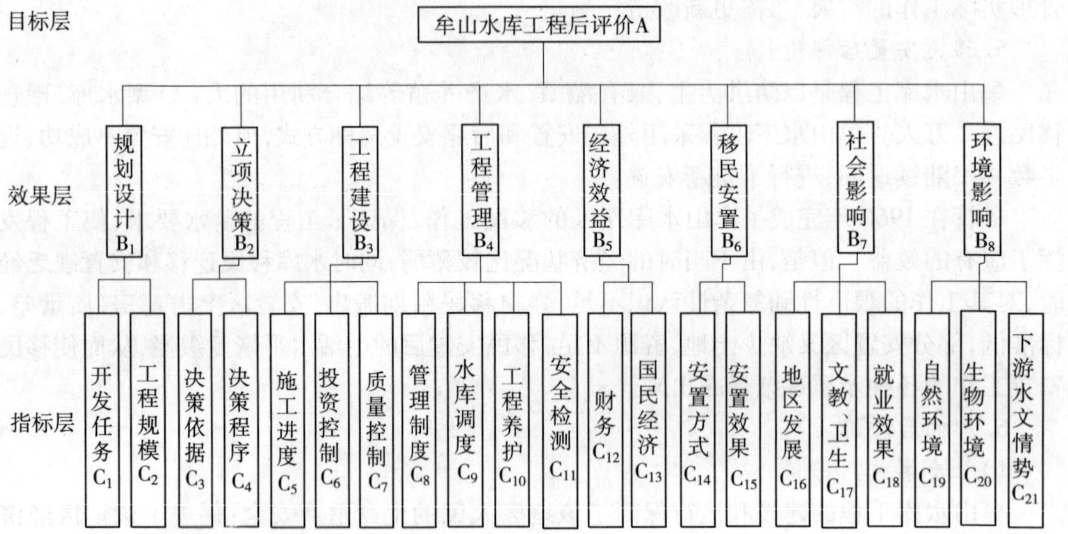

附图 1　层次结构模型

（二）综合评判数学模型

牟山水库工程后评价采用的综合评判数学模型，详见下式

$$\boldsymbol{B}=\boldsymbol{W}\cdot\boldsymbol{R}=(a_1,a_2,\cdots,a_m)_{1\times m}\begin{bmatrix} r_{11} & r_{12} & \cdots & r_{1n} \\ r_{21} & r_{22} & \cdots & r_{2n} \\ \vdots & & & \vdots \\ r_{m1} & r_{m2} & \cdots & r_{mn} \end{bmatrix}=(b_1,b_2,\cdots,b_n)_{1\times n}$$

其中，$\boldsymbol{W}$ 为权向量，$\boldsymbol{W}=(w_1,w_2,\cdots,w_n)$；$w_i$ 为第 i 个评价指标在方案优选总目标中所获得的总权重值，$w_i\in[0,1]$ 且 $\sum_{i=1}^{m}W_i=1, i=1,2,\cdots,n$；$\boldsymbol{R}$ 表示由 n 个评价指标构成的总评价矩阵，$\boldsymbol{R}=(r_{ij})_{n\times m}$；$r_{ij}$ 为第 j 方案第 i 指标的隶属度，$r_{ij}\in[0,1]$；$\boldsymbol{B}$ 为综合评判指标矩阵，$\boldsymbol{B}=(b_1,b_2,\cdots,b_m)=(b_j)$；$b_j$ 为第 j 方案的综合评价指标，b_j 值越大越好，b_j 最大值对应的方案即为相对最优方案，$b_j=\sum_{i=1}^{m}W_i r_{ij}, j=1,2,\cdots,m$。

（三）各单因素权重值的确定

1. 构造判断矩阵

对指标层指标两两比较，根据所比较指标的重要程度，按照标度定量化，形成判断矩阵，限于篇幅，仅举一例，见附表 8。

附表 8　$\boldsymbol{B}_3$ 判断矩阵

$\boldsymbol{B}_3$	C_1	C_2	C_3
C_1	1	2	1/4
C_2	1/2	1	1/3
C_3	4	3	1

2. 计算权向量及一致性检验

限于篇幅，仅对 B_3 判断矩阵进行计算及一致性检验，计算过程如下。

1）权向量的计算

权向量的计算过程及结果见附表9。

附表9　权向量计算表

B_3 判断矩阵				各行元素连乘积	行元素积的3次方根	归一化处理
B_3	C_1	C_2	C_3			
C_1	1	1	1/3	1/3	0.69	0.21
C_2	1	1	1/2	1/2	0.79	0.24
C_3	3	2	1	6	1.82	0.55

2）一致性检验

$$AW=\begin{bmatrix}1 & 1 & 1/3\\ 1 & 1 & 1/2\\ 3 & 2 & 1\end{bmatrix}\begin{bmatrix}0.21\\ 0.24\\ 0.55\end{bmatrix}=\begin{bmatrix}0.63\\ 0.73\\ 1.66\end{bmatrix}$$

由上式计算最大特征值 $\lambda_{max}=3.02$。

$$CI=\frac{1}{n-1}(\lambda_{max}-n)=\frac{1}{3-1}\times(3.02-3)=0.01$$

计算得出 $RI=0.58$。

随机一致性比率 $CR=CI/RI=0.01/0.58=0.017<0.10$，说明 B_3 判断矩阵中两两指标间满足一致性要求，权向量的计算结果是有效的。

其余的判断矩阵权向量计算及一致性检验不再一一赘述，结果见附表10。

3）评价指标总排序权值的计算

计算评价指标总排序权值，结果见附表10，表中最后一栏C层总排序值即为权向量矩阵：

$W=$ (0.055, 0.055, 0.060, 0.060, 0.029, 0.034, 0.077, 0.066, 0.042, 0.021, 0.021, 0.051, 0.079, 0.042, 0.088, 0.059, 0.040, 0.021, 0.058, 0.036, 0.015)

（四）各单因素指标隶属度的确定

隶属度的确定是模糊综合评判的关键之一。由于本评价定性指标较多，故采用模糊统计方法确定隶属度，其过程如下：

（1）确定评语集 V 和标准隶属度集 U。

$V=\{v_1$(很好)，v_2(较好)，v_3(一般)，v_4(较差)，v_5(很差)$\}$。

$U=\{u_1(1.0), u_2(0.8), u_3(0.5), u_4(0.2), u_5(0.0)\}$。

（2）确定隶属度。

在专家咨询表中，专家们对各个单因素指标隶属于何种等级评价作出了评判，计算得出各单因素指标隶属度。

各单因素指标隶属度的计算结果见附表11。

附表10 C层20个指标总排序权值计算表

C层指标	B层权值								C层总排序值
	B_1 0.11	B_2 0.12	B_3 0.14	B_4 0.15	B_5 0.13	B_6 0.13	B_7 0.11	B_8 0.11	
开发任务 C_1	0.5								0.055
工程规模 C_2	0.5								0.055
决策依据 C_3		0.5							0.060
决策程序 C_4		0.5							0.060
施工进度 C_5			0.21						0.029
投资控制 C_6			0.24						0.034
质量控制 C_7			0.55						0.077
管理制度 C_8				0.44					0.066
水库调度 C_9				0.28					0.042
工程养护 C_{10}				0.14					0.021
安全检测 C_{11}				0.14					0.021
财务 C_{12}					0.39				0.051
国民经济 C_{13}					0.61				0.079
安置方式 C_{14}						0.32			0.042
安置效果 C_{15}						0.68			0.088
地区发展 C_{16}							0.54		0.059
文教、卫生 C_{17}							0.36		0.040
就业效果 C_{18}							0.10		0.021
自然环境 C_{19}								0.53	0.058
生物环境 C_{20}								0.33	0.036
下游水文情势 C_{21}								0.14	0.015

附表 11　单因素指标隶属度计算表

指标	专家代号						平均值
	01	02	03	04	05	06	
开发任务 C_1	1.0	0.8	1.0	1.0	0.8	0.5	0.850
工程规模 C_2	1.0	1.0	0.8	1.0	1.0	0.8	0.933
决策依据 C_3	1.0	1.0	0.5	1.0	0.8	1.0	0.883
决策程序 C_4	0.2	0.5	0.8	0.2	0.5	1.0	0.533
施工进度 C_5	0.2	0.8	0.5	0.5	0.5	0.2	0.450
投资控制 C_6	0.8	0.5	0.8	0.5	0.8	1.0	0.733
质量控制 C_7	0.2	0.5	0.8	0.2	0.0	0.8	0.075
管理制度 C_8	1.0	1.0	1.0	0.8	0.5	0.8	0.850
水库调度 C_9	1.0	0.8	1.0	0.5	1.0	1.0	0.833
工程养护 C_{10}	0.8	0.5	0.8	0.5	0.5	0.8	0.650
安全检测 C_{11}	0.8	0.8	0.5	0.2	0.0	0.5	0.467
财务 C_{12}	0.8	0.5	0.5	0.8	0.5	0.5	0.600
国民经济 C_{13}	1.0	0.8	1.0	1.0	1.0	1.0	0.967
安置方式 C_{14}	1.0	0.8	0.8	0.5	0.8	0.5	0.733
安置效果 C_{15}	0.5	0.8	0.2	0.5	0.8	0.5	0.550
地区发展 C_{16}	1.0	0.8	0.5	1.0	1.0	1.0	0.883
文教、卫生 C_{17}	0.8	0.8	0.5	0.8	1.0	0.5	0.733
就业效果 C_{18}	0.8	0.5	0.8	0.8	0.8	1.0	0.617
自然环境 C_{19}	0.8	1.0	0.5	1.0	1.0	0.8	0.850
生物环境 C_{20}	1.0	1.0	1.0	0.8	0.8	1.0	0.933
下游水文情势 C_{21}	0.5	0.5	0.8	0.5	0.5	1.0	0.633

由附表 11 最后一栏可知，隶属度：

$$R=(0.850,0.933,0.883,0.533,0.450,0.733,0.075,0.850,0.883,0.650,0.467,0.600,0.967,0.733,0.550,0.883,0.733,0.617,0.850,0.933,0.633)^{T}$$

（五）综合指标的推求及评判结果

把 C 层指标排序权值 W 及隶属度值 R 代入综合评判数学模型，可计算出总评判结果 $B=0.709$。评判结果大于 0.65，说明牟山水库工程是成功的。

五、结论与建议

(一)结论

(1)兴建牟山水库工程的决策正确,工程社会经济效益显著,在安丘市乃至整个潍坊地区经济发展中发挥了巨大的作用。

(2)牟山水库工程坝址选择、枢纽布置合理,开发任务和工程规模选择合理。

(3)工程建设质量较差,基础处理与防渗的不彻底性为蓄水后连续出现渗流险情留下了严重的先天隐患。

(4)牟山水库国民经济效益显著,经济内部收益率、经济净现值、经济效益费用比,均大于国家规定的标准。但财务评价指标欠佳,达不到行业规定的标准。

(5)牟山水库的建设加快了库区小城镇建设进程,推动了库区农田基本建设和基础设施建设,使渔业、畜牧业方兴未艾,促进了第二、三产业的发展,使库区文教、卫生有很大改善,促进了旅游资源和旅游业的发展。

(6)牟山水库的建设,对地形地貌、水温、水库水质、水生生物和陆生生物、植物基本上没有影响,与建库前的状态相差不大;促进了灌区农作物种植制度的改变;改变了径流在年际间和年内的分配过程,使下游沿河两岸地下水的水位下降。

(7)牟山水库虽然运行管理制度比较健全,日常检查、维修工作基本正常,防汛调度权限、职责分明,设备操作规程完善,水库植被较好,但运行管理现代化、自动化水平较低。

(二)建议

(1)实施区域水资源统一管理,合理利用水资源,减少安丘市等地的地下水开采。

(2)尽快实施城镇与工业供水工程,提高水的利用效益。

(3)虽然目前牟山水库水质较好,但应加强水质检测,采取可靠措施,避免水质恶化。

(4)坝体78.0 m高程以上存在薄弱环节,未经高水位考验,高水位时需注意监视。

(5)以综合管理信息系统为手段,把与工程有关的软硬资源在全局规划下关联起来,集成为整体,将防洪、灌溉水库水质自动监测预警等综合监视和控制功能有机结合,实现系统的统一调度、统一监控、统一信息处理,提高工程综合自动化和运行管理水平。

总之,牟山水库作为一个大型水利枢纽,今后还应不断总结经验,进一步完善管理,以实现经济效益、生态效益、社会效益和环境效益的统一。

附录三　复利系数表

复利系数表 1($i=1\%$)

n	$(F/P,i,n)$	$(P/F,i,n)$	$(F/A,i,n)$	$(A/F,i,n)$	$(A/P,i,n)$	$(P/A,i,n)$	$(F/G,i,n)$	$(A/G,i,n)$
1	1.010 0	0.990 1	1.000 0	1.000 0	1.010 0	0.990 1	0.000 0	0.000 0
2	1.020 1	0.980 3	2.010 0	0.497 5	0.507 5	1.970 4	1.000 0	0.497 5
3	1.030 3	0.970 6	3.030 1	0.330 0	0.340 0	2.941 0	3.010 0	0.993 4
4	1.040 6	0.961 0	4.060 4	0.246 3	0.256 3	3.902 0	6.040 1	1.487 6
5	1.051 0	0.951 5	5.101 0	0.196 0	0.206 0	4.853 4	10.100 5	1.980 1
6	1.061 5	0.942 0	6.152 0	0.162 5	0.172 5	5.795 5	15.201 5	2.471 0
7	1.072 1	0.932 7	7.213 5	0.138 6	0.148 6	6.728 2	21.353 5	2.960 2
8	1.082 9	0.923 5	8.285 7	0.120 7	0.130 7	7.651 7	28.567 1	3.447 8
9	1.093 7	0.914 3	9.368 5	0.106 7	0.116 7	8.566 0	36.852 7	3.933 7
10	1.104 6	0.905 3	10.462 2	0.095 6	0.105 6	9.471 3	46.221 3	4.417 9
11	1.115 7	0.896 3	11.566 8	0.086 5	0.096 5	10.367 6	56.683 5	4.900 5
12	1.126 8	0.887 4	12.682 5	0.078 8	0.088 8	11.255 1	68.250 3	5.381 5
13	1.138 1	0.878 7	13.809 3	0.072 4	0.082 4	12.133 7	80.932 8	5.860 7
14	1.149 5	0.870 0	14.947 4	0.066 9	0.076 9	13.003 7	94.742 1	6.338 4
15	1.161 0	0.861 3	16.096 9	0.062 1	0.072 1	13.865 1	109.689 6	6.814 3
16	1.172 6	0.852 8	17.257 9	0.057 9	0.067 9	14.717 9	125.786 4	7.288 6
17	1.184 3	0.844 4	18.430 4	0.054 3	0.064 3	15.562 3	143.044 3	7.761 3
18	1.196 1	0.836 0	19.614 7	0.051 0	0.061 0	16.398 3	161.474 8	8.232 3
19	1.208 1	0.827 7	20.810 9	0.048 1	0.058 1	17.226 0	181.089 5	8.701 7
20	1.220 2	0.819 5	22.019 0	0.045 4	0.055 4	18.045 6	201.900 4	9.169 4
21	1.232 4	0.811 4	23.239 2	0.043 0	0.053 0	18.857 0	223.919 4	9.635 4
22	1.244 7	0.803 4	24.471 6	0.040 9	0.050 9	19.660 4	247.158 6	10.099 8
23	1.257 2	0.795 4	25.716 3	0.038 9	0.048 9	20.455 8	271.630 2	10.562 6
24	1.269 7	0.787 6	26.973 5	0.037 1	0.047 1	21.243 4	297.346 5	11.023 7
25	1.282 4	0.779 8	28.243 2	0.035 4	0.045 4	22.023 2	324.320 0	11.483 1
26	1.295 3	0.772 0	29.525 6	0.033 9	0.043 9	22.795 2	352.563 1	11.940 9
27	1.308 2	0.764 4	30.820 9	0.032 4	0.042 4	23.559 6	382.088 8	12.397 1
28	1.321 3	0.756 8	32.129 1	0.031 1	0.041 1	24.316 4	412.909 7	12.851 6
29	1.334 5	0.749 3	33.450 4	0.029 9	0.039 9	25.065 8	445.038 8	13.304 4
30	1.347 8	0.741 9	34.784 9	0.028 7	0.038 7	25.807 7	478.489 2	13.755 7
31	1.361 3	0.734 6	36.132 7	0.027 7	0.037 7	26.542 3	513.274 0	14.205 2
32	1.374 9	0.727 3	37.494 1	0.026 7	0.036 7	27.269 6	549.406 8	14.653 2
33	1.388 7	0.720 1	38.869 0	0.025 7	0.035 7	27.989 7	586.900 9	15.099 5
34	1.402 6	0.713 0	40.257 7	0.024 8	0.034 8	28.702 7	625.769 9	15.544 1
35	1.416 6	0.705 9	41.660 3	0.024 0	0.034 0	29.408 6	666.027 6	15.987 1
36	1.430 8	0.698 9	43.076 9	0.023 2	0.033 2	30.107 5	707.687 8	16.428 5
37	1.445 1	0.692 0	44.507 6	0.022 5	0.032 5	30.799 5	750.764 7	16.868 2
38	1.459 5	0.685 2	45.952 7	0.021 8	0.031 8	31.484 7	795.272 4	17.306 3
39	1.474 1	0.678 4	47.412 3	0.021 1	0.031 1	32.163 0	841.225 1	17.742 8
40	1.488 9	0.671 7	48.886 4	0.020 5	0.030 5	32.834 7	888.637 3	18.177 6
41	1.503 8	0.665 0	50.375 2	0.019 9	0.029 9	33.499 7	937.523 7	18.610 8
42	1.518 8	0.658 4	51.879 0	0.019 3	0.029 3	34.158 1	987.898 9	19.042 4
43	1.534 0	0.651 9	53.397 8	0.018 7	0.028 7	34.810 0	1 039.777 9	19.472 3
44	1.549 3	0.645 4	54.931 8	0.018 2	0.028 2	35.455 5	1 093.175 7	19.900 6
45	1.564 8	0.639 1	56.481 1	0.017 7	0.027 7	36.094 5	1 148.107 5	20.327 3
46	1.580 5	0.632 7	58.045 9	0.017 2	0.027 2	36.727 2	1 204.588 5	20.752 4
47	1.596 3	0.626 5	59.626 3	0.016 8	0.026 8	37.353 7	1 262.634 4	21.175 8
48	1.612 2	0.620 3	61.222 6	0.016 3	0.026 3	37.974 0	1 322.260 8	21.597 6
49	1.628 3	0.614 1	62.834 8	0.015 9	0.025 9	38.588 1	1 383.483 4	22.017 8
50	1.644 6	0.608 0	64.463 2	0.015 5	0.025 5	39.196 1	1 446.318 2	22.436 3

复利系数表 2（$i=2\%$）

n	$(F/P,i,n)$	$(P/F,i,n)$	$(F/A,i,n)$	$(A/F,i,n)$	$(A/P,i,n)$	$(P/A,i,n)$	$(F/G,i,n)$	$(A/G,i,n)$
1	1.020 0	0.980 4	1.000 0	1.000 0	1.020 0	0.980 4	0.000 0	0.000 0
2	1.040 4	0.961 2	2.020 0	0.495 0	0.515 0	1.941 6	1.000 0	0.495 0
3	1.061 2	0.942 3	3.060 4	0.326 8	0.346 8	2.883 9	3.020 0	0.986 8
4	1.082 4	0.923 8	4.121 6	0.242 6	0.262 6	3.807 7	6.080 4	1.475 2
5	1.104 1	0.905 8	5.204 0	0.192 0	0.212 2	4.713 5	10.202 0	1.475 2
6	1.126 2	0.888 0	6.308 1	0.158 5	0.178 5	5.601 4	15.406 0	2.442 3
7	1.148 7	0.870 6	7.434 3	0.134 5	0.154 5	6.472 0	21.714 2	2.920 8
8	1.171 7	0.853 5	8.583 0	0.116 5	0.136 5	7.325 5	29.148 5	3.396 1
9	1.195 1	0.836 8	9.754 6	0.102 5	0.122 5	8.162 2	37.731 4	3.868 1
10	1.219 0	0.820 3	10.949 7	0.091 3	0.111 3	8.982 6	47.486 0	4.336 7
11	1.243 4	0.804 3	12.168 7	0.082 2	0.102 2	9.786 8	58.435 8	4.802 1
12	1.268 2	0.788 5	13.412 1	0.076 6	0.094 6	10.575 3	70.604 5	5.264 2
13	1.293 6	0.773 0	14.680 3	0.068 1	0.088 1	11.348 4	84.016 6	5.723 1
14	1.319 5	0.757 9	15.973 9	0.062 6	0.082 6	12.106 2	98.696 9	6.178 6
15	1.345 9	0.743 0	17.293 4	0.057 8	0.077 8	12.849 3	114.670 8	6.630 9
16	1.372 8	0.728 4	18.639 3	0.053 7	0.073 7	13.577 7	131.964 3	7.079 9
17	1.400 2	0.714 2	20.012 1	0.050 0	0.070 0	14.291 9	150.603 5	7.525 6
18	1.428 2	0.700 2	21.412 3	0.046 7	0.066 7	14.992 0	170.615 6	7.968 1
19	1.456 8	0.686 4	22.840 6	0.043 8	0.063 8	15.678 5	192.027 9	8.407 3
20	1.485 9	0.673 0	24.297 4	0.041 2	0.061 2	16.351 4	214.868 5	8.843 3
21	1.515 7	0.659 8	25.783 3	0.038 8	0.058 8	17.011 2	239.165 9	9.276 0
22	1.546 0	0.646 8	27.299 0	0.036 6	0.056 6	17.658 0	264.949 2	9.705 5
23	1.576 9	0.634 2	28.845 0	0.034 7	0.054 7	18.292 2	292.248 2	10.131 7
24	1.608 4	0.621 7	30.421 9	0.032 9	0.052 9	18.913 9	321.093 1	10.554 7
25	1.640 6	0.609 5	32.030 3	0.031 2	0.051 2	19.523 5	351.515 0	10.974 5
26	1.673 4	0.597 6	33.670 9	0.029 7	0.049 7	20.121 0	383.545 3	11.391 0
27	1.706 9	0.585 9	35.344 3	0.028 3	0.048 3	20.706 9	417.216 2	11.804 3
28	1.741 0	0.574 4	37.051 2	0.027 0	0.047 0	21.281 3	452.560 5	12.214 5
29	1.775 8	0.563 1	38.792 2	0.025 8	0.045 8	21.844 4	489.611 7	12.621 4
30	1.811 4	0.552 1	40.568 1	0.024 6	0.044 6	22.396 5	528.404 0	13.025 1
31	1.847 6	0.541 2	42.379 4	0.023 6	0.043 6	22.937 7	568.972 0	13.425 7
32	1.884 5	0.530 6	44.227 0	0.022 6	0.042 6	23.468 3	611.351 5	13.823 0
33	1.922 2	0.520 2	46.111 6	0.021 7	0.041 7	23.988 6	655.578 5	14.217 2
34	1.960 7	0.510 0	48.033 8	0.020 8	0.040 8	24.498 6	701 690 1	14.608 3
35	1.999 9	0.500 0	49.994 5	0.020 0	0.040 0	24.998 6	749.723 9	14.996 1
36	2.039 9	0.490 2	51.994 4	0.019 2	0.039 2	25.488 8	799.718 4	15.380 9
37	2.080 7	0.480 6	54.034 3	0.018 5	0.038 5	25.969 5	851.712 7	15.762 5
38	2.122 3	0.471 2	56.114 9	0.017 8	0.037 8	26.440 6	905.747 0	16.140 9
39	2.164 7	0.461 9	58.237 2	0.017 2	0.037 2	26.902 6	961.861 9	16.516 3
40	2.208 0	0.452 9	60.402 0	0.016 6	0.036 6	27.355 5	1 020.099 2	16.888 5
41	2.252 2	0.444 0	62.610 0	0.016 0	0.036 0	27.799 5	1 080.501 1	17.257 6
42	2.297 2	0.435 3	64.862 2	0.015 4	0.035 4	28.234 8	1 143.111 2	17.623 7
43	2.343 2	0.426 8	67.159 5	0.014 9	0.034 9	28.661 6	1 207.973 4	17.986 6
44	2.390 1	0.418 4	69.502 7	0.014 4	0.034 4	29.080 0	1 275.132 9	18.346 5
45	2.437 9	0.410 2	71.892 7	0.013 9	0.033 9	29.490 2	1 344.635 5	18.703 4
46	2.486 6	0.402 2	74.330 6	0.013 5	0.033 5	29.892 3	1 416.528 6	19.057 1
47	2.536 3	0.394 3	76.871 2	0.013 0	0.033 0	30.286 6	1 490.858 8	19.407 9
48	2.587 1	0.386 5	79.353 5	0.012 6	0.032 6	30.673 1	1 567.676 0	19.755 6
49	2.638 8	0.379 0	81.940 6	0.012 2	0.032 2	31.052 1	1 647.029 5	20.100 3
50	2.691 6	0.371 5	84.579 4	0.011 8	0.031 8	31.423 6	1 728.970 1	20.442 0

复利系数表3($i=3\%$)

n	$(F/P,i,n)$	$(P/F,i,n)$	$(F/A,i,n)$	$(A/F,i,n)$	$(A/P,i,n)$	$(P/A,i,n)$	$(F/G,i,n)$	$(A/G,i,n)$
1	1.030 0	0.970 9	1.000 0	1.000 0	1.030 0	0.970 9	0.000 0	0.000 0
2	1.060 9	0.942 6	2.030 0	0.492 6	0.522 6	1.913 5	1.000 0	0.492 6
3	1.092 7	0.915 1	3.090 9	0.323 5	0.353 5	2.828 6	3.030 0	0.980 3
4	1.125 5	0.888 5	4.183 6	0.239 0	0.269 0	3.717 1	6.120 1	1.463 1
5	1.159 3	0.862 6	5.309 1	0.188 4	0.218 4	4.579 7	10.304 5	1.940 9
6	1.194 1	0.837 5	6.468 4	0.154 6	0.184 6	5.417 2	15.613 7	2.413 8
7	1.229 9	0.813 1	7.662 5	0.130 5	0.160 5	6.230 3	22.082 1	2.881 9
8	1.266 8	0.789 4	8.892 3	0.112 5	0.142 5	7.019 7	29.744 5	3.345 0
9	1.304 8	0.766 4	10.159 1	0.098 4	0.128 4	7.786 1	38.636 9	3.803 2
10	1.343 9	0.744 1	11.463 9	0.087 2	0.117 2	8.530 2	48.796 0	4.256 5
11	1.384 2	0.722 4	12.807 8	0.078 1	0.108 1	9.252 6	60.259 1	4.704 9
12	1.425 8	0.701 4	14.192 0	0.070 5	0.100 5	9.954 0	73.067 7	5.148 5
13	1.468 5	0.681 0	15.617 8	0.064 0	0.094 0	10.635 0	87.259 7	5.587 2
14	1.512 6	0.661 1	17.086 3	0.058 5	0.088 5	11.296 1	102.877 5	6.021 0
15	1.558 0	0.641 9	18.598 9	0.053 8	0.083 8	11.937 9	119.963 8	6.450 0
16	1.604 7	0.623 2	20.156 9	0.049 6	0.079 6	12.561 1	138.562 7	6.874 2
17	1.652 8	0.605 0	21.761 6	0.046 0	0.076 0	13.166 1	158.719 6	7.293 6
18	1.702 4	0.587 4	23.414 4	0.042 7	0.072 7	13.753 5	180.481 2	7.708 1
19	1.753 5	0.570 3	25.116 9	0.039 8	0.069 8	14.323 8	203.895 6	8.117 9
20	1.806 1	0.553 7	26.870 4	0.037 2	0.067 2	14.877 5	229.012 5	8.522 6
21	1.806 3	0.537 5	28.676 5	0.034 9	0.064 9	15.415 0	255.882 1	8.923 1
22	1.916 1	0.512 9	30.536 8	0.032 7	0.062 7	15.936 9	284.559 3	9.318 6
23	1.973 6	0.506 7	32.452 9	0.030 8	0.060 8	16.443 6	315.096 1	9.709 3
24	2.032 8	0.491 9	34.426 5	0.029 0	0.059 0	16.935 5	347.549 0	10.095 4
25	2.093 8	0.477 6	36.459 3	0.027 4	0.057 4	17.413 1	381.975 5	10.476 8
26	2.156 6	0.463 7	38.553 0	0.025 9	0.055 9	17.876 8	418.434 7	10.853 5
27	2.221 3	0.450 2	40.709 6	0.024 6	0.054 6	18.327 0	456.987 8	11.225 5
28	2.287 9	0.437 1	42.930 9	0.023 3	0.053 3	18.764 1	497.697 4	11.593 0
29	2.356 6	0.424 3	45.218 9	0.022 1	0.052 1	19.188 5	540.628 3	11.955 8
30	2.427 3	0.412 0	47.575 4	0.021 0	0.051 0	19.600 4	585.847 2	12.314 1
31	2.500 1	0.400 0	50.002 7	0.020 0	0.050 0	20.000 4	633.422 0	12.667 8
32	2.575 1	0.388 3	52.502 8	0.019 0	0.049 0	20.388 8	683.425 3	13.016 9
33	2.652 3	0.377 0	55.077 8	0.018 2	0.048 2	20.765 8	735.928 0	13.361 6
34	2.731 9	0.366 0	57.730 2	0.017 3	0.047 3	21.131 8	791.005 1	13.701 8
35	2.813 9	0.355 4	60.462 1	0.016 5	0.046 5	21.487 2	848.736 1	14.037 5
36	2.898 3	0.345 0	63.275 9	0.015 8	0.045 8	21.832 3	909.198 1	14.368 8
37	2.985 2	0.335 0	66.174 2	0.015 1	0.045 1	22.167 2	972.474 1	14.695 7
38	3.074 8	0.325 2	69.159 4	0.014 5	0.044 5	22.492 5	1 038.648 3	15.018 2
39	3.167 0	0.315 8	72.234 2	0.013 8	0.043 8	22.808 2	1 107.807 8	15.336 3
40	3.262 0	0.306 6	75.401 3	0.013 3	0.043 3	23.114 8	1 180.042 0	15.650 2
41	3.359 9	0.297 6	78.663 3	0.012 7	0.042 7	23.412 4	1 255.443 3	15.959 7
42	3.460 7	0.289 0	82.023 2	0.012 2	0.042 2	23.701 4	1 334.106 5	16.265 0
43	3.564 5	0.280 5	85.483 9	0.011 7	0.041 7	23.981 9	1 416.129 7	16.566 0
44	3.671 5	0.272 4	89.048 4	0.011 2	0.041 2	24.254 3	1 501.613 6	16.862 9
45	3.781 6	0.264 4	92.719 9	0.010 8	0.040 8	24.518 7	1 590.662 0	17.155 6
46	3.895 0	0.256 7	96.501 5	0.010 4	0.040 4	24.775 4	1 683.381 9	17.444 1
47	4.011 9	0.249 3	100.396 5	0.010 0	0.040 0	25.024 7	1 779.883 4	17.728 5
48	4.132 3	0.242 0	104.408 4	0.009 6	0.039 6	25.266 7	1 880.279 9	18.008 9
49	4.256 2	0.235 0	108.540 6	0.009 2	0.039 2	25.501 7	1 984.688 3	18.285 2
50	4.383 9	0.228 1	112.796 9	0.008 9	0.038 9	25.729 8	2 093.228 9	18.557 5

复利系数表 4（$i=4\%$）

n	$(F/P,i,n)$	$(P/F,i,n)$	$(F/A,i,n)$	$(A/F,i,n)$	$(A/P,i,n)$	$(P/A,i,n)$	$(F/G,i,n)$	$(A/G,i,n)$
1	1.040 0	0.961 5	1.000 0	1.000 0	1.040 0	0.961 5	0.000 0	0.000 0
2	1.081 6	0.924 6	2.040 0	0.490 2	0.530 2	1.886 1	1.000 0	0.490 2
3	1.124 9	0.889 0	3.121 6	0.320 3	0.360 3	2.775 1	3.040 0	0.973 9
4	1.169 9	0.854 8	4.246 5	0.235 5	0.275 5	3.629 9	6.161 6	1.451 0
5	1.216 7	0.821 9	5.416 3	0.184 6	0.224 6	4.451 8	10.408 1	1.921 6
6	1.265 3	0.790 3	6.633 0	0.150 8	0.190 8	5.242 1	15.824 4	2.385 7
7	1.315 9	0.759 9	7.898 3	0.126 6	0.166 6	6.002 1	22.457 4	2.843 3
8	1.368 6	0.730 7	9.214 2	0.108 5	0.148 5	6.732 7	30.355 7	3.294 4
9	1.423 3	0.702 6	10.582 8	0.094 5	0.134 5	7.435 3	39.569 9	3.739 1
10	1.480 2	0.675 6	12.006 1	0.083 3	0.123 3	8.110 9	50.152 7	4.177 3
11	1.539 5	0.649 6	13.486 4	0.074 1	0.114 1	8.760 5	62.158 8	4.609 0
12	1.601 0	0.624 6	15.025 8	0.066 6	0.106 6	9.385 1	75.645 1	5.034 3
13	1.665 1	0.600 6	16.626 8	0.060 1	0.100 1	9.985 6	90.670 9	5.453 3
14	1.731 7	0.577 5	18.291 9	0.054 7	0.094 7	10.563 1	107.297 8	5.865 9
15	1.800 9	0.555 3	20.023 6	0.049 9	0.089 9	11.118 4	125.589 7	6.272 1
16	1.873 0	0.533 9	21.824 5	0.045 8	0.085 8	11.652 3	145.613 3	6.672 0
17	1.947 9	0.513 4	23.697 5	0.042 2	0.082 2	12.165 7	167.437 8	7.065 6
18	2.025 8	0.493 6	25.645 4	0.039 0	0.079 0	12.659 3	191.135 3	7.453 0
19	2.106 8	0.474 6	27.671 2	0.036 1	0.076 1	13.133 9	216.780 7	7.834 2
20	2.191 1	0.456 4	29.778 1	0.033 6	0.073 6	13.590 3	244.452 0	8.209 1
21	2.278 8	0.438 8	31.969 2	0.031 3	0.071 3	14.029 2	274.230 0	8.577 9
22	2.369 9	0.422 0	34.248 0	0.029 2	0.069 2	14.451 1	306.199 2	8.940 7
23	2.464 7	0.405 7	36.617 9	0.027 3	0.067 3	14.856 8	340.447 2	9.297 3
24	2.563 3	0.390 1	39.082 6	0.025 6	0.065 6	15.247 0	377.065 1	9.647 9
25	2.665 8	0.375 1	41.645 9	0.024 0	0.064 0	15.622 1	416.147 7	9.992 5
26	2.772 5	0.360 7	44.311 7	0.022 6	0.062 6	15.982 8	457.793 6	10.331 2
27	2.883 4	0.346 8	47.084 2	0.021 2	0.061 2	16.329 6	502.105 4	10.664 0
28	2.998 7	0.333 5	49.967 6	0.020 0	0.060 0	16.663 1	549.189 6	10.990 9
29	3.118 7	0.320 7	52.966 3	0.018 9	0.058 9	16.983 7	599.157 2	11.312 0
30	3.243 4	0.308 3	56.084 9	0.017 8	0.057 8	17.292 0	652.123 4	11.627 4
31	3.373 1	0.296 5	59.328 3	0.016 9	0.056 9	17.588 5	708.208 4	11.937 1
32	3.508 1	0.285 1	62.701 5	0.015 9	0.055 9	17.873 6	767.536 7	12.241 1
33	3.648 4	0.274 1	66.209 5	0.015 1	0.055 1	18.147 6	830.238 2	12.539 6
34	3.794 3	0.263 6	69.857 9	0.014 3	0.054 3	18.411 2	896.447 7	12.832 4
35	3.946 1	0.253 4	73.652 2	0.013 6	0.053 6	18.664 6	966.305 6	13.119 8
36	4.103 9	0.243 7	77.598 3	0.012 9	0.052 9	18.908 3	1 039.957 8	13.401 8
37	4.268 1	0.234 3	81.702 2	0.012 2	0.052 2	19.142 6	1 117.556 2	13.678 4
38	4.438 8	0.225 3	85.970 3	0.011 6	0.051 6	19.367 9	1 199.258 4	13.949 7
39	4.616 4	0.216 6	90.409 1	0.011 1	0.051 1	19.584 5	1 285.228 7	14.215 7
40	4.810 0	0.208 3	95.025 5	0.010 5	0.050 5	19.792 8	1 375.637 9	14.476 5
41	4.993 1	0.200 3	99.826 5	0.010 0	0.050 0	19.993 1	1 470.663 4	14.732 2
42	5.192 8	0.192 6	104.819 6	0.009 5	0.049 5	20.185 6	1 570.489 9	14.982 8
43	5.400 5	0.185 2	110.012 4	0.009 1	0.049 1	20.370 8	1 675.309 5	15.228 4
44	5.616 5	0.178 0	115.412 9	0.008 7	0.048 7	20.548 8	1 785.321 9	15.469 0
45	5.841 2	0.171 2	121.029 4	0.008 3	0.048 3	20.720 0	1 900.734 8	15.704 7
46	6.074 8	0.164 6	126.870 6	0.007 9	0.047 9	20.884 7	2 021.764 2	15.935 6
47	6.317 8	0.158 3	132.945 4	0.007 5	0.047 5	21.042 9	2 148.634 8	16.161 8
48	6.570 5	0.152 2	139.263 2	0.007 2	0.047 2	21.195 1	2 281.580 2	16.383 2
49	6.833 3	0.146 3	145.833 7	0.006 9	0.046 9	21.341 5	2 420.843 4	16.600 0
50	7.106 7	0.140 7	152.667 1	0.006 6	0.046 6	21.482 2	2 566.677 1	16.812 2

复利系数表 5($i=5\%$)

n	$(F/P,i,n)$	$(P/F,i,n)$	$(F/A,i,n)$	$(A/F,i,n)$	$(A/P,i,n)$	$(P/A,i,n)$	$(F/G,i,n)$	$(A/G,i,n)$
1	1.050 0	0.952 4	1.000 0	1.000 0	1.050 0	0.952 4	0.000 0	0.000 0
2	1.102 5	0.907 0	2.050 0	0.487 8	0.537 8	1.859 4	1.000 0	0.487 8
3	1.157 6	0.863 8	3.152 5	0.317 2	0.367 2	2.723 2	3.050 0	0.967 5
4	1.215 5	0.822 7	4.310 1	0.232 0	0.282 0	3.546 0	6.202 5	1.439 1
5	1.276 3	0.783 5	5.525 6	0.181 0	0.231 0	4.329 5	10.512 6	1.902 5
6	1.340 1	0.746 2	6.801 9	0.147 0	0.197 0	5.075 7	16.038 3	2.357 9
7	1.407 1	0.710 7	8.142 0	0.122 8	0.172 8	5.786 4	22.840 2	2.805 2
8	1.477 5	0.676 8	9.549 1	0.104 7	0.154 7	6.463 2	30.982 2	3.244 5
9	1.551 3	0.644 6	11.026 6	0.090 7	0.140 7	7.107 8	40.531 3	3.675 8
10	1.628 9	0.613 9	12.577 9	0.079 5	0.129 5	7.721 7	51.557 9	4.099 1
11	1.710 3	0.584 7	14.206 8	0.070 4	0.120 4	8.306 4	64.135 7	4.514 4
12	1.795 9	0.556 8	15.917 1	0.062 8	0.112 8	8.863 3	78.342 5	4.921 9
13	1.885 6	0.530 5	17.713 0	0.056 5	0.106 5	9.393 6	94.259 7	5.321 5
14	1.979 9	0.505 1	19.598 6	0.051 0	0.101 0	9.898 6	111.972 6	5.713 3
15	2.078 9	0.481 0	21.578 6	0.046 3	0.096 3	10.379 7	131.571 3	6.097 3
16	2.182 9	0.458 1	23.657 5	0.042 3	0.092 3	10.837 8	153.149 8	6.473 6
17	2.292 0	0.436 3	25.840 4	0.038 7	0.088 7	11.274 1	176.807 3	6.842 3
18	2.406 6	0.415 5	28.132 4	0.035 5	0.085 5	11.689 6	202.647 7	7.203 4
19	2.527 0	0.395 7	30.539 0	0.032 7	0.082 7	12.085 3	230.780 1	7.556 6
20	2.653 3	0.376 9	33.066 0	0.030 2	0.080 2	12.462 2	261.319 1	7.903 0
21	2.786 0	0.358 9	35.719 3	0.028 0	0.078 0	12.821 2	294.385 0	8.241 6
22	2.925 3	0.341 8	38.505 2	0.026 0	0.076 0	13.163 0	330.104 3	8.573 0
23	3.071 5	0.325 6	41.430 5	0.024 1	0.074 1	13.488 6	368.609 5	8.897 1
24	3.225 1	0.310 1	44.502 0	0.022 5	0.072 5	13.798 6	410.040 0	9.214 0
25	3.386 4	0.295 3	47.727 1	0.021 0	0.071 0	14.093 9	454.542 0	9.523 8
26	3.555 7	0.281 2	51.113 5	0.019 6	0.069 6	14.375 2	502.269 1	9.826 6
27	3.733 5	0.267 8	54.669 1	0.018 3	0.068 3	14.643 0	553.382 5	10.122 4
28	3.920 1	0.255 1	58.402 6	0.017 1	0.067 1	14.898 1	608.051 7	10.411 4
29	4.116 1	0.242 9	62.322 7	0.016 0	0.066 0	15.141 1	666.454 2	10.693 6
30	4.321 9	0.231 4	66.438 8	0.015 1	0.065 1	15.372 5	728.777 0	10.969 1
31	4.538 0	0.220 4	70.760 8	0.014 1	0.064 1	15.592 8	795.215 8	11.238 1
32	4.764 9	0.209 9	75.298 8	0.013 3	0.063 3	15.802 7	865.976 6	11.500 5
33	5.003 2	0.199 9	80.063 8	0.012 5	0.062 5	16.002 5	941.275 4	11.756 6
34	5.253 3	0.190 4	85.067 0	0.011 8	0.061 8	16.192 9	1 021.339 2	12.006 3
35	5.516 0	0.181 3	90.320 3	0.011 1	0.061 1	16.374 2	1 106.406 1	12.249 8
36	5.791 8	0.172 7	95.836 3	0.010 4	0.060 4	16.546 9	1 196.726 5	12.487 2
37	6.081 4	0.164 4	101.628 1	0.009 8	0.059 8	16.711 3	1 292.562 8	12.718 6
38	6.385 5	0.156 6	107.709 5	0.009 3	0.059 3	16.867 9	1 394.190 9	12.944 0
39	6.704 8	0.149 1	114.095 0	0.008 8	0.058 8	17.017 0	1 501.900 5	13.163 6
40	7.040 0	0.142 0	120.799 8	0.008 3	0.058 3	17.159 1	1 615.995 5	13.377 5
41	7.392 0	0.135 3	127.839 8	0.007 8	0.057 8	17.294 4	1 736.795 3	13.585 7
42	7.761 6	0.128 8	135.231 8	0.007 4	0.057 4	17.423 2	1 864.635 0	13.788 4
43	8.149 7	0.122 7	142.993 3	0.007 0	0.057 0	17.545 9	1 999.866 8	13.985 7
44	8.557 2	0.116 9	151.143 0	0.006 6	0.056 6	17.662 8	2 142.860 1	14.177 7
45	8.985 0	0.111 3	159.700 2	0.006 3	0.056 3	17.774 1	2 294.003 1	14.364 4
46	9.434 3	0.106 0	168.685 2	0.005 9	0.055 9	17.880 1	2 453.703 3	14.546 1
47	9.906 0	0.100 9	178.119 4	0.005 6	0.055 6	17.981 0	2 622.388 4	14.722 6
48	10.401 3	0.096 1	188.025 4	0.005 3	0.055 3	18.077 2	2 800.507 9	14.894 3
49	10.921 3	0.091 6	198.426 7	0.005 0	0.055 0	18.168 7	2 988.533 3	15.061 1
50	11.467 4	0.087 4	209.348 0	0.004 8	0.054 8	18.255 9	3 186.959 9	15.223 3

复利系数表6($i=6\%$)

n	$(F/P,i,n)$	$(P/F,i,n)$	$(F/A,i,n)$	$(A/F,i,n)$	$(A/P,i,n)$	$(P/A,i,n)$	$(F/G,i,n)$	$(A/G,i,n)$
1	1.060 0	0.943 4	1.000 0	1.000 0	1.060 0	0.943 4	0.000 0	0.000 0
2	1.123 6	0.890 0	2.060 0	0.485 4	0.545 4	1.833 4	1.000 0	0.485 4
3	1.191 0	0.839 6	3.183 6	0.314 1	0.374 1	2.673 0	3.060 0	0.961 2
4	1.262 5	0.792 1	4.374 6	0.228 6	0.288 6	3.465 1	6.243 6	1.427 2
5	1.338 2	0.747 3	5.637 1	0.177 4	0.237 4	4.212 4	10.618 2	1.883 6
6	1.418 5	0.705 0	6.975 3	0.143 4	0.203 4	4.917 3	16.255 3	2.330 4
7	1.503 6	0.665 1	8.393 8	0.119 1	0.179 1	5.582 4	23.230 6	2.767 6
8	1.593 8	0.627 4	9.897 5	0.101 0	0.161 0	6.209 8	31.624 5	3.195 2
9	1.689 5	0.591 9	11.491 3	0.087 0	0.147 0	6.801 7	41.521 9	3.613 3
10	1.790 8	0.558 4	13.180 8	0.075 9	0.135 9	7.360 1	53.013 2	4.022 0
11	1.898 3	0.526 8	14.971 6	0.066 8	0.126 8	7.886 9	66.194 0	4.421 3
12	2.012 2	0.497 0	16.869 9	0.059 3	0.119 3	8.383 8	81.165 7	4.811 3
13	2.132 9	0.468 8	18.882 1	0.053 0	0.113 0	8.852 7	98.035 6	5.192 0
14	2.260 9	0.442 3	21.015 1	0.047 6	0.107 6	9.295 0	116.917 8	5.563 5
15	2.396 6	0.417 3	23.276 0	0.043 0	0.103 0	9.712 2	137.932 8	5.926 0
16	2.540 4	0.393 6	26.672 5	0.039 0	0.099 0	10.105 9	161.208 8	6.279 4
17	2.692 8	0.371 4	28.212 9	0.035 4	0.095 4	10.477 3	186.881 3	6.624 0
18	2.854 3	0.350 3	30.905 7	0.032 4	0.092 4	10.827 6	215.094 2	6.959 7
19	3.025 6	0.330 5	33.760 0	0.029 6	0.089 6	11.158 1	245.999 9	7.286 7
20	3.207 1	0.311 8	36.785 6	0.027 2	0.087 2	11.469 9	279.759 9	7.605 1
21	3.399 6	0.294 2	39.992 7	0.025 0	0.085 0	11.764 1	316.545 4	7.915 1
22	3.603 5	0.277 5	43.392 3	0.023 0	0.083 0	12.041 6	356.538 2	8.216 6
23	3.819 7	0.261 8	46.995 8	0.021 3	0.081 3	12.303 4	399.930 5	8.509 9
24	4.048 9	0.247 0	50.815 6	0.019 7	0.079 7	12.550 4	446.926 3	8.795 1
25	4.291 9	0.233 0	54.864 5	0.018 2	0.078 2	12.783 4	497.741 9	9.072 2
26	4.549 4	0.219 8	59.156 4	0.016 9	0.076 9	13.003 2	552.606 4	9.431 4
27	4.822 3	0.207 4	63.705 8	0.015 7	0.075 7	13.210 5	611.762 8	9.602 9
28	5.111 7	0.195 6	68.528 1	0.014 6	0.074 6	13.406 2	675.468 5	9.856 8
29	5.418 4	0.184 6	73.639 8	0.013 6	0.073 6	13.590 7	743.996 6	10.103 2
30	5.743 5	0.174 1	79.058 2	0.012 6	0.072 6	13.764 8	817.636 4	10.342 2
31	6.088 1	0.164 3	84.801 7	0.011 8	0.071 8	13.929 1	896.694 6	10.574 0
32	6.453 4	0.155 0	90.889 8	0.011 0	0.071 0	14.084 0	981.496 3	10.798 8
33	6.840 6	0.146 2	97.343 2	0.010 3	0.070 3	14.230 2	1 072.386 1	11.016 6
34	7.251 0	0.137 9	104.183 8	0.009 6	0.069 6	14.368 1	1 169.729 2	11.227 6
35	7.686 1	0.130 1	111.434 8	0.009 0	0.069 0	14.498 2	1 273.913 0	11.431 9
36	8.147 3	0.122 7	119.120 9	0.008 4	0.068 4	14.621 0	1 385.347 8	11.629 8
37	8.636 1	0.115 8	127.268 1	0.007 9	0.067 9	14.736 8	1 504.468 6	11.821 3
38	9.154 3	0.109 2	135.904 2	0.007 4	0.067 4	14.846 0	1 631.736 8	12.006 5
39	9.703 5	0.103 1	145.058 5	0.006 9	0.066 9	14.949 1	1 767.641 0	12.185 7
40	10.258 7	0.097 2	154.762 0	0.006 5	0.066 5	15.046 3	1 912.699 4	12.359 0
41	10.902 9	0.091 7	165.047 7	0.006 1	0.066 1	15.138 0	2 067.461 4	12.526 4
42	11.557 0	0.086 5	175.950 5	0.005 7	0.065 7	15.224 5	2 232.509 1	12.688 3
43	12.250 5	0.081 6	187.507 6	0.005 3	0.065 3	15.306 2	2 408.459 6	12.844 6
44	12.985 5	0.077 0	199.758 0	0.005 0	0.065 0	15.383 2	2 595.267 2	12.995 6
45	13.764 6	0.072 7	212.743 5	0.004 7	0.064 7	15.455 8	2 795.725 2	13.141 3
46	14.590 5	0.068 5	226.508 1	0.004 4	0.064 4	15.524 4	3 008.468 7	13.281 9
47	15.465 9	0.064 7	241.098 6	0.004 1	0.064 1	15.589 0	3 234.976 9	13.417 7
48	16.393 9	0.061 0	256.564 5	0.003 9	0.063 9	15.650 0	3 476.075 5	13.548 5
49	17.377 5	0.057 5	272.958 4	0.003 7	0.063 7	15.707 6	3 732.640 0	13.674 8
50	18.420 2	0.054 3	290.335 9	0.003 4	0.063 4	15.761 9	4 005.598 4	13.796 4

复利系数表 7($i=7\%$)

n	$(F/P,i,n)$	$(P/F,i,n)$	$(F/A,i,n)$	$(A/F,i,n)$	$(A/P,i,n)$	$(P/A,i,n)$	$(F/G,i,n)$	$(A/G,i,n)$
1	1.070 0	0.934 6	1.000 0	1.000 0	1.070 0	0.934 6	0.000 0	0.000 0
2	1.144 9	0.873 4	2.070 0	0.483 1	0.553 1	1.808 0	1.000 0	0.483 1
3	1.225 0	0.816 3	3.214 9	0.311 1	0.381 1	2.624 3	3.070 0	0.954 9
4	1.310 8	0.762 9	4.439 9	0.225 2	0.295 2	3.387 2	6.284 9	1.415 5
5	1.402 6	0.713 0	5.750 7	0.173 9	0.243 9	4.100 2	10.724 8	1.865 0
6	1.500 7	0.666 3	7.153 3	0.139 8	0.209 8	4.766 5	16.475 6	2.303 2
7	1.605 8	0.622 7	8.654 0	0.115 6	0.185 6	5.389 3	23.628 9	2.730 4
8	1.718 2	0.582 0	10.259 8	0.097 5	0.167 5	5.971 3	32.282 9	3.146 5
9	1.838 5	0.543 9	11.978 0	0.083 5	0.153 5	6.515 2	42.542 7	3.551 7
10	1.967 2	0.508 3	13.816 4	0.072 4	0.142 4	7.023 6	54.520 7	3.946 1
11	2.104 9	0.475 1	15.783 6	0.063 4	0.133 4	7.498 7	68.337 1	4.329 6
12	2.252 2	0.444 0	17.888 5	0.055 9	0.125 9	7.942 7	84.120 7	4.702 5
13	2.409 8	0.415 0	20.140 6	0.049 7	0.119 7	8.357 7	102.009 2	5.064 8
14	2.578 5	0.387 8	22.550 5	0.044 3	0.114 3	8.745 5	122.149 8	5.416 7
15	2.759 0	0.362 4	25.129 0	0.039 8	0.109 8	9.107 9	144.700 3	5.758 3
16	2.952 2	0.338 7	27.888 1	0.035 9	0.105 9	9.446 6	169.829 3	6.089 7
17	3.158 8	0.316 6	30.840 2	0.032 4	0.102 4	9.763 2	197.717 4	6.411 0
18	3.379 9	0.295 9	33.999 0	0.029 4	0.099 4	10.059 1	228.557 6	6.722 5
19	3.616 5	0.276 5	37.379 0	0.026 8	0.096 8	10.335 6	262.556 6	7.024 2
20	3.869 7	0.258 4	40.995 5	0.024 4	0.094 4	10.594 0	299.935 6	7.316 3
21	4.140 6	0.241 5	44.865 2	0.022 3	0.092 3	10.835 5	340.931 1	7.599 0
22	4.430 4	0.225 7	49.005 7	0.020 4	0.090 4	11.061 2	385.796 3	7.872 5
23	4.740 5	0.210 9	53.436 1	0.018 7	0.088 7	11.272 2	434.802 0	8.136 9
24	5.072 4	0.197 1	58.176 7	0.017 2	0.087 2	11.496 3	488.238 2	8.392 3
25	5.427 4	0.184 2	63.249 0	0.015 8	0.085 8	11.653 6	546.414 8	8.639 1
26	5.807 4	0.172 2	68.676 5	0.014 6	0.084 6	11.825 8	609.663 9	8.877 3
27	6.213 9	0.160 9	74.483 8	0.013 4	0.083 4	11.986 7	678.340 3	9.107 2
28	6.648 8	0.150 4	80.697 7	0.012 4	0.082 4	12.137 1	752.824 2	9.328 9
29	7.114 3	0.140 6	87.346 5	0.011 4	0.081 4	12.277 7	833.521 8	9.542 7
30	7.612 3	0.131 4	94.460 8	0.010 6	0.080 6	12.409 0	920.868 4	9.748 7
31	8.145 1	0.122 8	102.073 0	0.009 8	0.079 8	12.531 8	1 051.329 2	9.947 1
32	8.715 3	0.114 7	110.218 2	0.009 1	0.079 1	12.646 6	1 117.402 2	10.138 1
33	9.325 3	0.107 2	118.933 4	0.008 4	0.078 4	12.753 8	1 227.620 4	10.321 9
34	9.978 1	0.100 2	128.258 8	0.007 8	0.077 8	12.854 0	1 346.553 8	10.498 7
35	10.676 6	0.093 7	138.236 9	0.007 2	0.077 2	12.947 7	1 474.812 5	10.668 7
36	11.423 9	0.087 5	148.913 5	0.006 7	0.076 7	13.032 2	1 613.049 4	10.832 1
37	12.223 6	0.081 8	160.337 4	0.006 2	0.076 2	13.117 0	1 761.962 9	10.989 1
38	13.079 3	0.076 5	172.561 0	0.005 8	0.075 8	13.193 5	1 922.300 3	11.139 8
39	13.994 8	0.071 5	185.640 3	0.005 4	0.075 4	13.264 9	2 094.861 3	11.284 5
40	14.974 5	0.066 8	199.635 1	0.005 0	0.075 0	13.331 7	2 280.501 6	11.423 3
41	16.022 7	0.062 4	214.609 6	0.004 7	0.074 7	13.394 1	2 480.136 7	11.556 5
42	17.144 3	0.058 3	230.632 2	0.004 3	0.074 3	13.452 4	2 694.746 3	11.684 2
43	18.344 4	0.054 5	247.776 5	0.004 0	0.074 0	13.507 0	2 925.378 5	11.806 5
44	19.628 5	0.050 9	266.120 9	0.003 8	0.073 8	13.557 9	3 173.155 0	11.923 7
45	21.002 5	0.047 6	285.749 3	0.003 5	0.073 5	13.605 5	3 439.275 9	12.036 0
46	22.472 6	0.044 5	306.751 8	0.003 3	0.073 3	13.650 0	3 725.025 2	12.143 5
47	24.045 7	0.041 6	329.224 4	0.003 0	0.073 0	13.691 6	4 031.776 9	12.246 3
48	25.728 9	0.038 9	353.270 1	0.002 8	0.072 8	13.730 5	4 361.001 3	12.344 7
49	27.529 9	0.036 3	378.999 0	0.002 6	0.072 6	13.766 8	4 714.271 4	12.438 7
50	29.457 0	0.033 9	406.528 9	0.002 5	0.072 5	13.800 7	5 093.270 4	12.528 7

复利系数表 8($i=8\%$)

n	$(F/P,i,n)$	$(P/F,i,n)$	$(F/A,i,n)$	$(A/F,i,n)$	$(A/P,i,n)$	$(P/A,i,n)$	$(F/G,i,n)$	$(A/G,i,n)$
1	1.080 0	0.925 9	1.000 0	1.000 0	1.080 0	0.925 9	0.000 0	0.000 0
2	1.166 4	0.857 3	2.080 0	0.480 8	0.560 8	1.783 3	1.000 0	0.480 8
3	1.259 7	0.793 8	3.246 4	0.308 0	0.388 0	2.577 1	3.080 0	0.948 7
4	1.360 5	0.735 0	4.506 1	0.221 9	0.301 9	3.312 1	6.326 4	1.404 0
5	1.469 3	0.680 6	5.866 6	0.170 5	0.250 5	3.992 7	10.832 5	1.846 5
6	1.586 9	0.630 2	7.335 9	0.136 3	0.216 3	4.622 9	16.699 1	2.276 3
7	1.713 8	0.583 5	8.922 8	0.112 1	0.192 1	5.206 4	24.035 0	2.693 7
8	1.850 9	0.540 3	10.636 6	0.094 0	0.174 0	5.746 6	32.957 8	3.098 5
9	1.999 0	0.500 2	12.487 6	0.080 1	0.160 1	6.246 9	43.594 5	3.491 0
10	2.158 9	0.463 2	14.486 6	0.069 0	0.149 0	6.710 1	56.082 0	3.871 3
11	2.331 6	0.428 9	16.645 5	0.060 1	0.140 1	7.139 0	70.568 6	4.239 5
12	2.518 2	0.397 1	18.977 1	0.052 7	0.132 7	7.536 1	87.214 1	4.595 7
13	2.719 6	0.367 7	21.495 3	0.046 5	0.126 5	7.903 8	106.191 2	4.940 2
14	2.937 2	0.340 5	24.214 9	0.041 3	0.121 3	8.244 2	127.686 5	5.273 1
15	3.172 2	0.315 2	27.152 1	0.036 8	0.116 8	8.559 5	151.901 4	5.594 5
16	3.425 9	0.291 9	30.324 3	0.033 0	0.113 0	8.851 4	179.053 5	5.904 6
17	3.700 0	0.270 3	33.750 2	0.029 6	0.109 6	9.121 6	209.377 8	6.203 7
18	3.996 0	0.250 2	37.450 2	0.026 7	0.106 7	9.371 9	243.128 0	6.492 0
19	4.315 7	0.231 7	41.446 3	0.024 1	0.104 1	9.603 6	280.578 3	6.769 7
20	4.661 0	0.214 5	45.762 0	0.021 9	0.101 9	9.818 1	322.024 6	7.036 9
21	5.033 8	0.198 7	50.422 9	0.019 8	0.099 8	10.016 8	367.786 5	7.294 0
22	5.436 5	0.183 9	55.456 8	0.018 0	0.098 0	10.200 7	418.209 4	7.541 2
23	5.871 5	0.170 3	60.893 3	0.016 4	0.096 4	10.371 1	472.666 2	7.778 6
24	6.341 2	0.157 7	66.764 8	0.015 0	0.095 0	10.528 8	534.559 5	8.006 6
25	6.848 5	0.146 0	73.105 9	0.013 7	0.093 7	10.674 8	601.324 2	8.225 4
26	7.396 4	0.135 2	79.954 4	0.012 5	0.092 5	10.810 0	674.430 2	8.435 2
27	7.988 1	0.125 2	87.350 8	0.011 4	0.091 4	10.935 2	754.384 6	8.636 3
28	8.627 1	0.115 9	95.338 8	0.010 5	0.090 5	11.051 1	841.735 4	8.828 9
29	9.317 3	0.107 3	103.965 9	0.009 6	0.089 6	11.158 4	937.074 2	9.013 3
30	10.062 7	0.099 4	113.283 2	0.008 8	0.088 8	11.257 8	1 041.040 1	9.189 7
31	10.867 7	0.092 0	123.345 9	0.008 1	0.088 1	11.349 8	1 154.323 4	9.358 4
32	11.737 1	0.085 2	134.213 5	0.007 5	0.087 5	11.435 0	1 277.669 2	9.519 7
33	12.676 0	0.078 9	145.950 6	0.006 9	0.086 9	11.513 9	1 411.882 8	9.673 7
34	13.690 1	0.073 0	158.626 7	0.006 3	0.086 3	11.586 9	1 577.833 4	9.820 8
35	14.758 3	0.067 6	172.316 8	0.005 8	0.085 8	11.654 6	1 716.460 0	9.961 1
36	15.968 2	0.062 6	187.102 1	0.005 3	0.085 3	11.717 2	1 888.776 8	10.094 9
37	17.245 6	0.058 0	203.070 3	0.004 9	0.084 9	11.775 2	2 075.879 0	10.222 5
38	18.625 3	0.053 7	220.315 9	0.004 5	0.084 5	11.828 9	2 278.949 3	10.344 0
39	20.115 3	0.049 7	238.941 2	0.004 2	0.084 2	11.878 6	2 499.265 3	10.459 7
40	21.724 5	0.046 0	259.056 5	0.003 9	0.083 9	11.924 6	2 738.206 5	10.569 9
41	23.462 5	0.042 6	280.781 0	0.003 6	0.083 6	11.967 2	2 997.263 0	10.674 7
42	25.339 5	0.039 5	304.243 5	0.003 3	0.083 3	12.006 7	3 278.044 0	10.774 4
43	27.366 6	0.036 5	329.583 0	0.003 0	0.083 0	12.043 2	3 582.287 6	10.896 2
44	29.556 0	0.033 8	356.949 6	0.002 8	0.082 8	12.077 1	3 911.870 6	10.959 2
45	31.920 4	0.031 3	386.505 6	0.002 6	0.082 6	12.108 4	4 266.820 2	11.044 7
46	34.474 1	0.029 0	418.426 1	0.002 4	0.082 4	12.137 4	4 655.325 8	11.125 8
47	37.232 0	0.026 9	452.900 2	0.002 2	0.082 2	12.164 3	5 073.751 9	11.202 8
48	40.210 6	0.024 9	490.132 2	0.002 0	0.082 0	12.189 1	5 526.652 1	11.275 8
49	43.427 4	0.023 0	530.342 7	0.001 9	0.081 9	12.212 2	6 016.784 2	11.345 1
50	46.901 6	0.021 3	573.770 2	0.001 7	0.081 7	12.233 5	6 547.127 0	11.410 7

复利系数表9($i=9\%$)

n	$(F/P,i,n)$	$(P/F,i,n)$	$(F/A,i,n)$	$(A/F,i,n)$	$(A/P,i,n)$	$(P/A,i,n)$	$(F/G,i,n)$	$(A/G,i,n)$
1	1.090 0	0.917 4	1.000 0	1.000 0	1.090 0	0.917 4	0.000 0	0.000 0
2	1.188 1	0.841 7	2.090 0	0.478 5	0.568 5	1.759 1	1.000 0	0.478 5
3	1.295 0	0.772 2	3.278 1	0.305 1	0.395 1	2.531 3	3.090 0	0.942 6
4	1.411 6	0.708 4	4.573 1	0.218 7	0.308 7	3.239 7	6.368 1	1.392 5
5	1.538 6	0.649 9	5.984 7	0.167 1	0.257 1	3.889 7	10.941 2	1.828 2
6	1.677 1	0.596 3	7.523 3	0.132 9	0.222 9	4.485 9	16.925 5	2.249 8
7	1.828 0	0.547 0	9.200 4	0.108 7	0.198 7	5.033 0	24.449 1	2.657 4
8	1.992 6	0.501 9	11.028 5	0.090 7	0.180 7	5.534 8	33.649 7	3.051 2
9	2.171 9	0.460 4	13.021 0	0.076 8	0.166 8	5.995 2	44.678 2	3.431 2
10	2.367 4	0.422 4	15.192 9	0.065 8	0.155 8	6.417 7	57.699 2	3.797 8
11	2.580 4	0.387 5	17.560 3	0.056 9	0.146 9	6.805 2	72.892 1	4.151 0
12	2.812 7	0.355 5	20.140 7	0.049 7	0.139 7	7.160 7	90.452 4	4.491 0
13	3.065 8	0.326 2	22.953 4	0.043 6	0.133 6	7.489 6	110.593 2	4.818 2
14	3.341 7	0.299 2	26.019 2	0.038 4	0.128 4	7.786 2	133.546 5	5.132 6
15	3.642 5	0.274 5	29.360 9	0.034 1	0.124 1	8.060 7	159.565 7	5.434 6
16	3.970 3	0.251 9	33.003 4	0.030 3	0.120 3	8.312 6	188.926 7	5.724 5
17	4.327 6	0.231 1	36.973 7	0.027 0	0.117 0	8.543 6	221.930 1	6.002 4
18	4.717 1	0.212 0	41.301 3	0.024 2	0.114 2	8.755 6	258.903 8	6.268 7
19	5.141 7	0.194 5	46.018 5	0.021 7	0.111 7	8.950 1	300.205 1	6.523 6
20	5.604 4	0.178 4	51.160 1	0.019 5	0.109 5	9.128 5	346.223 6	6.767 4
21	6.108 8	0.163 7	56.764 5	0.017 6	0.107 6	9.292 2	397.383 7	7.000 6
22	6.658 6	0.150 2	62.873 3	0.015 9	0.105 9	9.442 4	454.148 2	7.223 2
23	7.257 9	0.137 8	69.531 9	0.014 4	0.104 4	9.580 2	517.021 5	7.435 7
24	7.911 1	0.126 4	76.789 8	0.013 0	0.103 0	9.706 6	586.553 5	7.638 4
25	8.623 1	0.116 0	84.700 9	0.011 8	0.101 8	9.822 6	663.343 3	7.831 6
26	9.399 2	0.106 4	93.324 0	0.010 7	0.100 7	9.929 0	748.044 2	8.015 6
27	10.245 1	0.097 6	102.723 1	0.009 7	0.099 7	10.026 6	841.368 2	8.190 6
28	11.167 1	0.089 5	112.968 2	0.008 9	0.098 9	10.116 1	944.091 3	8.357 1
29	12.172 2	0.082 2	124.135 4	0.008 1	0.098 1	10.198 3	1 057.059 5	8.515 4
30	13.267 7	0.075 4	136.307 5	0.007 3	0.097 3	10.273 7	1 181.194 9	8.665 7
31	14.461 8	0.069 1	149.575 2	0.006 7	0.096 7	10.342 8	1 317.502 4	8.808 3
32	15.763 3	0.063 4	164.037 0	0.006 1	0.096 1	10.406 2	1 467.077 6	8.943 6
33	17.182 0	0.058 2	179.800 3	0.005 6	0.095 6	10.464 4	1 631.114 6	9.071 8
34	18.728 4	0.053 4	196.982 3	0.005 1	0.095 1	10.517 8	1 810.914 9	9.193 3
35	20.414 0	0.049 0	215.710 8	0.004 6	0.094 6	10.566 8	2 007.897 3	9.308 3
36	22.251 2	0.044 9	236.124 7	0.004 2	0.094 2	10.611 8	2 223.608 0	9.417 1
37	24.253 8	0.041 2	258.375 9	0.003 9	0.093 9	10.653 0	2 459.732 8	9.520 0
38	26.436 7	0.037 8	282.629 8	0.003 5	0.093 5	10.690 8	2 718.108 7	9.617 2
39	28.816 0	0.034 7	309.066 5	0.003 2	0.093 2	10.725 5	3 000.738 5	9.709 0
40	31.409 4	0.031 8	337.882 4	0.003 0	0.093 0	10.757 4	3 309.804 9	9.795 7
41	34.236 3	0.029 2	369.291 9	0.002 7	0.092 7	10.786 6	3 647.687 4	9.877 5
42	37.317 5	0.026 8	403.528 1	0.002 5	0.092 5	10.813 4	4 016.979 3	9.954 6
43	40.676 1	0.024 6	440.845 7	0.002 3	0.092 3	10.838 0	4 420.507 4	10.027 3
44	44.337 0	0.022 6	481.521 8	0.002 1	0.092 1	10.860 5	4 861.353 1	10.095 8
45	48.327 3	0.020 7	525.858 7	0.001 9	0.091 9	10.881 2	5 342.874 8	10.160 3
46	52.676 7	0.019 0	574.186 0	0.001 7	0.091 7	10.900 2	5 868.733 6	10.221 0
47	57.417 6	0.017 4	626.862 8	0.001 6	0.091 6	10.917 6	6 442.919 6	10.278 0
48	62.585 2	0.016 0	684.280 4	0.001 5	0.091 5	10.933 6	7 069.782 3	10.331 7
49	68.217 9	0.014 7	746.865 6	0.001 3	0.091 3	10.948 2	7 754.062 8	10.382 1
50	74.357 5	0.013 4	815.083 6	0.001 2	0.091 2	10.961 7	8 500.928 4	10.429 5

复利系数表 10($i = 10\%$)

n	$(F/P,i,n)$	$(P/F,i,n)$	$(F/A,i,n)$	$(A/F,i,n)$	$(A/P,i,n)$	$(P/A,i,n)$	$(F/G,i,n)$	$(A/G,i,n)$
1	1.000 0	0.909 1	1.000 0	1.000 0	1.100 0	0.090 1	0.000 0	0.000 0
2	1.210 0	0.826 4	2.100 0	0.476 2	0.576 2	1.735 5	1.000 0	0.476 2
3	1.331 0	0.751 3	3.310 0	0.302 1	0.402 1	2.486 9	3.100 0	0.936 6
4	1.464 1	0.683 0	4.641 0	0.215 5	0.315 5	3.169 9	6.410 0	1.381 2
5	1.610 5	0.620 9	6.105 1	0.163 8	0.263 8	3.790 8	11.051 0	1.810 1
6	1.771 6	0.564 5	7.715 6	0.129 6	0.229 6	4.355 3	17.156 1	2.223 6
7	1.948 7	0.513 2	9.487 2	0.105 4	0.205 4	4.868 4	24.871 7	2.621 6
8	2.143 6	0.466 5	11.435 9	0.087 4	0.187 4	5.334 9	34.358 9	3.004 5
9	2.357 9	0.424 1	13.579 5	0.073 6	0.173 6	5.759 0	45.794 8	3.372 4
10	2.593 7	0.385 5	15.937 4	0.062 7	0.162 7	6.144 6	59.374 2	3.725 5
11	2.853 1	0.350 5	18.531 2	0.054 0	0.154 0	6.495 1	75.311 7	4.064 1
12	3.138 4	0.318 6	21.384 3	0.046 8	0.146 8	6.813 7	93.842 8	4.388 4
13	3.452 3	0.289 7	24.522 7	0.040 8	0.140 8	7.103 4	115.227 1	4.698 8
14	3.797 5	0.263 3	27.975 0	0.035 7	0.135 7	7.366 7	139.749 8	4.995 5
15	4.177 2	0.239 4	31.772 5	0.031 5	0.131 5	7.606 1	167.724 8	5.278 9
16	4.595 0	0.217 6	35.949 7	0.027 8	0.127 8	7.823 7	199.497 3	5.549 3
17	5.054 5	0.197 8	40.544 7	0.024 7	0.124 7	8.021 6	235.447 0	5.807 1
18	5.559 9	0.179 9	45.599 2	0.021 9	0.121 9	8.201 4	275.991 7	6.052 6
19	6.115 9	0.163 5	51.159 1	0.019 5	0.119 5	8.364 9	321.590 5	6.286 1
20	6.727 5	0.148 6	57.275 0	0.017 5	0.117 5	8.513 6	372.750 0	6.508 1
21	7.400 2	0.135 1	64.002 5	0.015 6	0.115 6	8.648 7	430.925 0	6.718 9
22	8.140 3	0.112 8	71.402 7	0.014 0	0.114 0	8.771 5	494.027 5	6.918 9
23	8.954 3	0.111 7	79.543 0	0.012 6	0.112 6	8.883 2	565.430 2	7.108 5
24	9.849 7	0.101 5	88.497 5	0.011 3	0.111 3	8.984 7	644.973 2	7.288 1
25	10.834 7	0.092 3	98.347 1	0.010 2	0.110 2	9.077 0	733.470 6	7.458 0
26	11.918 2	0.083 9	109.181 8	0.009 2	0.109 2	9.160 9	831.817 7	7.618 6
27	13.110 0	0.076 3	121.099 9	0.008 3	0.108 3	9.237 2	940.999 4	7.770 4
28	14.421 0	0.069 3	134.209 9	0.007 5	0.107 5	9.306 6	1 062.099 4	7.913 7
29	15.863 1	0.063 0	148.630 9	0.006 7	0.106 7	9.369 6	1 196.309 3	8.048 9
30	17.449 4	0.057 3	164.494 0	0.006 1	0.106 1	9.426 9	1 344.940 2	8.176 2
31	19.194 3	0.052 1	181.943 4	0.005 5	0.105 5	9.479 0	1 509.434 2	8.296 2
32	21.113 8	0.047 4	201.137 8	0.005 0	0.105 0	9.526 4	1 691.377 7	8.409 1
33	23.225 2	0.043 1	222.251 5	0.004 5	0.104 5	9.569 4	1 892.515 4	8.515 2
34	25.547 7	0.039 1	245.476 7	0.004 1	0.104 1	9.608 6	2 114.767 0	8.614 9
35	28.102 4	0.035 6	271.024 4	0.003 7	0.103 7	9.644 2	2 360.243 7	8.708 6
36	30.912 7	0.032 3	299.126 8	0.003 3	0.103 3	9.676 5	2 631.268 1	8.796 5
37	34.003 9	0.029 4	330.039 5	0.003 0	0.103 0	9.705 9	2 930.394 9	8.878 9
38	37.404 3	0.026 7	364.043 4	0.002 7	0.102 7	9.732 7	3 260.434 3	8.956 2
39	41.144 8	0.024 3	401.447 8	0.002 5	0.102 5	9.757 0	3 624.477 8	9.028 5
40	45.259 3	0.022 1	442.592 6	0.002 3	0.102 3	9.779 1	4 025.925 6	9.096 2
41	49.785 2	0.020 1	487.851 8	0.002 0	0.102 0	9.799 1	4 468.518 1	9.159 6
42	54.763 7	0.018 3	537.637 0	0.001 9	0.101 9	9.817 4	4 956.369 9	9.218 8
43	60.240 1	0.016 6	592.400 7	0.001 7	0.101 7	9.834 0	5 494.006 9	9.274 1
44	66.264 1	0.015 1	652.640 8	0.001 5	0.101 5	9.849 1	6 086.407 6	9.325 8
45	72.890 5	0.013 7	718.904 7	0.001 4	0.101 4	9.862 8	6 739.048 4	9.374 0
46	80.179 5	0.012 5	791.795 3	0.001 3	0.101 3	9.875 3	7 457.953 2	9.419 0
47	88.197 5	0.011 3	871.974 9	0.001 1	0.101 1	9.886 6	8 249.748 5	9.461 0
48	97.017 2	0.010 3	960.172 3	0.001 0	0.101 0	9.896 9	9 121.723 4	9.500 1
49	106.719 0	0.009 4	1 057.189 6	0.000 9	0.100 9	9.906 3	10 081.895 7	9.536 5
50	117.390 9	0.008 5	1 163.908 5	0.000 9	0.100 9	9.914 8	11 139.085 3	9.570 4

复利系数表 11($i=12\%$)

n	$(F/P,i,n)$	$(P/F,i,n)$	$(F/A,i,n)$	$(A/F,i,n)$	$(A/P,i,n)$	$(P/A,i,n)$	$(F/G,i,n)$	$(A/G,i,n)$
1	1.120 0	0.892 9	1.000 0	1.000 0	1.120 0	0.892 9	0.000 0	0.000 0
2	1.254 4	0.797 2	2.120 0	0.471 1	0.591 7	1.690 1	1.000 0	0.471 7
3	1.404 9	0.711 8	3.374 4	0.296 3	0.416 3	2.416 3	3.120 0	0.924 6
4	1.573 5	0.635 5	4.779 3	0.209 2	0.329 2	3.037 3	6.494 4	1.358 9
5	1.762 3	0.567 4	6.352 8	0.157 4	0.277 8	3.604 8	11.273 7	1.774 6
6	1.973 8	0.506 6	8.115 2	0.123 2	0.243 2	4.111 4	17.626 6	2.172 0
7	2.210 7	0.452 3	10.089 0	0.099 1	0.219 1	4.563 8	25.741 8	2.551 5
8	2.476 0	0.403 9	12.299 7	0.081 3	0.201 3	4.967 6	35.830 8	2.913 1
9	2.773 1	0.360 6	14.775 7	0.067 7	0.187 7	5.328 2	48.130 5	3.257 4
10	3.105 8	0.322 0	17.548 7	0.057 0	0.177 0	5.650 2	62.906 1	3.584 7
11	3.478 5	0.287 5	20.654 6	0.048 4	0.168 4	5.937 7	80.454 8	3.895 3
12	3.896 0	0.256 7	24.133 1	0.041 4	0.161 4	6.194 4	101.109 4	4.189 7
13	4.363 5	0.229 2	28.029 1	0.035 7	0.155 7	6.423 5	125.242 6	4.468 3
14	4.887 1	0.204 6	32.392 6	0.030 9	0.150 9	6.628 2	153.271 7	4.731 7
15	5.473 6	0.182 7	37.279 7	0.026 8	0.146 8	6.810 9	185.664 3	4.980 3
16	6.130 4	0.163 1	42.753 3	0.023 4	0.143 4	6.974 0	222.944 0	5.214 7
17	6.866 0	0.145 6	48.883 7	0.020 5	0.140 5	7.119 6	265.697 1	5.435 3
18	7.690 0	0.130 0	55.749 7	0.017 9	0.137 9	7.249 7	314.581 0	5.642 7
19	8.612 8	0.116 1	63.439 7	0.015 8	0.135 8	7.365 8	370.330 1	5.837 5
20	9.646 3	0.103 7	72.052 4	0.013 9	0.133 9	7.469 4	433.770 4	6.020 2
21	10.803 8	0.092 6	81.698 7	0.012 2	0.132 2	7.562 0	505.822 6	6.191 3
22	12.100 3	0.082 6	92.502 6	0.010 8	0.130 8	7.644 6	587.521 5	6.351 4
23	13.552 3	0.073 8	104.602 9	0.009 6	0.129 6	7.718 4	680.024 1	6.501 0
24	15.178 6	0.065 9	118.155 2	0.008 5	0.128 5	7.784 3	784.627 0	6.640 6
25	17.000 1	0.058 8	133.333 9	0.007 5	0.127 5	7.843 1	902.782 3	6.770 8
26	19.040 1	0.052 5	150.333 9	0.006 7	0.126 7	7.895 7	1 036.116 1	6.892 1
27	21.324 9	0.046 9	169.374 0	0.005 9	0.125 9	7.942 6	1 186.450 1	7.004 9
28	23.883 9	0.041 9	190.698 9	0.005 2	0.155 2	7.984 4	1 355.824 1	7.109 8
29	26.749 9	0.037 4	214.582 8	0.004 7	0.124 7	8.021 8	1 546.522 9	7.207 1
30	29.959 9	0.033 4	241.332 7	0.004 1	0.124 1	8.055 2	1 761.105 7	7.297 4
31	33.555 1	0.029 8	271.292 6	0.003 7	0.123 7	8.085 0	2 002.438 4	7.381 1
32	37.581 7	0.026 6	304.847 7	0.003 3	0.123 3	8.111 6	2 273.731 0	7.458 6
33	42.091 5	0.023 8	342.429 4	0.002 9	0.122 9	8.135 4	2 578.578 7	7.530 2
34	47.142 5	0.021 2	384.521 0	0.002 6	0.122 6	8.156 6	2 921.008 2	7.596 5
35	52.799 6	0.018 9	431.663 5	0.002 3	0.122 3	8.175 5	3 305.529 1	7.657 7
36	59.135 6	0.016 9	484.463 1	0.002 1	0.122 1	8.192 4	3 737.192 6	7.714 1
37	66.231 8	0.015 1	543.598 7	0.001 8	0.121 8	8.207 5	4 221.655 8	7.766 1
38	74.179 7	0.013 5	609.830 5	0.001 6	0.121 6	8.221 0	4 765.254 4	7.814 1
39	83.081 2	0.120 0	684.010 2	0.001 5	0.121 5	8.233 0	5 375.085 0	7.858 2
40	93.051 0	0.010 7	766.091 4	0.001 3	0.121 3	8.243 8	6 059.095 2	7.898 8
41	104.217 1	0.009 6	860.142 4	0.001 2	0.121 2	8.253 4	6 826.186 6	7.936 1
42	116.723 1	0.008 6	964.359 5	0.001 0	0.121 0	8.261 9	7 688.329 0	7.970 4
43	130.729 9	0.007 6	1 081.082 6	0.000 9	0.120 9	8.269 6	8 650.688 5	8.001 9
44	146.417 5	0.006 8	1 211.821 5	0.000 8	0.120 8	8.276 4	9 731.771 1	8.030 8
45	163.987 6	0.006 1	1 358.230 0	0.000 7	0.120 7	8.282 5	10 943.583 6	8.057 2
46	183.666 1	0.005 4	1 522.217 6	0.000 7	0.120 7	8.288 0	12 301.813 6	8.081 5
47	205.706 1	0.004 9	1 705.883 8	0.000 6	0.120 6	8.292 8	13 824.031 3	8.103 7
48	230.390 8	0.004 3	1 911.589 8	0.000 5	0.120 5	8.297 2	15 529.925 0	8.124 1
49	258.037 7	0.003 9	2 141.980 6	0.000 5	0.120 5	8.301 0	17 441.504 8	8.142 7
50	289.002 2	0.003 5	2 400.018 2	0.000 4	0.120 4	8.304 5	19 583.485 4	8.159 7

复利系数表 12（$i=15\%$）

n	$(F/P,i,n)$	$(P/F,i,n)$	$(F/A,i,n)$	$(A/F,i,n)$	$(A/P,i,n)$	$(P/A,i,n)$	$(F/G,i,n)$	$(A/G,i,n)$
1	1.150 0	0.869 6	1.000 0	1.000 0	1.150 0	0.869 6	0.000 0	0.000 0
2	1.322 5	0.756 1	2.150 0	0.465 1	0.615 1	1.625 7	1.000 0	0.465 1
3	1.520 9	0.657 5	3.472 5	0.288 0	0.438 0	2.283 2	3.150 0	0.907 1
4	1.749 0	0.571 8	4.993 4	0.200 3	0.350 3	2.855 0	6.622 5	1.326 3
5	2.011 4	0.497 2	6.742 4	0.148 3	0.298 3	3.352 2	11.615 9	1.722 8
6	2.313 1	0.432 3	8.753 7	0.114 2	0.264 2	3.784 5	18.358 3	2.097 2
7	2.660 0	0.375 9	11.066 8	0.090 4	0.240 4	4.160 4	27.112 0	2.449 8
8	3.059 0	0.326 9	13.726 8	0.072 9	0.222 9	4.487 3	38.178 8	2.781 3
9	3.517 9	0.284 3	16.785 8	0.059 6	0.209 6	4.771 6	51.905 6	3.092 2
10	4.045 6	0.247 2	20.303 7	0.049 3	0.199 3	5.018 8	68.691 5	3.383 2
11	4.652 4	0.214 9	24.349 3	0.041 1	0.191 1	5.233 7	88.995 2	3.654 9
12	5.350 3	0.186 9	29.001 7	0.034 5	0.184 5	5.420 6	113.344 4	3.908 2
13	6.152 8	0.162 5	34.351 9	0.029 1	0.179 1	5.583 1	142.346 1	4.143 8
14	7.075 7	0.142 3	40.504 7	0.024 7	0.174 7	5.724 5	176.698 0	4.362 4
15	8.137 1	0.122 9	47.580 4	0.021 0	0.171 0	5.847 4	217.202 7	4.565 0
16	9.357 6	0.106 9	55.717 5	0.017 9	0.167 9	5.954 2	264.783 1	4.752 2
17	10.761 3	0.092 9	65.075 1	0.015 4	0.165 4	6.047 2	320.500 6	4.925 1
18	12.375 5	0.080 8	75.836 4	0.013 2	0.163 2	6.128 0	385.575 7	5.084 3
19	14.231 8	0.070 3	88.211 8	0.011 3	0.161 3	6.198 2	461.412 1	5.230 7
20	16.366 5	0.061 1	102.443 6	0.009 8	0.159 8	6.259 3	549.623 9	5.365 1
21	18.821 5	0.053 1	118.810 1	0.008 4	0.158 4	6.312 5	652.067 5	5.488 3
22	21.644 7	0.046 2	137.631 6	0.007 3	0.157 3	6.358 7	770.877 6	5.601 0
23	24.891 5	0.040 2	159.276 4	0.006 3	0.156 3	6.398 8	908.509 2	5.704 0
24	28.625 2	0.034 9	184.167 8	0.005 4	0.155 4	6.433 8	1 067.785 6	5.797 9
25	32.919 0	0.030 4	212.793 0	0.004 7	0.154 7	6.464 1	1 251.953 4	5.883 4
26	37.856 8	0.026 4	245.712 0	0.004 1	0.154 1	6.490 6	1 464.746 5	5.961 2
27	43.535 3	0.023 0	283.568 8	0.003 5	0.153 5	6.513 5	1 710.458 4	6.031 9
28	50.065 6	0.020 0	327.104 1	0.003 1	0.153 1	6.533 5	1 994.027 2	6.096 0
29	57.575 5	0.017 4	377.169 7	0.002 7	0.152 7	6.550 9	2 321.131 3	6.154 1
30	66.211 8	0.015 1	434.745 1	0.002 3	0.152 3	6.566 0	2 698.301 0	6.200 6
31	76.143 5	0.013 1	500.956 9	0.002 0	0.152 0	6.579 1	3 133.046 1	6.254 1
32	87.565 1	0.011 4	577.100 5	0.001 7	0.151 7	6.590 5	3 634.003 0	6.297 0
33	100.699 8	0.009 9	664.665 5	0.001 5	0.151 5	6.600 5	4 211.103 5	6.325 7
34	115.804 8	0.008 6	765.365 4	0.001 3	0.151 3	6.609 1	4 875.769 0	6.370 5
35	133.175 5	0.007 5	881.170 2	0.001 1	0.151 1	6.616 6	5 641.134 4	6.401 9
36	153.151 9	0.006 5	1 014.345 7	0.001 0	0.151 0	6.623 1	6 522.304 5	6.430 1
37	176.124 6	0.005 7	1 167.497 5	0.000 9	0.150 9	6.628 8	7 536.650 2	6.455 4
38	202.543 3	0.004 9	1 343.622 2	0.000 7	0.150 9	6.633 8	8 704.147 7	6.478 1
39	232.924 8	0.004 3	1 546.165 5	0.000 6	0.150 6	6.638 0	10 047.769 9	6.498 5
40	267.863 5	0.003 7	1 779.090 3	0.000 6	0.150 6	6.641 8	11 593.935 4	6.516 8
41	308.043 1	0.003 2	2 046.953 9	0.000 5	0.150 5	6.645 0	13 373.025 7	6.533 1
42	354.249 5	0.002 8	2 354.996 9	0.000 4	0.150 4	6.647 8	15 419.979 6	6.547 8
43	407.387 0	0.002 5	2 709.246 5	0.000 4	0.150 4	6.650 3	17 774.976 5	6.560 9
44	468.495 0	0.002 1	3 116.633 4	0.000 3	0.150 3	6.652 4	20 484.223 0	6.572 5
45	538.769 3	0.001 9	3 585.128 5	0.000 3	0.150 3	6.654 3	23 600.856 4	6.583 0
46	619.584 7	0.001 6	4 123.897 7	0.000 2	0.150 2	6.655 9	27 185.984 9	6.592 3
47	712.522 4	0.001 4	4 743.482 4	0.000 2	0.150 2	6.657 3	31 309.882 6	6.600 6
48	819.400 7	0.001 2	5 456.004 7	0.000 2	0.150 2	6.658 5	36 053.365 0	6.608 0
49	942.310 8	0.001 1	6 275.405 5	0.000 2	0.150 2	6.659 6	41 509.369 7	6.614 6
50	1 083.657 0	0.000 9	7 217.716 3	0.000 1	0.150 1	6.660 5	47 784.775 2	6.620 5

复利系数表 13（$i=20\%$）

n	(F/P,i,n)	(P/F,i,n)	(F/A,i,n)	(A/F,i,n)	(A/P,i,n)	(P/A,i,n)	(F/G,i,n)	(A/G,i,n)
1	1.200 0	0.833 3	1.000 0	1.000 0	1.200 0	0.833 3	0.000 0	0.000 0
2	1.440 0	0.694 4	2.200 0	0.454 5	0.654 5	1.527 8	1.000 0	0.454 5
3	1.728 0	0.578 7	3.640 0	0.274 7	0.474 7	2.106 5	3.200 0	0.879 1
4	2.073 6	0.482 3	5.368 0	0.186 3	0.386 3	2.588 7	6.840 0	1.274 2
5	2.488 3	0.401 9	7.441 6	0.134 4	0.334 4	2.990 6	12.208 0	1.640 5
6	2.986 0	0.334 9	9.929 9	0.100 7	0.300 7	3.325 5	19.649 6	1.978 8
7	3.583 2	0.279 1	12.915 9	0.077 4	0.277 4	3.604 6	29.579 5	2.290 2
8	4.299 8	0.232 6	16.499 1	0.060 6	0.260 6	3.837 2	42.495 4	2.575 6
9	5.159 8	0.193 8	20.798 9	0.048 1	0.248 1	4.031 0	58.994 5	2.836 4
10	6.191 7	0.161 5	25.958 7	0.038 5	0.238 5	4.192 5	79.793 4	3.073 9
11	7.430 1	0.134 6	32.150 4	0.031 1	0.231 1	4.327 1	105.752 1	3.289 3
12	8.916 1	0.112 2	39.580 5	0.025 3	0.225 3	4.439 2	137.902 5	3.484 1
13	10.699 3	0.093 5	48.496 6	0.020 6	0.220 6	4.532 7	177.483 0	3.659 7
14	12.839 2	0.077 9	59.195 9	0.016 9	0.216 9	4.610 6	225.979 6	3.817 5
15	15.407 0	0.064 9	72.035 1	0.013 9	0.213 9	4.675 5	285.175 5	3.958 8
16	18.488 4	0.054 1	87.442 1	0.011 4	0.211 4	4.729 6	357.210 6	4.085 1
17	22.186 1	0.045 1	105.930 6	0.009 4	0.209 4	4.774 6	444.652 8	4.197 6
18	26.623 3	0.037 6	128.116 7	0.007 8	0.207 8	4.812 2	550.583 3	4.297 5
19	31.948 0	0.031 3	154.740 0	0.006 5	0.206 5	4.843 5	678.700 0	4.386 1
20	38.337 6	0.026 1	186.688 0	0.005 4	0.205 4	4.869 6	833.440 0	4.464 3
21	46.005 1	0.021 7	225.025 6	0.004 4	0.204 4	4.891 3	1 020.128 0	4.533 4
22	55.206 1	0.018 1	271.030 7	0.003 7	0.203 7	4.909 4	1 245.153 6	4.594 1
23	66.247 4	0.015 1	326.236 9	0.003 1	0.203 1	4.924 5	1 516.184 3	4.647 5
24	79.496 8	0.012 6	392.484 2	0.002 5	0.202 5	4.937 1	1 842.421 2	4.694 3
25	95.396 2	0.010 5	471.981 1	0.002 1	0.202 1	4.947 6	2 234.905 4	4.735 2
26	114.475 5	0.008 7	567.377 3	0.001 8	0.201 8	4.956 3	2 706.886 5	4.770 9
27	137.370 6	0.007 3	681.852 8	0.001 5	0.201 5	4.963 6	3 274.263 8	4.802 0
28	164.844 7	0.006 1	819.223 3	0.001 2	0.201 2	4.969 7	3 956.116 6	4.829 1
29	197.813 6	0.005 1	984.068 0	0.001 0	0.201 0	4.974 7	4 775.339 9	4.852 7
30	237.376 3	0.004 2	1 181.881 6	0.000 8	0.200 8	4.978 9	5 759.407 8	4.873 1
31	284.851 6	0.003 5	1 419.257 9	0.000 7	0.200 7	4.982 4	6 941.289 4	4.890 8
32	341.821 9	0.002 9	1 704.109 5	0.000 6	0.200 6	4.958 4	8 360.547 2	4.906 1
33	410.186 3	0.002 4	2 045.931 4	0.000 5	0.200 5	4.987 8	10 064.656 8	4.919 4
34	492.223 5	0.002 0	2 456.117 6	0.000 4	0.200 4	4.989 8	12 110.588 1	4.930 8
35	590.668 2	0.001 7	2 948.341 1	0.000 3	0.200 3	4.991 5	14 566.705 7	4.940 6
36	708.801 9	0.001 4	3 539.009 4	0.000 3	0.200 3	4.992 9	17 515.046 9	4.949 1
37	850.562 2	0.001 2	4 247.811 2	0.000 2	0.200 2	4.994 1	21 054.056 2	4.956 4
38	1 020.674	0.001 0	5 098.373 5	0.000 2	0.200 2	4.995 1	25 301.867 5	4.962 7
39	1 224.809	0.000 8	6 119.048 2	0.000 2	0.200 2	4.995 9	30 400.241 0	4.968 1
40	1 469.771	0.000 7	7 343.857 8	0.000 1	0.200 1	4.996 6	36 519.289 2	4.972 8
41	1 763.725	0.000 6	8 813.629 4	0.000 1	0.200 1	4.997 2	43 863.147 0	4.976 7
42	2 116.471	0.000 5	10 577.355 3	0.000 1	0.200 1	4.997 6	52 676.776 4	4.980 1
43	2 539.765	0.000 4	12 693.826 3	0.000 1	0.200 1	4.998 0	63 254.131 7	4.983 1
44	3 047.718	0.000 3	15 233.591 6	0.000 1	0.200 1	4.998 4	75 947.958 1	4.985 6
45	3 657.262	0.000 3	18 281.309 9	0.000 1	0.200 1	4.998 6	91 181.549 7	4.987 7
46	4 388.714	0.000 2	21 938.571 9	0.000 0	0.200 0	4.998 9	109 462.859 6	4.989 5
47	5 266.457	0.000 2	26 327.286 3	0.000 0	0.200 0	4.999 1	131 401.431 6	4.991 1
48	6 319.748	0.000 2	31 593.743 6	0.000 0	0.200 0	0.999 2	157 728.717 9	4.992 4
49	7 583.698	0.000 1	37 913.492 3	0.000 0	0.200 0	4.999 3	189 322.461 5	4.993 5
50	9 100.438	0.000 1	45 497.190 8	0.000 0	0.200 0	4.999 5	227 235.953 8	4.994 5

复利系数表 14($i=25\%$)

n	(F/P,i,n)	(P/F,i,n)	(F/A,i,n)	(A/F,i,n)	(A/P,i,n)	(P/A,i,n)	(F/G,i,n)	(A/G,i,n)
1	1.250 0	0.800 0	1.000 0	1.000 0	1.250 0	0.800 0	0.000 0	0.000 0
2	1.562 5	0.640 0	2.250 0	0.444 4	0.694 4	1.440 0	1.000 0	0.444 4
3	1.953 1	0.512 0	3.812 1	0.262 3	0.512 3	1.952 0	3.250 0	0.852 5
4	2.441 4	0.409 6	5.765 6	0.173 4	0.423 4	2.361 6	7.062 5	1.224 9
5	3.051 8	0.327 7	8.207 0	0.121 8	0.371 8	2.689 3	12.828 1	1.563 1
6	3.814 7	0.262 1	11.258 8	0.088 8	0.338 8	2.951 4	21.035 2	1.868 3
7	4.768 4	0.209 7	15.073 5	0.066 3	0.316 3	3.161 1	32.293 5	2.142 4
8	5.960 5	0.167 8	19.841 9	0.050 4	0.300 4	3.328 9	47.367 4	2.387 2
9	7.450 6	0.134 2	25.802 3	0.038 8	0.288 8	3.463 1	67.209 1	2.604 8
10	9.313 2	0.107 4	33.252 9	0.030 1	0.280 1	3.570 5	93.011 6	2.797 1
11	11.641 5	0.085 9	42.566 1	0.023 5	0.273 5	3.656 4	126.264 5	2.966 3
12	14.551 9	0.068 7	54.207 7	0.018 4	0.268 4	3.725 1	168.830 6	3.114 5
13	18.189 9	0.055 0	68.759 6	0.014 5	0.264 5	3.780 1	223.038 3	3.243 7
14	22.737 4	0.044 0	86.949 5	0.011 5	0.261 5	3.824 1	291.797 9	3.355 9
15	28.421 7	0.035 2	109.686 8	0.009 1	0.259 1	3.859 3	378.747 4	3.453 0
16	35.527 1	0.028 1	138.108 5	0.007 2	0.257 2	3.8874	488.434 2	3.536 6
17	44.408 9	0.022 5	173.635 7	0.005 8	0.255 8	3.909 9	626.542 7	3.608 4
18	55.511 2	0.018 0	218.044 6	0.004 6	0.254 6	3.927 9	800.178 4	3.669 8
19	69.388 9	0.014 4	273.555 8	0.003 7	0.253 5	3.942 4	1 018.223 0	3.722 2
20	86.736 2	0.011 5	342.944 7	0.002 9	0.252 9	3.953 9	1 291.778 8	3.766 7
21	108.420 2	0.009 2	429.680 9	0.002 3	0.252 3	3.963 1	1 634.723 5	3.804 5
22	135.525 3	0.007 4	538.101 1	0.001 9	0.251 9	3.870 5	2 064.404 3	3.836 5
23	169.406 6	0.005 9	673.626 4	0.001 5	0.251 5	3.976 4	2 602.505 4	3.863 4
24	211.758 2	0.004 7	843.032 9	0.001 2	0.251 2	3.981 1	3 276.131 8	3.886 1
25	264.697 8	0.003 8	1 054.791 2	0.000 9	0.250 9	3.984 9	4 119.164 7	3.905 2
26	330.872 2	0.003 0	1 319.489 0	0.000 8	0.250 8	3.987 9	5 173.955 9	3.921 2
27	413.590 3	0.002 4	1 650.361 2	0.000 6	0.250 6	3.990 3	6 493.444 9	3.934 6
28	516.987 9	0.001 9	2 063.951 5	0.000 5	0.250 5	3.992 3	8 143.806 1	3.945 7
29	646.234 9	0.001 5	2 580.939 4	0.000 4	0.250 4	3.993 8	10 207.757 7	3.955 1
30	807.793 6	0.001 2	3 227.174 3	0.000 3	0.250 3	3.995 0	12 788.697 1	3.962 8
31	1 009.742	0.001 0	4 034.967 8	0.000 2	0.250 2	3.996 0	16 015.871 3	3.969 3
32	1 262.177	0.000 8	5 044.709 8	0.000 2	0.250 2	3.996 8	20 050.839 2	3.974 6
33	1 577.721	0.000 6	6 306.887 2	0.000 2	0.250 2	3.997 5	25 095.549 0	3.979 1
34	1 972.152	0.000 5	7 884.690 1	0.000 1	0.250 1	3.998 0	31 402.436 2	3.982 8
35	2 465.190	0.000 4	9 856.761 3	0.000 1	0.250 1	3.998 4	39 287.045 3	3.985 8
36	3 081.487	0.000 3	12 321.951 6	0.000 1	0.250 1	3.998 7	49 143.806 6	3.988 3
37	3 851.859	0.000 3	15 403.439 6	0.0001	0.250 1	3.999 0	61 465.758 2	3.990 4
38	4 814.824	0.000 2	19 255.299 4	0.000 1	0.250 1	3.999 2	76 869.197 8	3.992 1
39	6 018.531	0.000 2	24 070.124 3	0.000 0	0.250 0	3.999 3	96 124.497 2	3.993 5
40	7 523.163	0.000 1	30 088.655 4	0.000 0	0.250 0	3.999 5	120 194.621 5	3.994 7
41	9 403.954	0.000 1	37 611.819 2	0.000 0	0.250 0	3.999 6	150 283.276 9	3.995 6
42	11 754.94	0.000 1	47 015.774 0	0.000 0	0.250 0	3.999 7	187 895.096 1	3.996 4
43	14 693.67	0.000 1	58 770.717 5	0.000 0	0.250 0	3.999 7	234 910.870 2	3.997 1
44	18 367.09	0.000 1	73 464.396 9	0.000 0	0.250 0	3.999 8	293 681.587 7	3.997 6
45	22 958.87	0.000 0	91 831.496 2	0.000 0	0.250 0	3.999 8	367 145.984 6	3.998 0
46	28 698.59	0.000 0	114 790.370 2	0.000 0	0.250 0	3.999 9	458 977.480 8	3.998 4
47	35 873.24	0.000 0	143 488.962 7	0.000 0	0.250 0	3.999 9	573 767.851 0	3.998 7
48	44 841.55	0.000 0	179 362.203 4	0.000 0	0.250 0	3.999 9	717 256.813 7	3.998 9
49	56 051.93	0.000 0	224 203.754 3	0.000 0	0.250 0	3.999 9	896 619.017 2	3.999 1
50	70 064.92	0.000 0	280 255.692 9	0.000 0	0.250 0	3.999 9	120 820.771 5	3.999 3

复利系数表 15($i=30\%$)

n	$(F/P,i,n)$	$(P/F,i,n)$	$(F/A,i,n)$	$(A/F,i,n)$	$(A/P,i,n)$	$(P/A,i,n)$	$(F/G,i,n)$	$(A/G,i,n)$
1	1.300 0	0.762 2	1.000 0	1.000 0	1.300 0	0.796 2	0.000 0	0.000 0
2	1.690 0	0.591 7	2.300 0	0.434 8	0.734 8	1.360 9	1.000 0	0.434 8
3	2.197 0	0.455 2	3.990 0	0.250 6	0.550 6	1.816 1	3.300 0	0.827 1
4	2.856 1	0.350 1	6.187 0	0.161 6	0.461 6	2.166 2	7.290 0	1.178 3
5	3.712 9	0.269 3	9.043 1	0.110 6	0.410 6	2.435 6	13.477 0	1.490 2
6	4.826 8	0.207 2	12.756 0	0.078 4	0.378 4	2.642 7	22.520 1	1.765 4
7	6.274 9	0.159 4	17.582 8	0.056 9	0.356 9	2.820 1	35.276 1	2.006 2
8	8.157 3	0.122 6	23.857 7	0.041 9	0.341 9	2.924 7	52.859 0	2.215 6
9	10.604 5	0.094 3	32.015 0	0.031 2	0.331 2	3.019 0	76.716 7	2.396 3
10	13.785 8	0.072 5	42.619 5	0.023 5	0.323 5	3.091 5	108.731 7	2.551 2
11	17.921 6	0.055 8	56.405 3	0.017 7	0.317 7	3.147 3	151.351 2	2.683 3
12	23.298 1	0.042 9	74.327 0	0.013 5	0.313 5	3.190 3	207.756 5	2.795 2
13	30.287 5	0.033 0	97.625 0	0.010 2	0.310 2	3.223 3	282.083 5	2.889 5
14	39.373 8	0.025 4	127.912 5	0.007 8	0.307 8	3.248 7	379.708 5	2.968 5
15	51.185 9	0.019 5	167.286 3	0.006 0	0.306 0	3.268 2	507.621 0	3.034 4
16	66.541 7	0.015 0	218.472 2	0.004 6	0.304 6	3.283 2	674.907 3	3.089 2
17	86.504 2	0.011 6	285.013 9	0.003 5	0.303 5	3.294 8	893.379 5	3.134 5
18	112.455 4	0.008 9	371.518 0	0.002 7	0.302 7	3.303 7	1 178.393 4	3.171 8
19	146.192 0	0.006 8	483.973 4	0.002 1	0.302 1	3.310 5	1 549.911 4	3.202 5
20	190.049 6	0.005 3	630.165 5	0.001 6	0.301 6	3.315 8	2 033.884 9	3.227 5
21	247.064 5	0.004 0	820.215 1	0.001 2	0.301 2	3.319 8	2 664.050 3	3.248 0
22	321.183 9	0.003 1	1 067.279 6	0.000 9	0.300 9	3.323 0	3 484.265 4	3.264 6
23	417.539 1	0.002 4	1 388.463 5	0.000 7	0.300 7	3.325 4	4 551.545 0	3.278 1
24	542.800 8	0.001 8	1 806.002 6	0.000 6	0.300 6	3.327 2	5 940.008 6	3.289 0
25	705.641 0	0.001 4	2 348.803 3	0.000 4	0.300 4	3.328 6	7 746.011 1	3.297 9
26	917.333 3	0.001 1	3 054.444 3	0.000 3	0.300 3	3.329 7	10 094.814 5	3.305 0
27	1 192.533	0.000 8	3 971.777 6	0.000 3	0.300 3	3.330 5	13 149.258 8	3.310 7
28	1 550.293	0.000 6	5 164.310 9	0.000 2	0.300 2	3.331 2	17 121.036 4	3.315 3
29	2 015.381	0.000 5	6 714.604 2	0.000 1	0.300 1	3.331 7	22 285.347 4	3.318 9
30	2 619.995	0.000 4	8 729.985 5	0.000 1	0.300 1	3.332 1	28 999.951 6	3.321 9
31	3 405.994	0.000 3	11 349.981 1	0.000 1	0.300 1	3.332 4	37 729.937 1	3.324 2
32	4 427.792	0.000 2	14 755.975 5	0.000 1	0.300 1	3.332 6	49 079.918 2	3.326 1
33	5 756.130	0.000 2	19 183.768 1	0.000 1	0.300 1	3.332 8	63 835.893 7	3.327 6
34	7 482.969	0.000 1	24 939.898 5	0.000 0	0.300 0	3.332 9	83 019.661 8	3.328 8
35	9 727.860	0.000 1	32 422.868 1	0.000 0	0.300 0	3.333 0	107 959.560 3	3.329 7
36	12 646.21	0.000 1	42 150.728 5	0.000 0	0.300 0	3.333 1	140 382.428 4	3.330 5
37	16 440.08	0.000 1	54 796.947 1	0.000 0	0.300 0	3.333 1	182 533.156 9	3.331 1
38	21 372.10	0.000 0	71 237.031 2	0.000 0	0.300 0	3.333 2	237 330.103 9	3.331 6
39	27 783.74	0.000 0	92 609.140 5	0.000 0	0.300 0	3.333 2	308 567.135 1	3.331 9
40	36 118.86	0.000 0	120 392.882 7	0.000 0	0.300 0	3.333 2	401 176.275 6	3.332 2

复利系数表 16($i=35\%$)

n	$(F/P,i,n)$	$(P/F,i,n)$	$(F/A,i,n)$	$(A/F,i,n)$	$(A/P,i,n)$	$(P/A,i,n)$	$(F/G,i,n)$	$(A/G,i,n)$
1	1.350 0	0.740 7	1.000 0	1.000 0	1.350 0	0.740 7	0.000 0	0.000 0
2	1.822 5	0.548 7	2.350 0	0.425 5	0.775 5	1.289 4	1.000 0	0.425 5
3	2.460 4	0.406 4	4.172 5	0.239 7	0.589 7	1.695 9	3.350 0	0.802 9
4	3.321 5	0.301 1	6.632 9	0.150 8	0.500 8	1.996 9	7.522 5	1.134 1
5	4.484 0	0.223 0	9.954 4	0.100 5	0.450 5	2.220 0	14.155 4	1.422 0
6	6.053 4	0.165 4	14.438 4	0.069 3	0.419 3	2.385 2	24.109 8	1.669 8
7	8.172 2	0.122 4	20.491 9	0.048 8	0.398 8	2.507 5	38.548 2	1.881 1
8	11.032 4	0.090 6	28.664 0	0.034 9	0.384 9	2.598 2	59.040 0	2.059 7
9	14.893 7	0.067 1	39.696 4	0.025 2	0.375 2	2.665 3	87.704 0	2.209 4
10	20.106 6	0.049 7	54.590 2	0.018 3	0.368 3	2.715 0	127.400 5	2.333 8
11	27.143 9	0.036 8	74.696 7	0.013 4	0.363 4	2.751 9	181.990 6	2.436 4
12	36.644 2	0.027 3	101.840 6	0.009 8	0.359 8	2.779 2	256.687 3	2.520 5
13	49.469 7	0.020 2	138.484 8	0.007 2	0.357 2	2.799 4	358.527 9	2.588 9
14	66.784 1	0.015 0	187.954 4	0.005 3	0.355 3	2.814 4	497.012 7	2.644 3
15	90.158 5	0.011 1	254.738 5	0.003 9	0.353 9	2.825 5	684.967 1	2.688 9
16	121.713 9	0.008 2	344.897 0	0.002 9	0.352 9	2.833 7	936.705 6	2.724 6
17	164.313 8	0.006 1	466.610 9	0.002 1	0.352 1	2.839 8	1 284.602 5	2.753 0
18	221.823 6	0.004 5	630.924 7	0.001 6	0.351 6	2.844 3	1 751.213 4	2.775 6
19	299.461 9	0.003 3	852.748 3	0.001 2	0.351 2	2.847 6	2 382.138 1	2.793 5
20	404.273 6	0.002 5	1 152.210 3	0.000 9	0.350 9	2.850 1	3 234.886 4	2.807 5

复利系数表 17（$i=40\%$）

n	$(F/P,i,n)$	$(P/F,i,n)$	$(F/A,i,n)$	$(A/F,i,n)$	$(A/P,i,n)$	$(P/A,i,n)$	$(F/G,i,n)$	$(A/G,i,n)$
1	1.400 0	0.714 3	1.000 0	1.000 0	1.400 0	0.714 3	0.000 0	0.000 0
2	1.960 0	0.510 2	2.400 0	0.416 7	0.816 7	1.224 5	1.000 0	0.416 7
3	2.744 0	0.364 4	4.360 0	0.229 4	0.629 4	1.588 9	3.400 0	0.779 8
4	3.841 6	0.260 3	7.104 0	0.140 8	0.540 8	1.849 2	7.760 0	1.092 3
5	5.378 2	0.185 9	10.945 6	0.091 4	0.491 4	2.035 2	14.864 0	1.358 0
6	7.529 5	0.132 8	16.323 8	0.061 3	0.461 3	2.168 0	25.809 6	1.581 1
7	10.541 4	0.094 9	23.853 4	0.041 9	0.441 9	2.262 8	42.133 4	1.766 4
8	14.757 9	0.067 8	34.394 7	0.029 1	0.429 1	2.330 6	65.986 8	1.918 5
9	20.661 0	0.048 4	49.152 6	0.020 3	0.420 3	2.379 0	100.381 5	2.042 2
10	28.925 5	0.034 6	69.813 7	0.014 3	0.414 3	2.413 6	149.534 2	2.141 9
11	40.495 7	0.024 7	98.739 1	0.010 1	0.410 1	2.438 3	219.347 8	2.221 5
12	56.693 9	0.017 6	139.234 8	0.007 2	0.407 2	2.455 9	318.087 0	2.284 5
13	79.371 5	0.012 6	195.928 7	0.005 1	0.405 1	2.468 5	457.321 7	2.334 1
14	111.120 1	0.009 0	275.300 2	0.003 6	0.403 6	2.477 5	653.250 4	2.372 9
15	155.568 1	0.006 4	386.420 2	0.002 6	0.402 6	2.483 9	928.550 6	2.403 0
16	217.795 3	0.004 6	541.988 3	0.001 8	0.401 8	2.488 5	1 314.970 8	2.426 2
17	304.913 5	0.003 3	759.783 7	0.001 3	0.401 3	2.491 8	1 856.959 2	2.444 1
18	426.878 9	0.002 3	1 064.697 1	0.000 9	0.400 9	2.494 1	2 616.742 8	2.457 7
19	597.630 4	0.001 7	1 491.576 0	0.000 7	0.400 7	2.495 8	3 681.440 0	2.468 2
20	836.682 6	0.001 2	2 089.206 4	0.000 5	0.400 5	2.497 0	5 173.016 0	2.476 1

参 考 文 献

[1] 关罡. 工程经济学[M]. 郑州:郑州大学出版社,2007.

[2] 蒋太才. 技术经济学基础[M]. 北京:清华大学出版社,2006.

[3] 刘玉明. 工程经济学[M]. 北京:清华大学出版社,北京交通大学出版社,2006.

[4] 潘艳珠,侯聪霞. 工程经济学[M]. 北京:清华大学出版社,2006.

[5] 国家发展和改革委员会,建设部. 建设项目经济评价方法与参数[M]. 3 版. 北京:中国计划出版社,2006.

[6] 邓卫. 建筑工程经济[M]. 北京:清华大学出版社,2000.

[7] 徐莉. 技术经济学[M]. 武汉:武汉大学出版社,2003.

[8]【美】斯坦纳. 工程经济学原理[M]. 北京:经济科学出版计,2000.

[9] 刘晓君. 工程经济学[M]. 北京:中国建筑工业出版社,2003.

[10] 赵国杰. 工程经济学[M]. 天津:天津大学出版社,2003.

[11] 贾春霖,李晨. 技术经济学[M]. 长沙:中南大学出版社,2004.

[12] 邵颖红,黄渝祥. 工程经济学概论[M]. 北京:电子工业出版社,2003.

[13] 宋国防,贾湖. 工程经济学[M]. 天津:天津大学出版社,2000.

[14] 冯为民,付晓灵. 工程经济学[M]. 北京:北京大学出版社,2006.

[15] 注册咨询工程考试教材编写委员会. 项目决策分析与评价[M]. 北京:中国计划出版社,2003.

[16] 王国立. 项目评估理论与实务[M]. 北京:首都经济贸易大学出版社,2006.

[17] 陆参. 工程建设项目可行性研究实务手册[M]. 北京:中国电力出版社,2006.

[18] 齐宝库,黄如宝. 工程造价案例分析[M]. 北京:中国城市出版社,2006.

[19] 时丕生,王明利,模糊层次分析法在牟山水库综合后评价中的应用[J]. 山东水利职业学院院刊,2009,12.